JN002141

海洋法と船舶の通航
（増補2訂版）

上智大学法学部教授

兼原敦子 監修

公益財団法人 日本海事センター 編

成山堂書店

は し が き

　日本海事センターは，日本海事財団と財団法人日本海運振興会の両法人を統合して2007年4月に発足した。2011年4月に「公益社団法人及び公益財団法人の認定等に関する法律」に基づく公益財団法人への移行に伴い，名称が公益財団法人日本海事センターとなった。当センターは，海洋国家たるわが国の発展に貢献するため，海事関係の各種調査研究・政策提言，海事図書館の運営，海事関係公益事業の支援を3つの核として活動している。

　海事関係の政策や制度は，海運が本来的に国際的な産業であることから，その多くが，国際条約や国際機関・国際会議の決議などを基礎として，又はその影響の下に成り立っており，経済のグローバル化が進む今日では，その傾向がより顕著である。したがって，国際社会の動向や，国際社会において形成される国際法，とりわけ国連海洋法条約を中心とした海洋法に関する動きを適確に把握し，わが国の海事社会・産業界に周知していくことが不可欠である。

　当センターの前身のひとつである財団法人日本海運振興会は，「国際海運問題研究会」を設け，同研究会の第2作業部会は，1973年から国際連合総会の下で開催された第3次国連海洋法会議における国連海洋法条約の作成のための審議状況を調査し，研究した。同研究会は，1982年に「海洋法に関する国際連合条約（国連海洋法条約）」が採択されたのを機に，その解説書として，1993年11月に『新しい海洋法—船舶通航制度の解説—』（成山堂書店）を刊行し，好評を博した。その後，時代の変化や海運業界を取り巻く環境の変化に合わせて，1998年2月にはその改訂増補版を発刊し，2002年4月にはその全面改訂版となる『海洋法と船舶の通航』（成山堂書店）を刊行し，海事社会の多方面からご支持をいただいてきた。

　『海洋法と船舶の通航』の発刊から約8年が経過し，その間，「海洋法」や「船舶の通航」に係る諸条約などについて多くの注目すべき重要な動きがあったことから，当センターは，財団法人日本海運振興会の業績を受け継ぐべく，『海洋

法と船舶の通航』を改訂する重責を引き受けることとした。この 2010 年の改訂にあたっては，前回の改訂の際と同様に編集委員会を設置し，新たな動向を反映すべく加筆修正のための検討を行った。編集委員会の委員長は，海洋法の権威である栗林忠男慶應義塾大学名誉教授に，初版以来引き続いてお引き受けいただき，本書の監修者として並々ならぬご尽力を賜った。なお，栗林名誉教授は 2019 年に逝去された。謹んでご冥福をお祈りする。

　2010 年改訂からさらに 12 年が経過し，船舶の通航をめぐる国際秩序の発展や多くの国際実践の集積ならびにわが国の海洋政策の発展を受けて，本書の再改訂を行い，「増補 2 訂版」の刊行を行うことにした。「増補 2 訂版」刊行にあたっては，兼原敦子上智大学教授を監修者とし，本書の編集方針は原則として維持し，本書の構成は国連海洋法条約のそれに原則として従いながら，船舶の通航に焦点を当てて改訂作業を行った。また，内閣府総合海洋政策推進事務局，国土交通省，海上保安庁の関係省庁の方々からは，海洋法に関連する最新の動向につきご教示いただきつつ，資料，データをご提供いただくなど，多大なご貢献をいただいた上，一部の方には委員としてご参画いただき，一部ご執筆いただいている。加えて，大手邦船社，一般社団法人日本船主協会の方々には，委員として，資料提供や改訂作業に有益となる助言などのご協力をいただいた。なお，「増補 2 訂版」刊行にあたっては，当センターの中村秀之上席研究員と北島佑樹専門調査員が改訂箇所の一部執筆，資料収集，校正など多くの作業を行った。

　本書が，これまでのように，航海実務に携わる船長，船員の方々をはじめ海運界の関係者各位にとって役立つばかりでなく，海洋法に関心を持つ研究者や学生，さらには一般の方々にも広く利用されることがあれば，私達の喜びこれに過ぎるものはない。最後に，本書を故栗林名誉教授に捧げるとともに，本書の刊行にご助力をいただいた㈱成山堂書店の小川典子会長，小川啓人社長及び同編集チームに深甚なる謝意を表する次第である。

2023 年 10 月

公益財団法人　日本海事センター

会長　宿利　正史

「海洋法と船舶の通航」編集委員会委員名簿

（令和5年3月現在）

（敬称略・五十音順）

主な略称凡例

【条約名】

海洋法に関する国際連合条約（国連海洋法条約）

海上における衝突の予防のための国際規則に関する条約（COLREG 条約）

海上における人命の安全のための国際条約（SOLAS 条約）

船舶による汚染の防止のための国際条約（MARPOL 73/78）

船舶の有害な防汚方法の規制に関する国際条約（AFS 条約）

船舶のバラスト水及び沈殿物の規制及び管理のための国際条約（BWM 条約）

満載喫水線に関する国際条約（LL 条約）

船員の訓練及び資格証明並びに当直の基準に関する国際条約（STCW 条約）

油による汚染に係る準備，対応及び協力に関する国際条約（OPRC 条約）

海上における捜索及び救助に関する国際条約（SAR 条約）

海洋航行の安全に対する不法な行為の防止に関する条約（SUA 条約）

【機関・制度・用語】

国際海事機関（International Maritime Organization：IMO）

国際司法裁判所（International Court of Justice：ICJ）

（国連）国際法委員会（International Law Commission：ILC）

国際海底機構（International Seabed Authority：ISA）

情報共有センター（Information Sharing Centre：ISC）

国際海洋法裁判所（International Tribunal for the Law of the Sea：ITLOS）

強制的船舶通報制度（Mandatory Ship Reporting：MSR）

アジア海賊対策地域協力協定（Regional Cooperation Agreement on Combating Piracy and Armed Robbery against Ships in Asia：ReCAAP）

排他的経済水域（Exclusive Economic Zone：EEZ）

国家管轄権外区域における海洋生物多様性（Marine Biological Diversity of Areas Beyond National Jurisdiction：BBNJ）

目　　次

第1章　新海洋法秩序への道程

1　広い公海・狭い領海：伝統的海洋秩序

　ローマ法では，海はすべての者に開放される万民共有物（*res communis*）と考えられていたため，古代から中世にかけて，海洋を航行することは自由であった。中世後半になると，ヴェネツィア共和国，ジェノヴァ共和国などのイタリア都市国家が近海の領有を主張するようになり，通航する外国船舶から通航料を徴収した。その後，大航海時代を経て，16～17世紀におけるヨーロッパ諸国の近海領有の主張は，18世紀末までには海洋自由の主張の前に後退し，19世紀には公海自由の原則の確立とともに，沿岸国の安全と漁業利益を中心とする領海制度が確立された。

　こうして，伝統的な海洋法秩序は，植民地獲得競争や資本主義の発展といった17世紀から19世紀に至る国際社会の経済的・社会的要請に支えられて，「広い公海・狭い領海」の二元的区分の上に成り立ってきた。公海自由の原則が確立されるに伴って，沿岸国による漁業資源の独占も安全保障の利益のいずれもともに，領海という沿岸に接続する狭い海帯に吸収されていったのである。また，密輸の防止のために領域を越えて公海上の一定水域に沿岸国が管轄権を行使するという，1920年代から30年代にかけて英米を中心に制度化されつつあった「接続水域」は，沿岸国の法益を保護するものではあったが，他国の合法的な海洋の利用に有害な影響をもたらすものでなく，まして，海洋の二元的な秩序を覆すほどのものではなかった。

2　沿岸国の管轄権拡大

　第2次世界大戦直後の1945年9月28日，トルーマン米国大統領は大陸棚と保存水域に関する2つの宣言を発表した。これらの宣言は，一方で，大戦後の石油・金属などの資源の海外依存を脱却して自給自足を確保するため，沿岸に接続して公海の下にある大陸棚の海底とその地下の天然資源に対する米国の管轄

権と管理を主張した。他方で，沿岸漁業資源を乱獲から保護するため保存水域
を設定し，米国漁民の漁業活動の規制や関係国との協定に基づく管理措置を主
張した。1950年代初めまでに，ラテンアメリカ諸国，ペルシャ湾岸諸国，フィ
リピン，パキスタン，韓国，イスラエル，オーストラリアなどの諸国が大陸棚
に係る宣言に追随し，相次いで自国周辺の大陸棚とその天然資源に対する主張
を行った。ラテンアメリカ諸国の中にはトルーマン宣言の意図しなかった大陸
棚の上部水域についてまで管轄権の拡大を図った国もあり，米国や英国などの
反感を買った。またもう一方の宣言を契機に，チリ，ペルー，エクアドルの
３ヵ国は1952年に「海域に関するサンチャゴ宣言」を発表して200カイリの領
海を主張したが，広大な海域に対する法外な主張に対しては，米国自身，その
海域での違法操業を理由に罰金を科された米国漁船に補償金を支払ったり，相
手国の経済援助を削減するなどして，強く抗議した。

　このように，沿岸国による沖合資源への管轄権拡大の動きは，この当時は必
ずしも国際社会の一般的承認を得るまでには至らなかったものの，一方で資源
の保存や再配分を求める沿岸国の主張と，他方で遠洋漁業や海運の利益を守ろ
うとする諸国の主張との対立をもたらした。

3　第1次・第2次国連海洋法会議

　こうした海洋をめぐる諸国の動向にうながされて，国連の国際法委員会
（International Law Commission：ILC）は1951年以来海洋法に関する法典化の
作業を進め，その結果，1958年の第１次国連海洋法会議において，「領海及び
接続水域に関する条約」（領海条約，1964年発効），「公海に関する条約」（公海
条約，1962年発効），「漁業及び公海の生物資源の保存に関する条約」（公海生
物資源保存条約，1966年発効），「大陸棚に関する条約」（大陸棚条約，1964年
発効）の４つの条約が採択された（わが国については，後者の２条約を除き，
1968年に加入，発効）。これらのいわゆるジュネーヴ海洋法４条約では，大陸
棚や保存水域などの制度に見られるように，トルーマン宣言に端を発した管轄
権拡大の傾向が取り入れられたが，公海自由の原則に代表されてきた自由放任

的な海洋法秩序が基本的には維持された。しかし，この会議で最も対立を見た
のは，領海の幅員の統一に関してであった。

　この会議に遡る1930年のハーグ国際法典編纂会議では，会議に出席した36ヵ
国のうち，英，米，仏，独，カナダ，わが国，オランダなど，当時の世界の船
舶総トン数の80パーセントを占める18ヵ国が3カイリを採用していたものの，
伝統的に4カイリを採るスカンジナビア諸国や6カイリ，18カイリ又は着弾距
離主義を採る国など，各国の慣行・提案がまちまちであったために，幅員統一
の試みは失敗した。第1次国連海洋法会議では3カイリの提案は表決にすら付
されることなく，領海を単純に拡大して6カイリ以内とするか12カイリ以内と
するか，又はその間の妥協として領海6カイリプラス漁業水域6カイリとした
上で，領海の外側限界から漁業水域内で伝統的漁業国と沿岸国のいずれの権利
を尊重するかで意見が対立し，結局，どの提案も採択に必要な3分の2の多数
を得ることができなかった。続いて，領海幅員の統一を図ることのみを目的に
開催された1960年の第2次国連海洋法会議では，領海6カイリプラス漁業水域
6カイリに加え，漁業水域においては過去5年間の操業実績を持つ漁業国は今
後10年間操業を継続し，その後は漸次撤退するという提案が表決に付された
が，わずかに1票差で否決され（わが国は棄権投票），幅員の統一は再び失敗
した。

　このような対立の背景には，広い領海を主張する開発途上の沿岸漁業国と，
なるべく狭い領海にとどめたいとする先進遠洋漁業国との経済的要因に基づく
対立のほかに，軍事的要因に基づく海軍力に優位を占める西側諸国による艦船
の行動半径を広く確保しようとする立場と，潜水艦戦略に重点を置く旧東側諸
国による，西側軍事力の行動を制限しようとするための広い領海の立場との間
の対立，が存在していた。

4　新海洋法秩序への潮流

　1960年代になると，各国は12カイリの漁業専管水域の設定に踏み切るように
なり，その数は70年代にかけて約33ヵ国にのぼった。この水域の制度は，第2

次国連海洋法会議で表決に付された提案に拠って，沿岸国がこの水域内の漁業資源を排他的に取得することを認め，またそこで伝統的に操業してきた外国に権利を与える一方，その伝統的実績国が段階的にその水域から撤退（フェーズアウト）する期間を定めた。もっとも，この水域で違反操業した船舶に対する裁判権はその船舶の旗国に留保されることが多かった。この制度は，後の排他的経済水域の制度とは同じではないが，国際司法裁判所（International Court of Justice：ICJ）は，その後遅くとも1974年までには国際慣習法として固まるまでになったと判断した（英国対アイスランド・西ドイツ対アイスランド，漁業管轄権事件本案判決，ICJ，1974年）。公海下の海底に目を向けると，1960年代はまた，大陸棚条約の発効に伴い，技術先進国による海底分割と軍事化の危険性が憂慮された時期であった。この条約が，大陸棚の定義に関して，「水深200メートルまでのものと，これを超えてその天然資源の開発が可能な限度まで」という二重の基準を採用していたことが，そのような懸念を一層募らせた。1967年の国連総会においてマルタ代表のパルドー（A. Pardo）大使は，国家管轄権の範囲を超える海底部分（深海底）へのそのような危険性を訴えて，そこを「人類の共同財産」（Common Heritage of Mankind）として平和的に利用すること，特にその資源について開発途上国の利益を考えるべきことを提唱した。これを契機に国連に海底平和利用委員会が設置され，大陸棚の範囲画定を含む，深海底の新しい制度が検討されるようになった。この委員会による審議を経て，国連総会は1969年には，国際的レジームが設立されるまで開発活動を禁止するというモラトリアム決議を，また1970年にはパルドー演説の内容に沿ってさらにそれを具体化した13の項目からなる「深海底法原則宣言」を採択した。後者の宣言が，賛成108，反対なし，棄権14の圧倒的賛成で成立したことの意義は大きい。

　国連の外では，70年代に入ってラテンアメリカ諸国やアフリカ諸国が世界各地で相次いで海洋問題についてのセミナーや会合を開き開発途上国間で共通の歩調を整えるとともに，来るべき第3次海洋法会議のための条約の起章作業にその立場を反映させようとしていた。これらの開発途上国の中心的な主張が

200カイリの排他的経済水域概念であり，72年のカリブ海諸国のサント・ドミンゴ宣言においては，領海を志向した経済水域ではなく，その資源に限定して沿岸国の主権的権利を及ぼそうとするパトリモニアル海（父祖伝来の海）の理論も現れた。200カイリ経済水域の概念は燎原の火のようにまたたく間に世界を覆っていった。ここに至って国連は，海洋をめぐる問題がもはや海底の問題だけでなく，伝統的な領海と公海という二元的区分の見直しを含むすべての問題に関連しており，これらの問題に包括的に取り組むのでなければ，世界の平和と秩序が再び保たれることはないという切迫した状況に立たされることになった。

5　第3次国連海洋法会議

　このような国連内外の海洋をめぐる国際情勢の下，1973年に第3次国連海洋法会議が世界約150ヵ国の代表を集めて開催され，領海，接続水域，国際海峡，群島水域，排他的経済水域，公海，内陸国と地理的不利国，海洋環境の保護，海洋科学調査，海洋技術の移転，深海底の開発，海洋法裁判所の設置を含む紛争解決手続，などの広汎な分野に数多くの新しい規則を導入することになった。その主な理由を要約すると，近年の漁業技術や鉱物資源の開発技術の急速な発達に伴う海洋資源の枯渇化，巨大タンカーや先進工業国の廃棄物の処理に伴う海洋環境への悪影響，1960年代の新興独立諸国の出現による南北格差の是正の要求という背景に加えて，全世界的な工業化の波と爆発的な人口増加の趨勢がある。

　会議の意思決定手続は，それ以前の海洋法会議に比べると，国際法の専門家で構成される ILC の作業を介在させることなく，直接外交会議で審議されたこと，また，実質問題につきコンセンサスにより合意に達するためのすべての努力が尽くされるまでは表決に付さないという手続が採られたことにおいて，著しい特徴を持つ。資金と技術を持つ先進国による「少数の拒否権」と開発途上国による「多数の専制」を避けるために，このコンセンサス方式が果たした意義はそれなりに評価できよう。会議はまた，新しい海洋法条約が「単一の条

約」で成立しなければならないという要請から，1つの事項がほかの事項と相互に一体として取引されることもあった（パッケージ・ディール）。

6　国連海洋法条約の採択と発効

会議はこのような手続を通じて徐々に一般的に合意を積み上げていき，米国などの反対で最終的には表決に頼ったものの，1982年4月30日，全文320ヵ条に加えて9つの附属書と最終議定書からなる膨大な「海洋法に関する国際連合条約」（United Nations Convention on the Law of the Sea：UNCLOS。国連海洋法条約）を賛成130，反対4，棄権17で採択することに成功した。同年12月にジャマイカのモンテゴ・ベイで開催された署名会議では117ヵ国が国連海洋法条約に署名し，わが国も翌年2月9日に署名した。

1983年以降，条約署名国で構成される「準備委員会」において条約発効までの準備活動が行われる一方で，特に深海底の制度を定めた条約規定に先進国の中では唯一反対の立場をとり続けている米国を含め，広く条約への参加をうながすために国連事務総長主催の非公式の会合（SGグループ）が1990年9月以来試みられてきた。その結果，1994年7月に，国連海洋法条約の深海底制度について先進国が受け入れることができる可能性を持つ内容に修正する実施協定を定めた国連総会決議が採択され，これによって先進国と途上国がともに条約体制に参加する道が開かれるようになった。

国連海洋法条約の中には，排他的経済水域の制度のように，既に慣習法化したとされる規定もあるが，条約全体としては，60ヵ国が批准してから1年後に発効することになっていた。その後1994年11月16日，国連海洋法条約は，その要件を満たして発効した。また，わが国については，同条約及び実施協定の締結は1996年1月に招集された第136回通常国会において6月に承認され，同条約は7月20日に，また，実施協定は7月28日に，それぞれ発効した。

7　国連海洋法条約のもとでの海洋秩序の発展

1982年の国連海洋法条約の採択から，40年（執筆時点）が経過した。同条約

のもとで，例えば，海洋境界画定については，裁判を含む実践が集積して，関連国際法規則が発展し続けている。漁業資源の保存と管理，海洋環境の保護と保全については，多くの条約などが成立してきており，これらは同条約の実施の一環を支える。また，同条約が想定していなかった海洋利用やその規律として，海洋保護区に係る実践や，管轄権を超える海域での生物多様性の保存と持続可能な利用のための実施協定の起草が進んでいる。

　このように，国連海洋法条約を中心とする海洋法は，海洋利用の技術進歩などにより，動態的に発展し，その中で，船舶の航行をめぐる権利義務も影響を受け続けている。

8　海洋基本法の制定と海洋基本計画の策定

(1)　海洋基本法の制定

　上記のような国連海洋法条約の発効とそれに伴う近年の海洋政策に対する新たなニーズに対応するべく，2007年に「海洋基本法」（平成19年法33号，2007年7月20日施行）が制定された。同法は，新たな海洋立国の実現に向けて，海洋に関わるわが国の基本理念を定め，国，地方公共団体，事業者及び国民の責務を明らかにし，海洋諸施策の基本となる事項を定めるとともに，それらの施策を総合的かつ計画的に推進するために内閣総理大臣を長とする総合海洋政策本部を設置することなどを定めたものである。同法は，今日の海洋をめぐる資源，環境，交通，安全，産業，教育などの広範多岐にわたる諸問題に関して，今後，わが国が総合的かつ計画的な政策を推進して行くための包括的かつ基本的な法律である。船舶の通航に関しては，第20条（海上輸送の確保），第21条（海洋の安全の確保）などの条文が置かれている。

(2)　海洋基本計画の策定

　なお，国は海洋基本法に基づく，上記基本理念に則って，海洋に関する施策を総合的かつ計画的に策定し実施することになり，わが国政府は，海洋基本法に基づき，施策の推進を図るための海洋基本計画を2008年に策定した。基本計画では，新たな海洋立国の実現に向け，わが国が第一歩を踏み出すための様々

な条件整備が急務であることを踏まえ，その計画期間を 5 年間とし，目指すべき政策目標，施策展開の基本的な方針を示すとともに，基本法に定められた12項目の基本的施策について，集中的に実施すべき施策や，関係機関の緊密な連携の下で実施すべき政策など総合的・計画的推進が必要な施策を定めた。その後2013年に第 2 期海洋基本計画が策定された。

　2018年に策定された第 3 期海洋基本計画では，海洋基本法施行後の10年を総括した上で，「総合的な海洋の安全保障」をその主柱とした。「総合的な海洋の安全保障」は広い内容をもち，それによってこそ，極めて多様な海洋政策を，海洋の安全保障に結びつける機能を果たす。「総合的な海洋の安全保障」は，領海警備，海洋状況把握体制の確立，国境離島の保全・管理，経済安全保障，海洋環境の保全などをその施策内容として包含し，かつ，「海洋の主要施策の基本的な方針」として総称される多くの方針（海洋の産業利用の促進，科学的知見の充実，北極政策の推進，国際連携・協力，海洋人材の育成と国民の理解の増進）が，「海洋の安全保障」に結びつけられる。伝統的な海洋の安全保障の意味である，軍事的脅威への対処，すなわち防衛に限定した（海洋の）安全保障ではなく，それが犯罪対処・環境保全・不法移民対処・違法漁業対処などを含む広い内容をもつことは，わが国独自の見解ではない。国際社会でも，海洋の安全保障を広く捉えることは，有力な見解となっている。また，総合的な海洋の安全保障のもとに多様な海洋政策が結びつけられることは，総合海洋政策本部が，国家政策としての海洋政策を立案・実施するという趣旨と適合している。

　2023年 4 月に，第 4 期海洋基本計画が閣議決定された。これは，「総合的な海洋の安全保障」とともに，「持続可能な海洋の構築」を主柱とする。

第2章　船　　舶

1　「船舶」の定義と種類

(1)　定　　義

　「船舶」（ships, vessels）の定義については，条約，法令などがその趣旨・目的に応じて個別に定める例はあるものの，一般的な定義と言えるものは存在しない。実際，1958年のジュネーヴ海洋法条約や国連海洋法条約には，「船舶」についての定義はない。海洋法の概説書の中には，船舶を，「航行の自由が行使されるための手段であり，国家がその様々な主張を行う資格を有するところの対象物である」と定義しているものもある。「1972年の海上における衝突の予防のための国際規則に関する条約」（COLREG 条約，1977年発効。わが国は同年加入）は，「船舶」について，「水上輸送の用に供され又は供することができる船舟類（無排水量船及び水上航空機を含む。）をいう」と定義している（A 部第3条）。

　わが国の用語法では，大型のものに「船」，小型のものに「舟」，法制上は「船舶」の語が用いられている。例えば，「海上交通安全法」（昭和47年法115号，1973年7月1日施行）第2条及び「海上衝突予防法」（昭和52年法62号，1982年7月15日施行）第3条は，「船舶」とは「水上輸送の用に供する船舟類」をいうものと定めており，「船舶安全法」（昭和8年法11号，1934年3月1日施行）第2条は，船舶の必要施設として，「船体，機関，帆装，排水設備」など22項目を挙げている。ちなみに，世界的には，船舶とは，英国のロイド船級協会が船舶の統計資料に採用している100総トン以上の鋼船を指す。

(2)　種　　類

　国際法上，船舶は，一般に公船と私船とに区別されるが，両者の差は，国が所有・運搬する船舶であるか否かにある。国の船舶は，さらに，軍艦とそれ以外の公船とに分かれるが，後者には政府船舶が含まれる。船は，そのほか，例えば用途別，材質別，構造別，推進方法別，法規制別，航路別などの分類が可

能である。

　船舶を用途別に分類すると，一般に軍艦と軍艦でない船に大別され，後者は
さらに，商船（客船，貨物船など）と運搬用以外の船，すなわち特殊船に分か
れる。商船は，商行為を目的とする船のことである（わが国の「商法」の適用
を受ける船舶は「商行為をする目的で航海の用に供する船舶」（第684条）と定
められている）。特殊船とは，貨物や客を運ぶ以外の特別の任務に使われる船
であり，これには，漁船，作業船，調査船，取締船などが含まれる。

　国連海洋法条約で定義があるのは軍艦だけである。同条約第29条は，軍艦で
あることの要件として，①1の国の軍隊に属すること，②国籍を示す外部標識
を掲げること，③所定の士官の指揮下にあること，④乗組員が軍人であるこ
と，を挙げている。それは，軍艦がいかなる場合にも，所属国の主権を象徴す
るものとして，他国の支配に服さないという特別な待遇を受けるため，その範
囲を厳格に定める必要があるからである。このように，軍艦はその範囲がかな
り明確になっているが，それでも，例えば補給船や病院船が軍艦であるか否か
は，意見の分かれるところである。

　前述の①～④の要件を備えた船舶は軍艦とみなされ，国際法上，特に港や公
海上で特別の扱いを受ける（18頁以下及び53頁参照）。

　なお，新たな形態のツールとして，小型無人ボート（ASV），自律型無人潜
水機（AUV），遠隔操作型無人潜水機（ROV）といった「海の次世代モビリ
ティ」が注目されており，インフラ点検や漁業といった多様な海域利用の場面
で活躍し始めている。例えば，沈没船の引揚げのような作業にROVを活用す
ることで，母船からの遠隔操作により実施して潜水士の危険を回避したり，潜
水士では実施困難な水深での作業を実施したりすることができるようになる。
また，自律航行するAUVにより，広範囲にわたって海域や海底を調査し，漁
業資源や深海資源の状況を探査することも可能となる。こうしたツールについ
て，目下，国内法上ないしは国際法上の位置づけは存在していない。

2　船舶の国籍と便宜置籍

⑴　船舶への国籍付与

　船舶は，国際法上，必ずある国の国籍（船籍という）を有すべきものとされ，これを有しないときには，無国籍者のように本国の外交的保護を期待できないだけでなく，公海上で海賊と疑われることがあり，また臨検も受けることになる（臨検については第9章参照）。国連海洋法条約も，軍艦による外国船舶に対する臨検の権利を列挙する中で，「⒟当該外国船舶が国籍を有していないこと」（第110条）を掲げている。それは，このような船舶と国家との密接な関係が，船舶を保護する必要だけでなく，主に公海の秩序を維持する上で必要とされるためである。個人はいずれか1つの国に属することを原則とし，これを国籍というが，船舶の場合も事情は同じであって，船舶と国家を結びつける絆として船籍の問題がある。

　海洋法秩序を維持するためには，船籍は1国に限られなければならない。こうした船舶の国籍については，国家が国内法によって，どのような船に自国の国籍を与えるか，船舶の登録にはどのような手続が必要か，またどのような船舶が自国の国旗を掲げる権利を有するのかなどを決定することができる（第91条1項）。ちなみに，従来各国の実行によれば，船舶製造地，船舶所有者，船舶乗組員などが国籍付与条件の標準と考えられていた。

　わが国については，国民による所有だけを船籍取得の要件としている（所有者主義）。「船舶法」第1条によれば，①官公署，②国民，③わが国の法令により設立された会社（代表者全員及び業務執行役員の3分の2以上が日本国民であるもののみ），④前記以外のわが国の法令により設立された法人（代表者全員が日本国民であるもののみ）の所有する船舶が日本籍船（日本船舶）であるとされる。船主（20トン以上の船舶の所有者）は，船籍港を定め（船舶法第4条），船舶登記規則に従って登記を行い（商法第686条），船籍港を管轄する管海官庁に備えた船舶原簿に登録する（船舶法第5条）ことにより，船舶国籍証書の交付を受けることとなる（同条2項）。

　なお，多くの国は，国民による所有を必ずしも船舶の国籍を定める要件とし

ない裸傭船登録制度を有している。すなわち，船舶の所有者から船舶だけを借り受ける船舶賃貸借契約（裸傭船契約）が結ばれた場合に，傭船期間中に限って，自国の傭船者が船舶所有者による他国における登録（underlying registry）を凍結して自国において裸傭船登録（bareboat charter registry）を行うと，その国の国旗の掲揚が認められる制度があり，英国，フランス，ドイツ，オランダ，フィリピン，メキシコ，リベリア，キプロスなどの多くの国が，このような制度を採用している。このように，外国から裸傭船された船舶について裸傭船者の本国の旗を掲げる権利を与えることは「船舶登録要件に関する国際連合条約」（国連船舶登録要件条約，未発効。資料6参照）においても認められている。裸傭船は古くから存在し各種の形態が存在したが，現在主流となっている契約では，船主による「船舶の所有」と裸傭船者による「利用収益」の機能を明確に分離し，船舶の所有・支配は船主から裸傭船者に引き渡され，船舶の配乗・保守管理・付保などの海上企業者としての機能・義務は，すべて裸傭船者が負うことが多い。したがって，「旗国の義務」として，「行政上，技術上，及び社会上の事項について有効に管轄権を行使し及び有効に規制を行う」ためには，船舶に対する占有・支配を手放している船主を規制の対象とするより，裸傭船者を対象とする方が合理的であり，その意味で裸傭船登録を認め，傭船期間中に限り当該国の国旗の掲揚を許すことは合理的であるともいえる（「管轄権（jurisdiction）とは，国家がその国内法を一定範囲の人，財産又は事実に対して具体的に適用し，それに基づく権限を行使する国際法上の権能を意味する。）。国連海洋法条約でも船舶は「1つの国旗のみを掲げる」ことを定めている一方，登録そのものに関してはあえて触れてはおらず，しかも「船舶の登録」と「自国の旗を掲げる権利」とを並列的に記述している（91条1項）。

(2)　真正な関係

このように，船舶の国旗と国籍の条件はそれぞれの国が定めるのであるが，全く自由に定めてよいわけではない。1958年公海条約は，まず第4条で，航行については，すべての国が自国の旗を掲げる船舶を航行させる権利をもつとするが，第5条で，そのようにして国籍を与える自国の船舶との間には「真正な

関係」(genuine link) が存在しなければならないとする。この「真正な関係」について，旗国は「特に，行政上，技術上及び社会上の事項について有効に管轄権を行使し，規制を行わなければならないとされている（国連海洋法条約第94条2(b)）。

このように，船舶と国家との間には，いわゆる「真正な関係」が存在することが必要とされる。この「真正な関係」という要件は，国家が外交的保護権を行使し得るためには，住所地，利害関係の中心地，家族関係など，個人と国家との間に強固な結合関係がなければならないとした国際司法裁判所（ICJ）のノッテボーム事件判決（後述）に由来するもので，それが国家と船舶の国籍を規律する規範の中に持ち込まれたものである。ただし，この「真正な関係」という言葉自体非常に抽象的であって，国連の国際法委員会（ILC）でも国連海洋法会議でも議論があった。

この「真正な関係」については，2つの解釈が対立している。1つは，真正な関係については，国籍付与の国内法上の基準に国際法上の要件が課されると解する。これに対して，他は，国籍付与の国内法上の基準にまで国際法が介入することはなく，この基準をどのようにするのかは，各国の判断に任されている，と解する。したがって，前者の考え方によれば，国家は実際に自国との結びつきの薄い船舶に対して自国の国籍を与えれば，条約違反を生ずるのであって，これは便宜置籍を非難する立場につながる。国際法上は後者の考え方が多数説であって，国家は，自国船舶との間に真正な関係をもつよう義務づけられるが，実際には，自国船舶への実効的な管轄権の行使を義務づけられるのであり，したがって，自国船舶への実効的な管轄権の行使を怠れば条約違反を生ずることになる。

ノッテボーム事件

（1955年4月6日，国際司法裁判所第二段階判決）

グァテマラで事業を経営していたドイツ人ノッテボーム（Nottebohm）が，第2次世界大戦直前の1936年4月にドイツに戻り，大戦勃発直後の10月にリヒテンシュ

タインへ帰化を申請，同国国籍法上の特例によって帰化が認められた。その後，
ノッテボームはグァテマラに戻ったが，ドイツと交戦関係に入ったグァテマラは，
ノッテボームを敵国人として逮捕した。大戦後の1949年に，釈放されたノッテボー
ムは，グァテマラへの入国を拒否され，また財産も接収されたため，リヒテンシュ
タイン政府に救済を求めた。同政府は，グァテマラに対し，財産の返還と損害の賠
償を求めて，ICJ に提訴した。

　1955年の判決で，ICJ は，リヒテンシュタインの主張を却けた。つまり，国籍を
与えることは，国家の国内的事項であるが，それは，国際的効果も有する。外交保
護にかかわる国籍は，国籍を与える国と国籍を与えられる個人との間に「真正な関
係」が存在しなければならない，としたのである（グァテマラの主張によれば，
ノッテボームの国籍取得は詐欺的であったという）。

(3)　便宜置籍船

　船舶所有などに関する税制，船員労働規制，船舶安全規制などについて，他
国より有利な取扱いを認めることによって，自国に船籍を誘致する国々があ
り，そのような国に船籍を置いた船舶を便宜置籍船という。便宜置籍国とし
て，パナマ，リベリア，バハマ，マーシャル諸島，マルタ，キプロスなどが有
名である。さらに，今日では，漁業資源保護の規制をかいくぐるため，規制の
甘い国に船籍を移すいわゆる「便宜置籍漁船」が，新たに大きな関心を集めて
いる。

　熾烈な国際競争に晒されている海運業では，いかにして競争力のある船舶を
提供するかに鎬を削っており，そのためには船舶建造時の資本費とともに，船
舶維持（配乗・保守など）のための費用を競争力のあるものに抑える努力をせ
ざるを得ない。先進国の船主が，自国内費用の高騰などを避け便宜置籍国に船
籍を置くのはこのためであり，欧米のみならずわが国の船主もこれを採用して
いる。便宜置籍船に対しては国際運輸労働者連盟（ITF）などの非難に晒され
ることも多いが，資本の自由化を良しとする以上避けられないことでもあり，
また船舶建造の資本に乏しい発展途上国にとっては，自国民の雇用機会の拡大
につながるなど，利益をもたらす点もある。

　便宜置籍船の問題点は，旗国政府の規制が不十分な場合にいわゆる「サブ・
スタンダード（sub-standard）船」（国際ルールである条約の基準を満足しな

いまま航行している船）が野放しになるおそれがあるということである。その点は，不合理に安価なサブ・スタンダード船がマーケットで活躍することの被害に晒される船主にとっても重大関心事であり，寄港国による規制や荷主側との協力により，サブ・スタンダード船を排除する試みも見られる。ちなみに，国連貿易開発会議（UNCTAD）が，クラークソン社などのデータに基づき集計した資料によれば，船舶の登録国と国籍上の関係を有していない船舶所有者に船舶の登録を許している国（いわゆる便宜置籍国）の中でも高いシェアを有するパナマ・リベリア・マーシャル諸島に登録されている船舶が世界の総船腹量（総トン数）に占める割合は，2022年で約45パーセントに達している。

(4) 国連海洋法条約

国連海洋法条約では，次に掲げる3つの条文が「真正な関係」に関連する。

第91条（船舶の国籍）

1　いずれの国も，船舶に対する国籍の付与，自国の領域内における船舶の登録及び自国の旗を掲げる権利に関する条件を定める。船舶は，その旗を掲げる権利を有する国の国籍を有する。その国と当該船舶との間には，真正な関係が存在しなければならない。

2　いずれの国も，自国の旗を掲げる権利を付与した船舶に対し，その旨の文書を発給する。

第92条（船舶の地位）

1　船舶は，1の国のみの旗を掲げて航行するものとし，国際条約又はこの条約に明文の規定がある特別の場合を除くほか，公海においてその国の排他的管轄権に服する。船舶は，所有権の現実の移転又は登録の変更の場合を除くほか，航行中又は寄港中にその旗を変更することができない。

2　（省略）

第94条　（旗国の義務）

1　いずれの国も，自国を旗国とする船舶に対し，行政上，技術上及び社会上の事項について有効に管轄権を行使し及び有効に規制を行う。

2　（以下略）

これらは，公海条約の内容をかなり詳しく規定しており，それなりの実効性が期待できると思われるが，他方で，便宜置籍の濫用防止及びサブ・スタンダード船の削減のための有効な規定ぶりになっていないとの批判があることも

事実である。そのような批判に応えるために，国際海事機関（International Maritime Organization：IMO）では，1992年に「旗国小委員会」（FSI）が設置され，IMO関係諸条約のような「一般的に受容された国際規則」の旗国による遵守を促進するための多様な方策が検討され始めている。例えば，旗国自己評価様式，強制的なIMO規則実施コード，「1978年の議定書によって修正された1973年の船舶による汚染の防止のための国際条約」（MARPOL 73/78，1983年発効。わが国についても同年発効。第10章参照）附属書Ⅵのためのポート・ステート・コントロール（PSC）ガイドライン，IMO加盟国監査スキーム（同スキームは2006年に任意のものとして導入されたが，2016年からすべての加盟国について義務化された。）などの検討・起草のほか，海難事故の調査分析に関する検討作業や，各国PSC活動の世界的な調和・調整促進のための枠組み作りなどを行っている。

　なお，2019年末に発生が認識された新型コロナウイルス感染症（COVID-19）の世界的な感染拡大に伴い，その最初期である2020年2月にわが国に寄港した英国籍クルーズ船ダイヤモンド・プリンセス（Diamond Princess）号の船内において大規模な感染症クラスターが発生し，同号は同年5月までの長期間にわたり横浜港に停泊することとなった。同号の事案のほか，同時期の長崎におけるイタリア籍クルーズ船コスタ・アトランチカ（Costa Atlantica）号の大規模クラスター事案への対応を検証した結果，旗国や運航国，そして寄港国の責任における防止措置といったソフト面の対策に加え，より効果的に感染症に対応できるよう，船内の構造・設計・設備などのハード面の対策についての整理が今後の中長期的な検討課題となっている。

　また，UNCTADでは，「世界海運全体の秩序ある発展を促進」させる必要性が高まったことを受けて，1986年2月7日に国連船舶登録要件条約（資料6参照）が作成された。同条約は，先進海運国と開発途上国との妥協の末まとまったものであり，便宜置籍船を排除するには至らず，また現在でも発効していない。しかし，旗国による船舶所有者の識別と責任に関する情報の開示（第6条），船会社への旗国資本の参加（第8条），旗国船員の配乗（第9条），旗

国による運航・管理体制の強化（第10条）などの点について，一応の国際的基準ができたものと評価されている。

(5)　オフショア船籍と第二登録制度

前述のとおり，便宜置籍船の増加の傾向が続く中で，自国船籍の船舶の急激な減少のため，ヨーロッパ諸国がその対策として採用したものとして，オフショア船籍と第二登録制度（second registers）がある。

① 　オフショア船籍は，ヨーロッパ諸国が自国から独立した自治領や保護領（英国のマン島，フランスのケルゲレン島，オランダのアンティル諸島など）に設けたオープン登録制度である。こうした登録を行った船舶は，本国の国旗は掲揚できるものの，労働関係法令の適用（特に外国人船員の雇用）や賃金の決定，税制，登録料などについて，本国に登録された船舶に比べて軽減された扱いとなる。ドイツ法が自国船舶の乗組員で「ドイツ国内に住所又は常居所を有しない者の労働関係は，……当該船舶が連邦国旗を掲げているという事実だけでは，ドイツ法に服さない」（ドイツ国旗法第21条4項第1文）と定めているのもその一例である。もっとも，船舶の安全などに関する国際条約は本国なみに適用され，登録船舶の管理体制も比較的整っている。

② 　第二登録制度は，従来の制度による登録と併存して，オフショア船籍と同様の軽減された登録制度を本国内に設けるものである。特にノルウェーは，1987年にベルゲン市に「ノルウェー国際船舶登録制度」（Norwegian International Ship Register：NIS）を制定し，便宜置籍船として自国外に流出した船舶を呼び戻すだけでなく，積極的に諸外国にベルゲン市への置籍を誘致している。また，ドイツやデンマークも，自国船のみを対象に第二登録制度を設けている。

(6)　わが国における自国籍船増加の取り組み

わが国においても1996年に国際船舶制度が導入され，日本籍船の中でも技術革新を進め運航効率に優れた国際船舶の増加を図っている。また，2007年12月の交通政策審議会海事分科会国際海上輸送部会答申において，四面環海で資源

に乏しいわが国にとって，経済・国民生活の向上のためには安定的な国際海上輸送を常時確保することが必要不可欠であるという経済安全保障の観点から，改めて自国籍船・自国船員の意義・必要性が指摘されている。このため，同答申において，日本籍船・日本人船員の計画的な増加策を内容とする計画を外航海運事業者が作成し，当該計画を国土交通大臣が認定した場合には課税の特例（トン数標準税制＝海運企業者に対する法人税などについて，その所得ではなく船舶の運航トン数に応じて課税する一種の外形標準課税）の適用などが受けられる制度の構築の必要性が指摘され，これに基づき2008年7月よりわが国においてトン数標準税制が導入されている。こうした取り組みのほか，海賊多発海域における日本船舶の警備に関する特別措置法の公布・施行（第9章4(2)参照）など日本籍船の保有を促進するための環境整備が進められてきており，わが国商船隊（わが国外航海運企業が運航する2,000総トン以上の外航商船群）に占める日本籍船は着実に増加してきている（2007年：92隻→2022年：285隻）。

3 軍艦の法的地位

(1) 免 除

公海上にある軍艦に対する干渉は，その本国に対する直接の挑戦となるため，軍艦は公海において，その旗国以外のいずれの国の管轄権からも完全に免除される。他国の領海においても同様である（スクーナー船エクスチェンジ号事件，20頁参照）。したがって，沿岸国は，外国の軍艦に対して航行や衛生などに関する法令の遵守を要求できるが，軍艦がこれに従わないときは退去を求め得るだけで，いかなる場合にも強制措置をとることは許されない（国連海洋法条約第30〜32条）。

上陸中に犯罪を犯した軍艦の乗組員については，その犯罪が公務で上陸中に行われたものであれば，沿岸国の刑事裁判権からの免除が認められる。さらに，軍艦は課税から免除され，また沿岸国の官憲は，艦長の同意を得ないで軍艦に立ち入ることはできない。犯罪人が軍艦に逃げ込んだ場合にも，艦長の同

意がないときには，外交ルートを通じて引渡を要求する以外に方法はない。な
お，外国軍艦の乗組員が公務外で上陸した場合，上陸地において犯した犯罪に
ついては，沿岸国が刑事裁判権を有する（神戸英水兵事件，20頁参照）。

　このように，軍艦の免除は国際慣習法上認められている点が特徴的である。
なお，軍艦が外国領海内において無害通航の権利を持つか否かについては，国
際法も学説も必ずしも一致していない点には注意を要する（この点について
は，第3章5を参照）。

ARA リベルタード号事件

（2012年12月15日，国際海洋法裁判所暫定措置命令）

　アルゼンチン海軍の練習艦リベルタード（ARA Libertad）号は，親善目的でガー
ナに寄港したところ，ガーナの裁判所が2012年10月アルゼンチン政府の債務不履行
に関する米国の債権者の申し立てを認めてアルゼンチン政府の財産として差し押さ
えを受けた。本船は出港を禁じられ，係官が艦長の同意なく乗船を試みた。アルゼ
ンチンは本船の釈放を求めて国際海洋法裁判所に暫定措置を求め，裁判所は「ガー
ナ当局による行動は，一般国際法上この軍艦が享有する免除に影響を与える」とし
て裁判官全員一致で無条件釈放を命じた。

---

(2)　庇　護　権

　軍艦がある国に入港している場合，軍艦は，当該国の領域主権からの免除を
享受する結果，本国で政治犯罪を犯した者などの避難所となる事例がしばしば
報告されてきた。軍艦が庇護権を有するか否かがしばしば争われているが，否
定する見解が多数説である。しかし，人道的考慮から，軍艦の庇護権を肯定す
る見解もある。

　実際には，入港中の軍艦に政治犯が逃げ込んだ場合，軍艦の主権的地位のゆ
えに，軍艦内に立ち入って，政治犯の身柄の拘束などを行うことができないこ
とが多く，結果的に軍艦の庇護権が認められる外観を呈することがある。

スクーナー船エクスチェンジ号事件

（1812年2月24日，米国連邦最高裁判所判決）

　米国民マクファドン（McFaddon）らの所有するスクーナー船エクスチェンジ（the Exchange）号は，1810年に公海上で拿捕され，捕獲審検所の審判を受けることなくフランス海軍に編入された。しかるに，翌年，同船が海難に遭遇し，フィラデルフィアに入港した際，マクファドンらは，連邦地方裁判所に海事訴訟を申し立てた。同裁判所はこの訴えを却けたが，本件は控訴を経て，最高裁判所に付託された。最高裁判所はこれを却け，第一審判決を確認したが，軍艦の裁判権を認めて次のように述べた点が注目される。

　「世界は平等の権利を持った独立の主権国によって構成されるが，すべての主権者共通の利益を促進するため，一定の状況において各自の領域内での完全な管轄権を緩和することに同意してきた。この領域管轄権は，外国主権者をその対象にしているとは思われない。主権者はいかなる点でも他の主権者に従う義務はなく，独立の主権者たる地位に属する免除が暗に保留されていると信ずるのでなければ，外国領域に入らなかったと考えられる」。

神戸英水兵事件

（1952年（昭和27年）11月5日，大阪高裁判決）

　1952年6月，神戸港に入港中の英国軍艦より休養のため上陸した英水兵がタクシー強盗を働き，現行犯逮捕された。同8月5日，神戸地裁は，英水兵を懲役2年6月の刑に処する判決を下したが，被告弁護人が控訴したため，同年11月5日，大阪高裁は原判決を破棄し，懲役2年6月執行猶予3年の判決を下した。

　判決は，独立国の主権が，その領域にある者については，自国民・外国人を問わずすべてに及ぶものであるとし，この原則は，条約又は慣習法によってのみ制限することができるとした。そして，現在有効な条約も慣習法も本件に対するわが国の刑事裁判権行使を制限しない，と結論した。つまり，軍艦の乗組員である被告人は陸上で公務外に犯罪を犯したのであり，こうした事件については沿岸国であるわが国の刑事裁判権を制限する国際法は存在せず，また領域国に刑事裁判権があるとするのが多数説であるとしたのである。なお，その際に，判決が，「わが領域内にある……外国軍艦……に対する治外法権の容認は確立せられた国際法に基づく」ものであると述べている点が注目される。

4　政府船舶の法的地位

(1)　政府船舶の種類

　一般に民間の所有に帰さない船舶を公船というが，公船は軍艦とそれ以外の船舶とに分かれる（わが国の「船舶法」附則第35条第1項但書は，「官庁又ハ公署ノ所有ニ属スル船舶」には商法の適用がないと定める）。政府船舶は後者に含まれるが，具体的に挙げれば，海上保安庁の巡視船，気象庁の観測船，水産庁の調査船，各省庁の練習船，消防船，病院船，税関船などがある。

(2)　政府船舶の絶対免除

　私人は，わが国において，国の公権力の行使により損害を受けた場合，国を相手どって訴訟を提起することができる。では，外国国家より損害を受けた場合，その国家を相手に訴訟を提起できるであろうか。この点については，国家が他国の民事裁判権に服さないことは国際法上確立している。このように，国家機関（この場合は政府船舶）が外国においては領域国の管轄権に服さないことを主権免除（裁判権免除）という。かつてレッセ・フェール主義の経済思想が支配していた時代には，行為主体が「国家」であるという理由だけで，免除が認められていた。当時は国家の活動も極めて限られており，例えば，免除の自発的放棄，不動産の対人訴訟，財産の相続訴訟などを除いて，すべて主権免除が与えられていたと言われる。

(3)　制限免除主義の登場

　19世紀以来，世界的な通商の発展は政府船舶の増加を招いた。外国貿易の発達により，次第に国家の活動範囲が私人や私企業の営む分野とされていたものに及んだり，公船が商業目的のために使用されるようになったからである。それとともに，従来の主権免除の考え方（絶対免除主義）に批判が加えられるようになり，絶対免除主義の適用を制限しようとする制限免除主義が19世紀末以降主張されるようになった。この頃，公船の国際法上の地位を確定したのが，パルルマン・ベルジュ号事件（22頁）であった。しかしその後，国営貿易を行う国の誕生などがあって，船舶を公船か否かで一律に分ける方法が修正を余儀なくされるようになった。

パルルマン・ベルジュ号事件

（1880年 2 月27日，英国控訴院判決）

　パルルマン・ベルジュ（Parlement Belge）号は，ベルギー国王の所有する郵便
船（公船）であったが，英国船と衝突し，相手側の英国人が損害補償を請求した。
控訴院の判決は，主権者の身体のみならず，主権者の財産に対しても，裁判権免除
を認めざるを得ないと判示した。さらに，同船が実質的には交易船として用いられ
ていたという点については，同船は主として郵便物の運搬に用いられており，これ
に差支えない範囲で交易に用いられたとしても，それは，同船の裁判権免除を否認
するものではないとした。

⑷　社会主義国家の出現

　第 1 次世界大戦後，船舶はすべて国有であるとする社会主義国家の誕生に
よって，従来の公船・私船の分け方の再検討が必要となった。この動きは，商
業目的に用いられる国有船舶を一般の私有の船舶と同様に扱う（免除を否定す
る）ことを定める1926年の「国有船舶の免責に関する若干の規則の統一に関す
るブラッセル条約」及び1934年の付属議定書として結実した。同条約では，国
の所有又は運航する船舶（公船）は，もっぱら非商業目的の用に供される場合
を除いて，船舶の航行又は運送に関して生じた債務につき，私船と同様に一般
海法上の取扱いを受けるとされたのである。

　船舶の「所有・運航」よりも「目的」に重きをおいて区別しようとするこう
した動きは，1958年の領海条約で新しいカテゴリーをつくった。つまり，同条
約は，外国船舶の無害通航権と沿岸国の管轄権の適用に関し，「商業目的のた
めに運航する政府船舶」を商船と同様に扱っているのである（第21条）。また，
公海条約も，公海における旗国以外の国の管轄権からの免除を，軍艦と非商業
用の政府船舶のみに限った（第 8 ， 9 条）。この点は，国連海洋法条約でも，
商業目的で運航する政府船舶と非商業目的で運航する政府船舶に分類し，前者
の政府船舶は商船と同様の扱いを受ける規定として現われている（第27， 28，
31， 32， 96， 97条）。しかし，今日でも，政府所有の海洋科学調査船がどのよ
うな場合に「商業目的のために運航」されているものとされ，商船と同様に沿

岸国の管轄権に服するのかなど，「商業目的・非商業目的」についての明確な基準が確立していないのが現状である。なお，領海条約採択以前の判例ではあるが，わが国の地方裁判所はクリコフ船長事件判決（後述）において公船の地位については未だ国際慣習法が十分に確立していない旨指摘している。

さらに，国連海洋法条約においては，第32条で軍艦又は非商業目的で運航する政府船舶に与えられる免除について規定されている一方，沿岸国の法令に違反した軍艦に対する退去要求について定めた第30条では政府船舶に触れられておらず，公船の地位ついてはこの点でも不明確なものとなっている。近年では，わが国周辺海域においても，外国海洋調査船によるわが国の同意を得ない調査活動や同意内容と異なる調査活動が多数確認されているほか，尖閣諸島周辺海域では中国海警局に所属する船舶がほぼ毎日確認されており，領海侵入も繰り返されている状況にある。

クリコフ船長事件

（1954年（昭和29年）2月19日，旭川地裁判決）

　1953年8月，わが国に日本人を密入国させたソ連船がわが国の領海内で捕獲され，同船の船長クリコフが出入国管理令と船舶法違反を理由に起訴された。被告弁護人側は，降伏文書の関係でクリコフの引渡しを求めた以上，わが国に刑事裁判権のないこと，及びソ連船はソ連の国有船舶であるから，治外法権を有し，わが国の裁判権は排除されると主張した。地裁判決は，特に第2の点について，同船が公船であることを認めたものの，以下の理由により，その治外法権を否認したのである。つまり，公船は，軍艦とそれ以外の公船に分けることができる。軍艦については，不可侵権と治外法権が完全に認められているが，軍艦以外の公船については，未だ国際慣習法が確立していない。さらに，問題の船舶は，「公の用務を帯びて本邦領海内にいたものではなく，全くわが国内法を侵してその領海内に不法侵入したこと，言い換えれば，本件機艇は犯罪行為を任務として本邦領海内に接到したものであるから，治外法権を認めるべきではない」と。

第3章　領海及び接続水域

1　領海の歴史

　海が国家に帰属するものであるか否かは，17世紀のグロティウスの「自由海論」とセルデンの「閉鎖海論」に代表される海洋論争をはじめとして，近代国際法最初期から，重要な問題として議論の的となってきた。古くから，スカンジナビア諸国で，海岸から望見可能な距離（1ミール＝約4カイリ）まで沿岸国の支配が及ぶとされて，沿岸水域を国家が支配できるとする慣行が成立するなど，沿岸水域を国家が領有する主張は存在していたが，国際法学説上は，18世紀初頭にオランダのバインケルスフーク（Bynkershoek）が「領海の主権は，砲弾の届くところまで及ぶ」という考えを示したのが初期のものである。18世紀後半にはシチリアの外交官ガリアニ（Galiani）が，当時の大砲の着弾距離である3カイリを領海の幅とすべきであるとする領海3カイリ説を唱え，19世紀に入ると3カイリを領海として採用する国が多くなった。しかし，その後の技術発展により着弾距離が延びてくると，各国は安全確保，通関・衛生上の取締り，漁業資源保護など，自国の沿岸水域の実情に応じて，4カイリ，6カイリ，12カイリなど様々な幅の領海を主張するようになった。その中で，海を利用する能力を持つ海洋国は他国の領海を狭く押さえて自国の船が活動できる範囲を広くとることに利益を見いだし，広い領海を主張する沿岸国との間で，領海の幅に関する長期にわたる対立を生じさせた。領海3カイリ主義は，有力な海洋国である英国，米国を中心として強く主張されたが，それに反対する諸国との間で合意を得ることはできず，1958年の第1次国連海洋法会議，1960年の第2次国連海洋法会議での2度にわたる領海の幅の決定の試みは失敗に終わった。

　領海の幅の問題では諸国は一致しなかったものの，沿岸の一定範囲の水域に沿岸国の主権が及ぶことを認める領海の制度自体については，19世紀までに確立し，その外側の大洋は諸国の航行や漁業のための自由使用に開放されるとす

る公海の制度とともに，伝統的国際法の基本的な原則として定着していた。第1次国連海洋法会議では，それまでに慣習法として確立していた両制度に関する国際慣習法規則を多数国間条約による明文の規定として法典化することには成功し，領海条約及び公海条約を成立させた。

　その後，科学技術の進展に伴う海底開発問題，一部の国による200カイリ水域の主張，大型タンカーなどによる海洋汚染の問題などが持ち上がったため，沿岸国の海に対する管轄権に関する問題と海洋利用に関する諸問題の再検討の声が高まり，1968年以降国連において交渉が開始された。

　1973年から1982年まで開催された第3次国連海洋法会議は，後述する国際海峡，排他的経済水域などの新たな制度を樹立して各国の利害を調整した結果，長年にわたる海洋国と沿岸国の間の対立に妥協を成立させ，領海の幅を最大限12カイリまでとした。会議の成果は，従来領海条約で法典化されていた規定と合わせて，国連海洋法条約に規定された。

2　領海の法的地位

　国連海洋法条約は，沿岸国の主権は，その領土及び内水を超え，また，群島国家の場合には群島水域を超えて，接続する水域で，領海といわれるものに及び，この主権は，その上空並びに海底及びその下に及ぶと規定している（第2条1，2項）。一般に領海主権と呼ばれるこの制度によって，領海では，原則として外国の管轄権は排除され，沿岸国の領域的な管轄権が及ぶ。ただし，沿岸国の領海における主権は絶対的なものではなく，国連海洋法条約及び国際法のその他の規則に従って行使されなければならない（同条3項）。河川・湖沼などの内水では，領土と等しく，沿岸国は自国が同意しない限り外国船の通航を認める必要はないが，領海では，外国船舶に無害通航権を認めなければならない。これは領海における沿岸国の主権行使に対する最も大きな制限である。

　なお，1999年3月23日に発生した能登半島沖不審船事案では，海上自衛隊が能登半島沖で不審な漁船2隻を発見後，海上保安庁及び海上自衛隊による追跡が行われ，結果として2隻の不審船を停船させるには至らなかったが，これら

不審船の航行はわが国領海内にも及んでおり，無害通航権の問題も含んでいる
ものと言えよう（本書では1999年及び2001年の両事案について，「不審船」の
表記で統一する）。

3　領海の幅

　国連海洋法条約は，いずれの国も，基線から測定して12カイリを超えない範
囲でその領海の幅を定める権利を有する，としている（第3条）。

　1カイリは，地球の緯度1度の長さの60分の1，すなわち1分の長さであ
る。1929年のモナコにおける第1回臨時国際水路局会議では1,852メートルと
定められ，領海条約の原案を作成した国連の国際法委員会（ILC）の報告書も

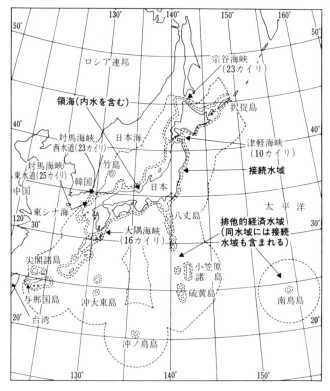

図3・1　わが国の領海，接続水域及び排他的経済水域

その距離を採用している。国連海洋法条約でも明文の規定はないが同様である。

　国連海洋法条約で領海の幅が統一的に決定されたことから，従来３カイリを主張していた英国，米国を含めて，12カイリの領海を採用する国が大幅に増加し，現在ではほとんどの国が領海を12カイリとしている。一方で，エクアドル，ニカラグア，ペルー，シエラレオネなど，200カイリの領海を主張するいくつかの国もある。

　わが国は，1870年（明治３年）の太政官布告第546号で，領海の幅を着弾距離説による旨を注書にして，「凡３里（陸地より砲丸の達する距離）以内」としていたが，1872年（明治５年）の太政官布告第130号によって，「海里は［緯度］１度［の］60分［の］１を以て１里と定む即ち陸里16町９分７厘５毛なり」と明確な数字を示した。これ以来わが国は領海３カイリを採用してきたが，法律で正式に領海の幅が３カイリであることを規定したものはなかった。しかし，第３次国連海洋法会議において領海を12カイリに統一する動きが明瞭になった動向に対応して，1977年の「領海法」（昭和52年法30号，1977年７月１日施行）により，それまでの３カイリから12カイリに移行した。また，1982年に採択された国連海洋法条約の規定を受けて，1996年に従来の領海法が「領海及び接続水域に関する法律」に改正・改題され，引き続き領海の幅を12カイリと明示した。ただし，国際海峡の章で詳述するように，宗谷海峡，津軽海峡，対馬海峡東水道，対馬海峡西水道及び大隅海峡の５海峡のみは，特定海域として，暫定的に３カイリを維持している（図３・２，28頁参照）。

　中国は2009年頃から南シナ海のほぼ全域を囲む形で９つの破線を引き，その内側にある海域について歴史的権利を主張してきた。フィリピンは，このような中国の権利主張や具体的な活動（フィリピン漁業者の締め出し・中国公船による中国漁船のエスコート・ウミガメやサンゴなど絶滅危惧種の採取活動の促進・サンゴ礁の埋め立て・環境影響評価の懈怠）が国連海洋法条約に反するとして同条約に基づく仲裁を提起した（南シナ海仲裁。フィリピン対中国，国連海洋法条約附属書Ⅶ仲裁裁判所，〔管轄権・受理可能性決定〕2015年・〔本案判決〕2016年）。これに対し中国は，仲裁裁判所は領有権の問題を判断する管轄

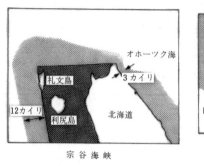

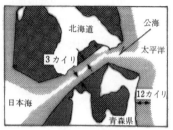

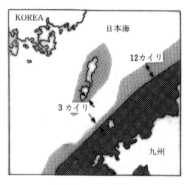

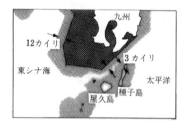

図3・2　わが国の特定海域

権を持たないと反論したが，仲裁裁判所は2015年に本件を中国による海域利用に関わる権利の問題として捉えることで裁判所の管轄権を肯定する決定を行い，2016年の本案判決において中国による歴史的権利の主張は国連海洋法条約に反する，あるいは同条約で認められた範囲を超える限りにおいて無効であると判断した。また，具体的な中国の行為についても，国連海洋法条約に反しており違法であるとした。

4　基　線

　領海をどこから測るか。領海の幅を測り始める線を「基線」（baseline）と

いう。基線は領海の内側の限界線でもあり，通常は陸と海との接点すなわち海岸線と考えられる。領海の外側の限界は，基線上の最も近い点からの距離が領海の幅に等しい線である。通常の基線は大縮尺海図に明示され，わが国では海上保安庁海洋情報部が刊行している海図上で公示されている。国連海洋法条約は以下のような基線を規定している。

(1) 通 常 基 線

平坦な海岸線では一般に「通常基線」が採用されている。通常基線は海岸の低潮線である（第5条）。港湾施設も領海の幅を測定する基点とすることができる。すなわち，港の恒久的な工作物で，最も沖側にあるものは海岸の一部とみなされる。ただし，沖合にある設備，人工島などは領海測定の基点とはならない（第11条）。積込み，積卸し及び船舶の投錨のために通常使用されている停泊地は，その全部又は一部が領海の外側にある場合は，領海に含まれる（第12条）。

(2) 直 線 基 線

海岸線が著しく曲折しているか，又は海岸に沿って至近距離に一連の島がある場所，例えばリアス式海岸やフィヨルド海岸などでは適当な点を直線で結ぶ「直線基線」（straight baseline）を採用できる。このような海岸では，直線基線から外側に領海の幅が測られる（第7条1，2項）。この方法は実際の海岸線から離れて引かれるおそれがあるため，直線基線は一定の条件を満たさなければならない。

国際司法裁判所（ICJ）は，漁業事件本案判決（英国対ノルウェー，ICJ，1951年）でノルウェー北部の沿岸水域から英国漁船を排除するためにノルウェーが採用した直線基線を認めた。裁判所は直線基線を引く際の条件を以下のものとした。すなわち，直線基線は海岸の一般的方向から著しく離れて引いてはならず，また，その内側の水域は内水となるため，陸地と十分密接な関連を持っていなければならない。直線基線の設定にあたっては，他国の領海を公海から隔離するように設定してはならない。これらの条件は領海条約に取り入れられ，国連海洋法条約にも受け継がれている（第7条3〜6項）。

直線基線を引くことによって従来内水とみなされていなかった水域を新たに

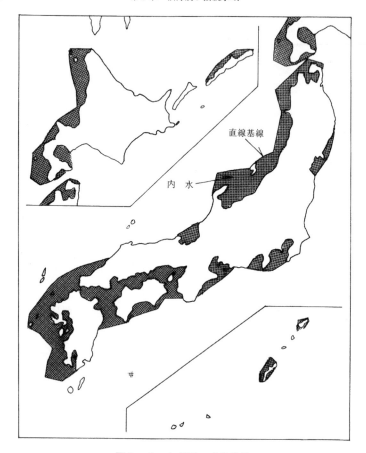

図3・3　わが国の直線基線

内水として取り込むこととなる場合には，従来外国船舶に認められていた無害
通航権はこれらの水域において存続する（第8条2項）。

　ノルウェー漁業事件判決の後，直線基線の方法は多くの沿岸諸国に採用され
るようになり，現在では80ヵ国以上が沿岸水域全体あるいはその一部に直線基
線を用いている。最近直線基線を採用した国の中には，前記条約の規定にもか
かわらず，海岸の一般的方向から著しく離れて直線基線を引くことにより，沿
岸水域から外国漁船を遠ざけるとともに，領海や排他的経済水域の限界の画定

に有利な立場を確保しようとするものもある。

　わが国は1996年に改正された「領海及び接続水域に関する法律」の第2条において直線基線を定めている（図3・3参照。テドン号事件，後述）。

(3) 湾の基線

　伊勢湾，駿河湾など，海岸が単一の国に属する湾では，湾口を結ぶ直線を基線とすることができる。湾は地理的名称にかかわりなく，一定の条件を満たしていなければならない。すなわち，湾の奥行きが湾口の幅に比べて十分に深いため，陸地に囲まれた水域を含み，かつ単なる海岸のわん曲ではない明白な湾入であって，湾口の距離が24カイリ以内であり，かつ，湾内の面積が湾口を横切って引いた線を直径とする半円の面積以上でなければならない（第10条2項）。また，湾の入口の距離が24カイリを超えるときは，24カイリの直線基線を，この長さの線で囲むことができる最大の水域を囲むような方法で湾内に引くことができる（同条5項）（図3・4，32頁参照）。ただし，これらの規定は，第4章で詳述する「歴史的湾」には適用されない（同条6項）。

(4) 群島基線

　インドネシア，フィリピンなど，大洋中の群島国家の場合，群島の最も外側の島及び常に水面上にある礁の最も外側を結ぶ直線により群島基線を引くことができる。群島国家の領海と排他的経済水域は，群島基線から外側に測られ，その基線の内側の水域は，特に「群島水域」と呼ばれる特別な制度に従うことになっている（第6章参照）。

テドン号事件

　（1997年（平成9年）8月15日，松江地裁浜田支部判決）

　（1998年（平成10年）9月11日，広島高裁松江支部判決）

　1997年（平成9年）6月9日に，韓国漁船テドン号が，島根県浜田市沖18.9カイリの海域でアナゴを採取したことにより，「外国人漁業の規制に関する法律」で禁止されている漁業を行ったとして，拿捕された。当該水域は，1996年に「領海及び接続水域に関する法律」で直線基線を設定したことにより，新たにわが国の領海となった水域であった。

　起訴された船長は，日韓漁業協定（旧協定）第1条1項に照らして，当該水域は協定が適用される「漁業に関する水域」であるため，わが国が漁業に関して排他的に管轄権を行使できる水域ではないとして，わが国には取締り権限がないと主張した。原審は船長の主張を認めてわが国の管轄権を否認したが，控訴審では，日韓漁業協定上の「漁業に関する水域」は国際法上の漁業水域であり，漁業水域の存在によって領海の拡大が制限されることはないため，当該水域は直線基線の採用による領海の拡張によって領海の中に取り込まれたとして，わが国に管轄権があることを認めた。

　本件はわが国が直線基線を採用した直後の事件であり，当該水域を領海として取り込むことになった直線基線の設定の適否を国際法上で問題とする可能性もあったが，被告側は争点とはしなかったため，当該直線基線が国際法上の基準にかなったものであるかどうかについての裁判所の判断はなされなかった。

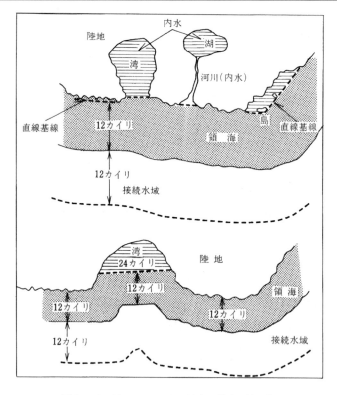

図3・4　湾口が24カイリ以内の場合（上図）
　　　　　湾口が24カイリを超える場合（下図）

5　領海における船舶の通航

(1)　通航の意味

　領海内においては，すべての国の船舶は無害通航権を有する（第17条）。国連海洋法条約において，領海内における船舶の通航とは，次の目的のために領海を通航することをいう，とされている（第18条1項）。

(a)　沿岸国の内水，港湾施設に立ち寄ることなく通過すること

(b)　沿岸国の内水，停泊地又は港湾施設に立ち寄ること

　領海における通航は，継続的かつ迅速でなければならない。領海においてみだりに徘徊することは許されない。停泊及び投錨は，航行に通常付随するか又は不可抗力もしくは遭難により必要とされる場合，又は危険又は遭難に陥った人，船舶もしくは航空機を援助するために必要とされる場合に限り，通航に含まれる（同条2項）。

(2)　無害通航

　通航は，一般に沿岸国の平和，秩序又は安全を害しない限り無害とされるが，無害通航は国連海洋法条約及び国際法の他の規則に従って行われるものとされる（第19条1項）（マヤグエス号事件，35頁参照）。国連海洋法条約は，次のような種類の沿岸国にとって無害でない活動を列挙している（同条2項）。

①　主として沿岸国の平和，安全保障上の考慮に基づくもの。例えば，武力による威嚇や武力の行使，兵器を用いる演習など，情報収集（プエブロ号事件参照，34頁参照），航空機・軍事機器などの発進など（同条2項(a)～(f)）。

②　主として沿岸国の法秩序の維持を考慮したもの。例えば，出入国管理，漁業，汚染防止，電波管理，調査・測量に関する法令に違反する活動など（同項(g)～(k)）。

③　その他，通航に直接関係がない活動（同項(1)）。

　船舶の種類によっては，特に通航条件が定められている場合がある。例えば，潜水艦その他水中航行機器は，海面上を航行し，その旗を掲げなければならず（第20条），原子力推進船及び核物質又は危険もしくは有害な物質を運搬

する船舶は，国際協定が定める文書を携行し，かつ，その協定が定める特別の予防措置を遵守しなければならない（第23条）。国際海事機関（IMO）で採択された「1974年の海上における人命の安全のための国際条約」（SOLAS条約，1980年発効。わが国は同年に加入）において，原子力船は，原子力旅客船安全証書又は原子力貨物船安全証書を携行しなければならないと規定されていることも，その条件の一例である。

　第3次国連海洋法会議で領海に関する最も重要な課題の1つは，領海における外国艦船，特に軍艦の無害通航の問題であった。多くの沿岸国は，外国軍艦の領海通航について，沿岸国に事前に通告し，かつ許可を求めることを要求した。これに対して，米国，英国などの西側諸国は，事前の通告と許可制の導入に強く反対した。この問題は同会議の最後の会期まで明確な解決が得られなかった。このため，改正案を支持していた若干の沿岸国は条約の署名又は批准にあたって，「沿岸国は外国軍艦の領海の通航にあたって，事前の通告と許可を求めることができる」という立場を解釈宣言の方式で明らかにしている。しかし，西側諸国はこのような宣言は条約の規定に反する，としている。

プエブロ号事件

　1968年1月23日，米国海軍の情報収集艦プエブロ（Pueblo）号（906トン，乗員83名）は，北朝鮮の沿岸から7.6カイリ（北朝鮮の発表による）の地点で，北朝鮮警備艇から停船を命じられた。プエブロ号は停船命令に従わず，沖合へ逃走したため銃撃され（死亡1名，負傷3名），北朝鮮の沿岸から約16カイリの地点で，北朝鮮海軍艦艇により捕獲された。北朝鮮当局の取り調べに対し，プエブロ号艦長は次のように供述した。プエブロ号は，北朝鮮の沖合及び沿岸地帯で軍事スパイ活動をする命令を受け，レーダーその他の観測機器を用いて，朝鮮東海岸の軍事施設，軍の配置，レーダー網，港湾情況，艦艇の機動力などについて情報の収集を行っていたところ，北緯39度17.4分，東経127度46.9分の北朝鮮の領海（12カイリ）内で，北朝鮮艦艇によって発見され，逃走を企てた，と。

　この事件の解決のため，種々の方策が試みられたが，いずれも成功せず，同年12月になって，両国の協議が妥結し，12月23日，遺体及び抑留乗組員の引き渡しが行われた。米国は，プエブロ号が北朝鮮領海に侵入して国家的機密を探知するスパイ活動を行ったという乗組員の自白と証拠物件の妥当性を認め，その活動について責任をとり謝罪し，今後北朝鮮の領海を侵犯しないよう確約する，との文書を北朝鮮

に手渡した。事件の決着は，その発生から336日目であった。なお，当時米国は領海3カイリ，北朝鮮は領海12カイリを主張し，今日のように12カイリ領海が一般的なものとみられてはいなかった。

マヤグエス号事件

1975年5月12日，米国のコンテナ商船マヤグエス（Mayaguez）号は，香港からシンガポールに向け，通常の航路に従って航行中，プロ・ワイ島から約6カイリの地点で，カンボジア海軍艦艇により，その通航が無害でないという理由で，停船を命じられ，臨検の上プロ・ワイ島に連行，抑留された。プロ・ワイ島は，当時，タイ，ベトナム及びカンボジアによって，その領有権が争われていた。カンボジアは，拿捕がカンボジア領海（12カイリ）内で行われたと主張した。米国は，領海は3カイリであり，マヤグエス号は公海を航行中であったこと，そして，たとえ領海を航行していたとしても，船舶は無害通航権を享有し，カンボジア海軍によるマヤグエス号の拿捕と乗組員の抑留は違法であると抗議した。交渉が長びくことを懸念した米国はカンボジア本土の爆撃と並行して島を急襲，カンボジア当局は拿捕から3日目に乗組員を全員釈放した。

(3) 船舶の無害通航に関する沿岸国の法令制定権

沿岸国は領海における無害通航に関する次のような事項についての法令を定めることができる（第21条）。

① 航行の安全及び海上交通の規制

わが国の現行法としては「海上衝突予防法」（昭和52年法62号，1977年7月15日施行）があり，「1972年の海上における衝突の予防のための国際規則」に準拠して，船舶の遵守すべき航法など必要な事項を定めている。また，「海上交通安全法」（昭和47年法115号，1973年7月1日施行）は，船舶交通が輻輳する海域における船舶交通について，特別の交通方法を定めるとともに，その危険を防止するための規制を行っており，両法により船舶交通の安全を図っている。

② 航行援助施設又は設備の保護

わが国には「航路標識法」（昭和24年法99号，1949年6月1日施行）があり，航路標識を整備し，その合理的かつ能率的な運営を図ることによっ

て船舶交通の安全を確保し，併せて船舶の運航能率の増進を図っている。

③　電線及びパイプラインの保護

　　わが国には「電気通信事業法」（昭和59年法86号，1985年4月1日施行）
があり，海底電線などの保護を行っている。

④　海洋生物資源の保護

⑤　沿岸国の漁業法令の違反の防止

　　これらに関しては，わが国には「漁業法」（昭和24年法267号，1950年3
月14日施行）があり，領海における漁業は沿岸国に独占されることとなっ
ているため，外国人による無許可の漁業活動は漁業法違反とされる。ま
た，「外国人漁業の規制に関する法律」（昭和42年法60号，1967年10月14日
施行）は，外国人が行う漁業活動の増大により，わが国漁業の正常な秩序
の維持に支障を生ずるおそれがある事態に対応して，外国人が漁業に関し
て行うわが国の水域の使用の規制について必要な措置を定めている。

⑥　沿岸国の環境保全並びに汚染の防止，軽減及び規制

　　わが国は，条約に基づいて「海洋汚染等及び海上災害の防止に関する法
律」（昭和45年法136号，1971年6月24日施行）を制定し，船舶，海洋施設
及び航空機から海洋に油，有害液体物質など及び廃棄物を排出すること，
船舶から海洋に有害水バラストを排出すること，海底の下に油，有害液体
物質など及び廃棄物を廃棄すること，船舶から大気中に排出ガスを放出す
ること並びに船舶及び海洋施設において油，有害液体物質など及び廃棄物
を焼却することを規制し，廃油の適正な処理を確保するとともに，排出さ
れた油，有害液体物質など，廃棄物その他の物の防除並びに海上火災の発
生及び拡大の防止並びに海上火災などに伴う船舶交通の危険の防止のため
の措置を講じている。

⑦　海洋科学調査及び水路測量

　　わが国は，「水路業務法」（昭和25年法102号，1950年7月17日施行）を
制定し，水路測量に関して規制している。

⑧　沿岸国の通関上，財政上，出入国管理上又は衛生上の法令の違反の防止

　わが国では，通関上は「関税法」（昭和29年法61号，1954年 7 月 1 日施行）を，財政上は「外国為替及び外国貿易法」（昭和24年法228号，1949年12月 1 日施行）を，出入国管理上は「出入国管理及び難民認定法」（昭和26年政319号，1951年11月 1 日施行）を，衛生上は「検疫法」（昭和26年法201号，1952年 1 月 1 日施行）を制定している。

　領海における無害通航に関する国内法令は，外国船舶の設計，構造，乗務員の配乗又は設備については適用されない。ただし，沿岸国の海洋環境の保全及び海洋汚染の防止に関する法令が，一般的に認められた国際規則又は基準を実施するものである場合には，船舶の設計，構造などにも適用させることができる（第21条 2 項）。一般的に認められた国際的な規則又は基準とは，例えばIMO で採択された，SOLAS 条約の船舶の構造，設備などや，MARPOL 73/78の排出基準などがある（第10章参照）。

　わが国では，領海及び内水における外国船舶の航行の秩序を維持するとともにその不審な行動を抑止し，領海及び内水の安全を確保するため，「領海等における外国船舶の航行に関する法律」（平成20年法64号，2008年 7 月 1 日施行）を制定し，この法律により，領海や内水における外国船舶の航行は継続的かつ迅速に行わなければならず，わが国領海及び内水における正当な理由のない外国船舶の停留，びょう泊，係留，徘徊などを伴う航行やわが国の港への出入りを目的としない内水の航行は原則として禁止している。

　海外ではこのような国連海洋法条約に基づく沿岸国の規制法令の厳格な執行がトラブルを引き起こすケースもある。例えば，海洋境界が複雑あるいは一部未画定のシンガポール東方沖海域において，インドネシア海軍やマレーシア沿岸警備隊がシンガポール港入港やマラッカ・シンガポール海峡の通航を待つ外国民間船舶を領海での無許可投錨・徘徊などの嫌疑で臨検し，拿捕・拘留することがある。とりわけインドネシア海軍が頻繁に行っているとされる臨検や拿捕は国連海洋法条約に基づく沿岸国法令（2008年法17号海運法）の執行と位置づけられるが，船員や船舶の拘留が数ヵ月単位で長期化した事例や，関係者が数十万ドル単位の非公式の金銭支払を要求した疑惑のある事例も報道されてい

る。

　インドネシアの行為が国連海洋法条約に照らして合法か否かは個別事案の事実関係によって左右されると考えられるものの，無害通航権を侵害するもので，国連海洋法条約違反の可能性があると指摘する報道もある。また，仮に沿岸国による拿捕自体が国連海洋法条約に基づく正当な沿岸国の規制法令の執行と認められたとしても，拘留が不当に長期化した場合には沿岸国はその間に生じた船舶の不稼働損失や船員の被った損害について賠償責任を負うとされることもある（ドゥジト・インテグリティ号事件本案判決，国連海洋法条約附属書Ⅶ仲裁裁判所，2016年）。

⑷　領海における航路の指定

　沿岸国は，航行の安全を考慮して必要と認める場合には，領海において外国船舶に対して，沿岸国が指定する航路帯及び分離通航帯を使用するよう要求することができる。ただし，航路帯，分離通航帯の指定にあたっては，権限ある国際機関の勧告，国際航行のために慣習的に使用されている水路，特定の船舶及び水路の特殊な性質，交通の輻輳状況などを考慮しなければならない。また，タンカー，原子力船及び核物質又はその他の本質的に危険な物質などを運搬する船舶に対しては，指定された航路帯のみを通航することを要求できる（国連海洋法条約第22条）。

　IMO では，船舶の集中する水域及び船舶交通密度の高い水域，又は限られた操船余地，航路障害物の存在，制限水深もしくは不利な気象条件のために操船の自由が制限される水域において，航行の安全を増進し，海難のおそれを減少させることを目的として，航路指定方式（Routing System）が採択されている。航路指定方式とは，1個又はそれ以上の航路の組み合わせ，又は航路の指定方式によって，より安全な船舶の航行環境をめざしたシステムで，分離通航方式，対面航路，推薦航路，避航水域，沿岸通航帯，ラウンドアバウト，警戒水域及び深水深航路などがある（図3・5参照）。

　船舶が領海の通航に際して遵守すべき沿岸国の法令は多岐にわたっている。例えば，200カイリ領海を主張していたニカラグアは，そこを通航する船舶に

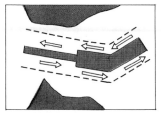

分離通航方式(Traffic Separation Scheme)

対面航路 (Two-way Route)

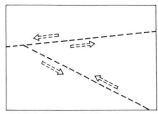

推薦航路 (Recommended Route)

避航水域 (Area to be Avoided)

沿岸通航帯 (Inshore Traffic Zone)

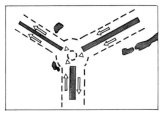

ラウンドアバウト (Roundabout)

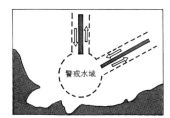

警戒水域 (Precautionary Area)

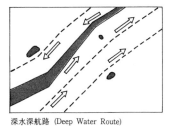

深水深航路 (Deep Water Route)

（海上保安庁発行　書誌408号より）

図3・5　IMO による航路指定

対して72時間前に書簡又はテレックスにより，同国外務省宛に，船籍，入港又は通過の目的など所定の事項を通告することを求めていた。また，欧州委員会の指令によれば，EU 加盟国の港に寄港する船舶の船主などは，少なくとも24時間前に港湾当局に対して，船舶の ID，乗船者数，目的地，到着予定時刻を通報しなければならないこととなっている。また，IMO は，1994年に SOLAS 条約の規則を改正し（1996年発効），海上における人命の安全，航行の安全及び効率，海洋環境の保護に関する状況の改善が必要な場合には，IMO が作成したガイドラインに従い，特定の種類の船舶に対して一定の情報を沿岸国の当局に通報させる強制的船舶通報制度（Mandatory Ship Reporting：MSR）を締約国が設定できるとする制度を設けた。実際，グレート・バリア・リーフ（オーストラリア），グレート・ベルト（デンマーク），ジブラルタル海峡，西ヨーロッパの海岸域などの海域において，強制的船舶通報制度が設定されている。

　このような点から，沿岸国の領海を航行する場合は，無害通航は認められているとはいえ，航行にあたって遵守すべき沿岸国の法令の内容について注意する必要がある。

(5)　沿岸国の義務

　沿岸国は，領海において外国船舶の無害通航を妨害してはならない。

　前述の国内法令の適用については，外国船舶に対して，無害通航を否定し，又は実際的に阻害するような条件を課してはならない。また，特定の船舶に対して，又は貨物の積込地，仕向地によって差別することは許されない（第24条1項）。

　沿岸国は，領海内における航行上の危険で自国が知っているものを適当に公表しなければならない（同条2項）。この規則は後述するコルフ海峡事件本案判決（英国対アルバニア，ICJ，1949年）で確認され，領海条約に規定されたが，さらに国連海洋法条約がこれを受け継いだものである。

コルフ海峡事件

（1949年4月9日，国際司法裁判所本案判決）

　1946年5月，コルフ（Corfu）海峡（アルバニアとコルフ島の間）を南下中の2隻の英国軍艦に対しアルバニアが砲撃を加えたため，英国はこれに抗議した。英国が，外国領海における軍艦の無害通航権は国際法上の権利であると主張したのに対し，アルバニアは，領海における軍艦の無害通航権には許可が必要であると反論した。この海域では機雷は存在しないと通報されていたため，同年10月，英国は軍艦に再度コルフ海峡を強行通過させたところ，アルバニアの領海内で機雷に触れ，死者44名の大損害を蒙った。11月に，英国は同海峡を掃海するとともに，問題の機雷が事故の直前に敷設されたことを確認した。その後，英国は事件を国連安全保障理事会に付託し，アルバニアも国連の非加盟国ながらこの討議に参加したが，1947年4月に，同理事会は事件をICJに付託するよう勧告した。翌月，英国は事件を一方的に提訴し，1948年3月の判決（管轄権）を経て，1949年4月の判決（本案）が下された。裁判所は，同判決において，1946年10月と11月のアルバニア領海における英国海軍の行為がアルバニアの主権を侵害したものであったか否かを扱った。英国軍艦の通航については，コルフ海峡が2つの公海を結ぶという地理的状況と国際航行に使用されているとの事実により，通航が無害であることを条件に，軍艦は平時において海峡の通航権を有すると判決された。ちなみに，この点は，1958年の領海条約第16条に採用された。なお，英国の掃海作業については，沿岸国の同意なしになされたものであるとして，アルバニアの主権を侵害したとされた。他方で，アルバニアは，機雷の存在を知りながら公表を行わなかった点で，通告義務に違反しているため，英国に対して国家責任を負うものとされた。

(6)　沿岸国の保護権

　沿岸国は，領海内の外国船舶の無害でない通航を防止するため，自国の領海内において必要な措置をとることができる（第25条1項）。また，沿岸国は，船舶が内水に向かって航行している場合などに従うべき条件に違反することを防止するために，必要な措置をとる権利を有する（同条2項）。例えば，外国船が入港する場合，事前に入港を通報することを義務づけている場合がある。わが国は，「港則法」（昭和23年法174号，1948年7月15日施行）により，外国船舶の出入港届を義務づけるとともに，爆発物その他の危険物を積載した船舶は，港に入港しようとするときは港の境界外で港長の指揮を受けなければなら

ないとしている。

　さらに，沿岸国は，自国の安全の保護のため必要がある場合には，その領海内の特定の区域において，外国船舶の間に差別を設けることなく，外国船舶の無害通航を一時的に停止することができる（同条3項）。

　近年わが国周辺水域では，国際的な組織犯罪グループによる密航・密輸事件や，周辺国の工作船と見られる不審船が出没するなどの問題が生じている。これらの行為は沿岸国の治安，秩序を乱すものであり，このような行為を目的とする航行は無害でない通航とみなすことができるため，保護権行使の対象となり得る。

(7)　課　徴　金

　沿岸国は，外国船舶に対して，領海の通航のみを理由とするいかなる課徴金も課すことができない。ただし，領海を通航する外国船舶に対しては，その船舶に対して提供された特定の役務の対価としてのみ，船舶間に差別なく，課徴金を課すことができる（第26条）。特定の役務とされるのは，船舶の曳船料，水先案内料などである。

6　領海内における裁判権

(1)　領海内における刑事管轄権

　領海を通航中の外国船舶内で行われた犯罪に関して，沿岸国が捜査，犯人の逮捕を行うことができるのは，次に掲げる場合に限られる。すなわち，(a)犯罪の結果が沿岸国に及ぶ場合，(b)犯罪が沿岸国の平和又は領海の秩序を乱す性質のものである場合，(c)その船舶の船長又は旗国の外交官もしくは領事官が沿岸国の当局に対して援助を要請した場合，(d)麻薬又は向精神剤の不法な取引を防止するために必要である場合，である（第27条1項）。ただし，沿岸国が，内水を出て領海を通航している外国船舶内において逮捕又は捜査を行うため，自国の法令で認められている措置をとる権利は認められている（同条2項）。

　沿岸国は，その刑事裁判権を行使するにあたって，船長の要請があるときは，措置をとる前に当該船舶の旗国の外交官もしくは領事官とその外国船舶の

乗組員との間の連絡を容易にしなければならない（同条3項）。

　沿岸国の当局は，逮捕するかどうか，また，いかなる方法で逮捕するかを考慮するにあたり，その船舶の航行の利益に対して妥当な考慮を払わなければならない（同条4項）。

　また，沿岸国は排他的経済水域及び海洋環境保護のため制定する法令の違反に関する場合を除くほか，単に領海を通航しているだけの外国船舶において，その外国船舶が領海に入る前に行われた犯罪に関連して，いずれかの者を逮捕し，又は捜査を行うためのいかなる措置もとることができない（同条5項）。

　近年，マラッカ・シンガポール海峡あるいはインドネシア，フィリピン周辺などの東南アジア諸国の領海内において武装強盗（armed robberies）が発生している。それらは沿岸国の領域主権の及ぶ範囲内での事件であり，事件の性質も領海の秩序を乱すものであるため，沿岸国の刑事裁判権が及ぶと考えられるが，沿岸国の取締り能力の問題もある。これらアジアの武装強盗・海賊問題に有効に対処すべく，わが国の主導の下，地域協力促進のための枠組みである「アジア海賊対策地域協力協定」（Regional Cooperation Agreement on Combating Piracy and Armed Robbery against Ships in Asia：ReCAAP）が2006年9月に発効し，15ヵ国が同協定を締約するに至っている。同協定に基づき，情報共有センター（Information Sharing Centre：ISC）がシンガポールに設立された他，ISC を通じた情報共有及び協力体制の構築や，締約国同士の二国間協力の促進が進められている（73頁参照）。

　IMO では，1983年に「船舶に対する海賊行為及び武装強盗の防止策」決議（決議第545(13)号）を採択して，関係各国政府に対して，管轄海域又は隣接海域における海賊行為などの防止のための対策要請を行ったのをはじめとして，1993年には海上安全委員会回章「船舶に対する海賊行為及び武装強盗の排除のための各国政府への勧告」（MSC/Circ. 622）及び「船舶に対する海賊行為及び武装強盗の防止並びに抑止に関する船主，船舶運航者，船長及び乗組員のためのガイド」（MSC/Circ. 623）を設定して，海賊行為などのデータの把握，撃退のための行動計画策定とその訓練，連絡体制，地域協力などについての方

針を明らかにしている。海賊行為及び海上における暴力行為については第9章
において詳述する（第9章4参照）。

アロンドラ・レインボー号事件

　1999年10月22日，わが国の船会社が実質所有するパナマ船籍の貨物船アロンド
ラ・レインボー（Alondra Rainbow）号が，アルミニウム塊約7,000トンを積んでイ
ンドネシアの港からわが国に向けて出港直後，武装強盗に乗っ取られ行方不明と
なった。乗組員は，11月8日，タイ沖で救命いかだに乗って漂流中に発見され，全
員救助された。

　不明であった同号は11月14日，インド沿岸警備隊が同国沖の洋上で発見。2日間
追尾した後，停船を命じ，船上のインドネシア人15人を拘束した。船名は書き換え
られていたが，アルミ塊の一部4,000トンは残っていた。拘束された武装強盗15人
はインドの警察当局に引き渡された後，国連海洋法条約第105条に基づきインドの
国内裁判所で起訴された（うち1人は勾留中に死亡）。2003年2月25日には判決が
下り，武装強盗14人に7年の重労働の刑が言い渡されている。

---

(2)　領海内における民事裁判権

　沿岸国は，領海内を通航している外国船舶内の人に対して，民事裁判権を行
使するためにその外国船舶を停止させ，又は，その航路を変更させてはならな
い（第28条1項）。沿岸国は，船舶が沿岸国の領海（内水を含む）を航行して
いる間に，又はその水域を航行するためにその船舶について生じた債務又は責
任に関する場合（海難救助，水先案内料などに伴う債務又は衝突事故などに伴
う責任）を除くほか，その船舶に対し民事上の強制執行又は保全処分を行うこ
とができない（同条2項）。沿岸国は，領海に停泊しているか又は内水を出て
領海を通航している外国船舶に対しては，自国の法令に従って民事上の強制執
行又は保全処分を行う権利を行使することができる（同条3項）。最近では，
2014年に世界最大手（当時）の燃料油販売業者（OW Bunker）が経営破綻し
た際に，同社の債権者が破綻直前に同社から直接あるいは間接に燃料油を購入
していた船舶，もしくは同船船主の姉妹船や同船の傭船者の運航船など多数の
船舶を世界各地の港で差し押さえて混乱が生じた例がある。また，貨物に関す
るトラブルであるが，北アフリカの西サハラ地域（大部分をモロッコが実効支

配）の独立問題をめぐり，独立国家樹立を目指すポリサリオ戦線（サハラ・ア
ラブ民主共和国：SADR）がモロッコ企業による同地域での鉱山（リン鉱石）
採掘が資源の違法な収奪である旨を主張し，2017年に西サハラ産リン鉱石を積
載したばら積み貨物船を南アフリカで差し押さえた例がある。

7　接続水域

　接続水域は，領海が一般に3カイリとされていたときに，沿岸国が領海だけ
では密輸などの取締りが十分にできないと主張したことから，沿岸国の取締権
を公海に例外的に拡大させる制度として認められるようになった。1920年代に
米国が禁酒法を制定して，酒類の密輸の取締りを沿岸から1時間の航程の水域
において行ったのが接続水域制度の起源とされている（アイム・アロン号事
件，128頁参照）。

　しかし，領海の外に接続水域を認めるか，認めるとすれば，何を取り締るた
めに，また沿岸から何カイリまでかなどについて，国際的に意見が一致しな
かった。1958年の第1次国連海洋法会議で，関税，財政，出入国管理，衛生の
4つの事項に関して，沿岸国は接続水域を設定することができることになり，
領海条約では，接続水域の範囲は，領海の基線から測って12カイリとされてい
た。第3次国連海洋法会議で領海を12カイリまでとすることになったため，接
続水域が必要かどうかが再び検討された。国連海洋法条約は，接続水域を制度
として残し，新たにその範囲を24カイリまでとした。その結果，領海12カイリ
を採用する国は，領海の外側にさらに12カイリの海域に接続水域を設定して，
関税法，出入国管理法など所定の法令の違反を防止し，処罰するため取締権を
行使することができることになった。国連海洋法条約の関連条文（第33条）は
次のとおりである。

　　　接続水域は，領海の幅を測定するための基線から24カイリを超えて拡張すること
　　ができない。
　　　沿岸国は，接続水域において，次のことに必要な規制を行うことができる。
　　(a)　自国の領土又は領海内における通関上，財政上，出入国管理上又は衛生上の法
　　　　令の違反を防止すること。

　(b)　自国の領土又は領海内で行われた(a)の法令の違反を処罰すること。

　この条文に明示されているように，沿岸国の接続水域における取締りは自国の領土，領海内における所定の法令の違反の防止と領土，領海内で行われた法令違反の処罰のためである。密輸，密入国を企てようとしている疑いのある船舶は，領海外の接続水域内で沿岸国による取締りの対象とされるし，さらに逃走を企てれば追跡権（追跡権については，第9章5参照）の対象ともされる。

　わが国は，1996年に改正した「領海及び接続水域に関する法律」第4条で接続水域を設定した。そこでは，「我が国の領域における通関，財政，出入国管理及び衛生に関する法令に違反する行為の防止及び処罰」に関する職務の遂行及び接続水域からの追跡権の執行について，わが国の法令を適用するものとされている。

第4章 内　　水

1　内水の歴史

⑴　内水とは

　国連海洋法条約では，領海の通常基線，直線基線，湾の基線の陸地側の水域
は，沿岸国の内水（internal waters）の一部を構成すると規定している（第8
条）（各種基線については，第3章「領海及び接続水域」参照）。また，群島国
家は，群島水域において，内水の境界を定めるための閉鎖線を引くことができ
る（第50条）。したがって，河川，湖，運河，港のみならず湾や内海の一部又
は全部が内水としての法的地位を有する（図3・4参照）。

　内水は領土と同じ性格を有し，沿岸国の主権が全面的に及ぶ水域であって，
沿岸国は原則として外国船舶に対しその水域の通航を規制することができる。

⑵　歴史的湾（歴史的水域）

　歴史的湾（historic bay）とは，沿岸国が長年にわたる慣習により領域とし
て扱ってきた水域をいう。この場合，湾口24カイリのルールは適用されない
（第10条6項）。かつてカナダが広大なハドソン湾（湾口50カイリ）を内水とし
て要求したことがあるが，もともと6〜10カイリを多少超える湾口を持つ湾に

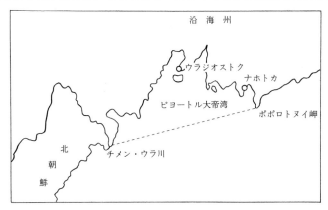

図4・1　ピョートル大帝湾

ついても，特に地方的漁業権の独占のために主張されたものが多かった。1958
年の領海条約及び1982年の国連海洋法条約が湾口24カイリのルールを採用した
ことにより，それらの多くは問題とならなくなったが，現在でも24カイリの
ルールを超えて歴史的湾と主張する国も少なくない。例えば，ソ連（当時，現
ロシア連邦）は1957年以来，沿海州のチメン・ウラ河口とポポロトヌイ岬を結
ぶ湾口115カイリのピョートル大帝湾を歴史的湾と主張している（図4・1参
照。湾口に引かれた点線は，上記説明に従い編者が記入した）。

　国連海洋法条約では，歴史的湾として認定するための要件については定めら
れていないが，1962年に国連事務局が作成した報告書によれば，少なくとも次
の3つの要件が考慮されなければならないとしている。①歴史的権原（histor-
ic title）を主張する国による権限の行使，②権限行使の継続性，③黙認又は抗
議の欠如などの外国の反応，である。①と②を併せて継続的史的慣行の要件，
③を非抗争性の要件ともいう。わが国の瀬戸内海の法的地位をめぐって争われ
たテキサダ号事件においても，裁判所はこのような歴史的湾の法理を採用し
て，瀬戸内海の内水としての地位を認めた。判決が歴史的湾の法理に依拠した
ことについては批判もあるが，1977年の領海法の制定により瀬戸内海がわが国

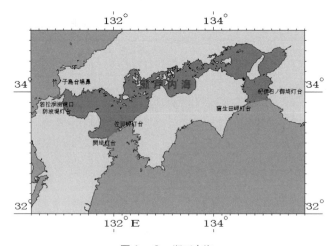

図4・2　瀬戸内海

の内水として明記されるとともに，領海法施行令により，紀伊日ノ御埼灯台と
蒲生田岬灯台とを結ぶ線が瀬戸内海の東南端とされた。1996年に「領海及び接
続水域に関する法律」と改題されて以降も，この規定が引き継がれている（図
4・2参照）。

テキサダ号事件

（1976年（昭和51年）11月19日，大阪高裁判決）

　1966年11月29日午後8時過ぎ頃，鳴門海峡，紀伊水道，紀淡海峡で囲まれた，和
歌山県日ノ御埼灯台から310度，6.8カイリ付近の沖合い水域で，リベリア船籍の汽
船テキサダ号とわが国の三光汽船所有のタンカー銀光丸が衝突し，銀光丸に火災が
生じ15名負傷した。この衝突事故でテキサダ号の当直士官であった1等航海士と3
等航海士が業務上過失傷害罪及び業務上過失往来妨害罪で和歌山地裁に起訴され
た。当時わが国は領海3カイリを採用していたが，同地裁は1958年の領海条約にい
う湾口24カイリのルールが国際慣習法として成立していることを根拠に，本件衝突
場所が内水にあたるとして，わが国の刑法を適用して両名に執行猶予付有罪判決を
下した。これに対し，大阪高裁は，湾口24カイリのルールの慣習法化を否定した上
で，1892年に愛媛県松山沖で起きたラヴェンナ号事件の際の駐日英国公使宛宣言
書，1966年の米国籍ペリカン・ステート号事件の際のわが国の公式見解，旧瀬戸内
海漁業取締規則及び現行漁業法を基に，日ノ御埼と蒲生田岬を結ぶ線の以北の水域
が長年にわたる慣行によりわが国の内水として扱われ，外国政府もそれを争ってい
ないとして，歴史的湾の法理を採用した。

2　内水の法的地位

　国連海洋法条約上，世界の海は，一般に，内水，領海，排他的経済水域及び
公海に分けられる（船舶の地位に関しては，排他的経済水域は公海に準ずるも
のとして考察を進める）。なお，自国の領域内における自国籍の船舶は，その
領域主権に服するため特に説明を要しない。問題となるのは，自国籍の船舶が
外国の内水，領海にある場合や，外国籍の船舶が自国の内水，領海にある場合
のそれらの船舶の地位である。

(1)　入港と船舶

　外国商船の地位が一般に問題となる内水部分は港である。国際慣習法上，外

国商船の港への入港と停泊は，外国人の入国の場合と同様に，原則として寄港国の同意を必要とする。実際には，通商航海条約などによって，締約国が相互に商船の出港と入港を認め合っているのが普通である（例えば1953年の日米友好通商航海条約第19条3項，日英通商航海条約第20条1項など）。わが国の国内法上，入港を認められた外国船舶は，実際には「出入国管理及び難民認定法」（第6，16，25条）や「関税法」（第2条）などの適用を受ける。

　港内において，外国商船は寄港国の管轄権に完全に服するため，その法令を遵守しなければならず，また入港税などの課徴金も課せられる。ちなみに，1923年の「海港ノ国際制度ニ関スル条約及規程」は，まず「海港」を定義し（規程第1条），さらに，海港の利用について相互主義に従うこと，その主権又は権力の下にある海港において出入りの自由を認めること，海港の使用並びに航海上，商業経営上の便益の完全な享有について（例えば，荷積みや荷卸しの上での便宜や税金など），自国船と同じ均等な待遇を与えることなどを定める（同第2条）。

(2)　寄港国による規制

　近年，航行の安全及び海洋汚染の防止の実効性を確保するために，旗国主義を補完するものとして，サブ・スタンダード船に対する寄港国による地域的又は世界的レベルでの規制の傾向が強まっている。国連海洋法条約は，MARPOL 73/78により寄港国に認められた一定の権限（例えば，国際油汚染防止証書の確認，排出違反の検査）をさらに強化して，船舶からの汚染物質の排出に関わる国際規則及び基準の違反について，船籍国が条約締約国かどうかにかかわらず，その船舶に対する裁判手続を含む執行権限を寄港国に特別に与えている。また，「2001年の船舶の有害な防汚方法の規制に関する国際条約」（AFS 条約，2008年発効。わが国は2003年に加入）や，「2004年の船舶のバラスト水及び沈殿物の規制及び管理のための国際条約」（BWM 条約，2017年発効。わが国は2014年に加入）などの個別の国際条約を通じて，寄港国が海洋汚染を規制する取り組みも行われている（第10章参照）。

　地域的レベルでは，1982年パリ了解覚書（Memorandum of Understanding：

MOU) のアジア・太平洋版ともいうべき「寄港国規制に関する東京了解覚書」
（東京 MOU）が1993年に，オーストラリア，カナダ，中華人民共和国，フィ
ジー，香港中国，インドネシア，わが国，韓国，マレーシア，ニュージーラン
ド，パプア・ニューギニア，フィリピン，ロシア，シンガポール，ソロモン諸
島，タイ，バヌアツ，ベトナムの18ヵ国の間で締結された。東京 MOU は，
寄港国権限（違反の調査及び船舶の抑留）の基礎となる関連条約の範囲を，従
来の MARPOL 73/78のような海洋汚染に直結する条約から，「1966年の満載喫
水線に関する国際条約」（LL 条約，1968年発効。わが国は同年受諾），「1978年
の船員の訓練及び資格証明並びに当直の基準に関する国際条約」（STCW 条
約，1984年発効。わが国は1982年に加入），COLREG 条約，「1969年の船舶の
トン数の測度に関する国際条約」（1982年発効。わが国は1980年に受諾），「商
船における最低基準に関する条約（第147号）」（ILO 第147号条約，1976年採
択，1981年発効。わが国は1983年に批准，1984年発効）のような航行安全に関
わる条約に拡大しているほか，参加国の管轄官庁で構成される委員会を設置
し，MOU の運用に関わる事項の検討及び情報交換のための定期的会合が開催
されている（事務局は東京に設置）。さらに，最近では，船員の最低限の労働
条件を包括的に定めた「2006年の海上の労働に関する条約」（ILO 海上労働条
約，MLC 2006，2013年発効。わが国は2013年に批准，2014年発効。その後，
2014年，2016年，2018年に改正され，それぞれ2017年，2019年，2020年に発
効）においても寄港国による規制に関する規定が置かれ，寄港国による規制の
重要性が高まっている。このような地域的レベルの寄港国規制は，地中海，黒
海，インド洋，ペルシャ湾，ラテンアメリカ，カリブ海，西・中央アフリカの
7つの地域においても導入されている。

　このほかにも，9.11同時多発テロ以降の国際的な対テロ規制取組の一環とし
て，船舶を通じてのテロ活動を予防する枠組みも構築されている。例えば，
2002年に SOLAS 条約附属書改正がなされているが，これは，従来定められて
いた「海上の安全（safety）を高めるための特別措置」のほかに，新たに「海
上の保安（security）を高めるための特別措置」を定めた章を設けて遵守すべ

き具体的規則を定め，さらに当該規則を適用するための細則である「船舶及び港湾の国際保安コード（ISPSコード）」を導入したものである。SOLAS条約附属書の改正を受け，わが国も新たに「国際航海船舶及び国際港湾施設の保安の確保等に関する法律」（国際船舶・港湾保安法。平成16年法31号，2004年4月14日施行）を制定した。同法は，国際航海船舶や国際港湾施設に自己警備としての保安措置を義務づけ，また，外国からわが国に入港しようとする船舶に船舶保安情報の通報を義務づけた上で，危険な船舶には海上保安庁による立ち入り検査や，入港禁止などの措置を講じることができることとしている。

　また，わが国では，わが国の平和や安全を維持することを目的として，「特定船舶の入港の禁止に関する特別措置法」（特定船舶入港禁止法。平成16年法125号，2004年6月18日施行）が制定され，特定の外国の船舶に対して入港を禁止する措置を講じることができるようになった。この法律に基づき，2006年7月に北朝鮮籍貨客船「万景峰92」号の入港が禁止されたことを皮切りに，2023年7月現在北朝鮮籍のすべての船舶，特定の日以降に北朝鮮の港に寄港した船舶，国連安保理決議等に基づき制裁措置の対象とされた船舶の入港が禁止されている。

　2020年2月，新型コロナウイルス（SARS-CoV-2）感染者を乗せたクルーズ船ダイヤモンド・プリンセス（Diamond Princess）号が横浜港に入港し，5月までの間にわたり停泊した。同号については旗国が英国，クルーズ船事業者の本社法人の所在地が米国，船長はイタリア人，そして日本人を主とする様々な国籍の乗客と，利害関係国，利害関係者が多岐にわたり，前例のない困難な対応が求められた。同号へのわが国の対応は，寄港国管轄権と旗国管轄権との関係が国際法上明確ではないとして，旗国との関係を相当に配慮したものであったといえる。もとより，国際法上は，一般には外国船舶に寄港の権利はないとされ，寄港国は裁量により外国船舶の寄港を規律しかつ制限できるとされている。一方で，世界保健機関（WHO）が採択した2005年国際保健規則（IHR）（世界保健機関憲章22条に基づき，拒絶又は留保を通告しない限り加盟国を法的に拘束する。）は，疾病の国際的拡大を防止，防護，管理し，そのための公衆衛生対策を提供しつつ，国際交通及び取引に対する不要な阻害を回避

するためのもので（第 2 条），船舶や航空機について，公衆衛生上の理由によってすべての入域地点への寄航を妨げられず（第28条 1 項），公衆衛生上の理由から入港，乗船若しくは上陸，又は貨物若しくは用品の荷おろし若しくは積み込みを行うことの許可（自由交通許可）を拒絶されない（第28条 2 項）と定める。ただし，船長や機長が寄港前に感染症疾病の兆候を示す病状や公衆衛生リスクについて当局に通報しなければならず（第28条 4 項），感染のある船舶や航空機については入域地点の当局が外国船舶に対して措置をとることを認めている（第27条）。なお，新型コロナウイルス感染症（COVID-19）の感染拡大初期に発生したダイヤモンド・プリンセス号などクルーズ船の大規模クラスター事案への対応については，その後検証が行われ，利用者をはじめとする関係者の安全・安心の確保にむけて，クルーズ船事業者側に求められる措置，港湾管理者側で行うべき措置，関係機関において検討すべき事項などがまとめられるとともに，関係業界団体（日本国際クルーズ協議会，日本外航客船協会及び日本港湾協会）がそれぞれガイドラインを策定している。

(3)　軍艦の法的地位

　外国軍艦の入港について，寄港国は，特別な条約（例えば，1960年の在日米軍の地位に関する協定，いわゆる「日米地位協定」の第 5 条など）のない限り，これを認める義務はない。国によっては，平時において，事前通告を条件として入港を認める場合もある。このように軍艦が享受する入港の自由は国際慣習法上の権利に基づくものではないため，寄港国が入港を拒否しても，国際法違反とはならない。

3　内水における外国船舶の航行

　前述のとおり，寄港国は内水においてはその陸地に対して有すると同様の主権を有しているので，排他的に管轄権を行使し，外国船舶の出入，航行を制限あるいは禁止することができる。わが国はこのような規則を「海上交通安全法」により実施している。

　国連海洋法条約も，内水においては，領海とは異なり，外国船舶に対して無

害通航権を認めていない。もっとも、領海の基線として直線基線を採用する場合で、従来内水とはみなされていなかった水域を新たに内水として取り込むことになる場合には、無害通航権は存続することとしている（第8条）。

　一般に、河川は領土国の内水である。しかし、ライン川、ダニューブ川のように、2つ以上の国を貫流し、国際航行に使用されている河川（国際河川）では、1921年の「国際関係を有する可航水路の制度に関する条約及び規程」（国際河川条約、1922年発効）などに基づき、沿河国と利用国との合意により、沿河国の領域管轄権を制限し、非沿河国の船舶の航行に開放されている。

　また、一国の領土内に人工的に建設されたスエズ運河、パナマ運河などは、公海と公海を結ぶ航路となっているために、国際交通の見地から、それぞれ特別の条約によりすべての国の船舶の航行に開放されている。すなわち、スエズ運河については、1888年の「スエズ運河の自由航行に関する条約」（スエズ運河条約、同年発効）が現在でも有効である。同条約では、「スエズ運河は、国

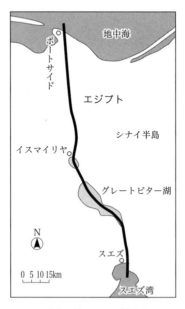

図4・3　スエズ運河

旗の区別なくすべての商船及び軍艦に対し，平時においても戦時においても，常に自由でありかつ開放される。よって締約国は，平時においても戦時においても，運河の自由な使用をいかなる方法をもっても阻害しないことを約束する。運河は絶対に封鎖権の行使に服せしめられることはない」（第1条）と明記されている。パナマ運河については，1901年に英国と米国との間で「ヘイ・ポンスフォート条約」が締結され実施されてきたが，その後1977年に米国とパナマの両国間で「パナマ運河条約」と「パナマ運河の永久中立と運営に関する条約」が締結され，1979年に発効した。パナマ運河条約は運河の管理権をパナマに帰属させる取り決めであり，パナマ運河の永久中立と運営に関する条約では，パナマ共和国が運河を国際水路として永久に中立であることを宣言し（第1条），平時においても戦時においても，すべての国の船舶の平和的通航に対して，完全な平等の条件の下に安全に開放される。ただし，通航料の支払い，諸規則の遵守などの条件に従わなければならない（第2条）。なお，パナマ運河条約は1999年12月31日をもって廃止され運河地帯の主権が完全にパナマに返

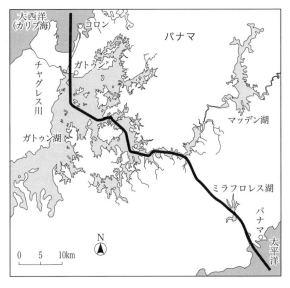

図4・4　パナマ運河

還されたが，その後も運河の永久中立的立場が維持され，平和的通航のために開放されている。

　港に関しては，一般条約として，1923年の「海港ノ国際制度ニ関スル条約及規程」（1926年発効）があり，わが国は1926年にこの条約の当事国となった。この条約によれば，条約当事国は，海港（航行船が平常出入し，かつ外国貿易のために使用される一切の港）において，相互主義の原則により，出入港の自由，その使用の便益に関して，自国船舶に与えると同等の待遇を他の当事国船舶に対して与えなければならないことになっている。また，2国が相互に通商航海条約などを締結し，2国間で船舶の相互の港の利用を認めている場合も多い（例えば，日米友好通商条約第19条，日ロ通商条約第8条参照）。

4　内水における裁判権

　港内は内水であるので，港にいる外国船舶や船内の人は，当然に寄港国の裁判権に服することになる。軍艦及びその乗組員は，原則として寄港国の裁判権に服さない。

　一般商船内での犯罪に関する刑事裁判権については，寄港国の排他的な裁判権を認めるイギリス主義と特定の船内犯罪についてのみ寄港国の裁判権を認めるフランス主義とがある。

　イギリス主義は，寄港国がその港に停泊している船内の行為や事実に対して裁判権を有し，すべての場合において，沿岸当局は外国船舶に介入するかどうかを判断する権限を持つとする立場である。国際法上はイギリス主義が一般的であるといわれているが，実際にはこの立場も国際的な礼儀や便宜上の理由から，次のフランス主義と同じ実行をとっているため，両者にはほとんど差異はない。

　これに対して，フランス主義は，寄港国が港に停泊中の外国船内の行為や事実に対して一般的に裁判権を持たないとする立場であり，船舶の内部規律の問題や乗組員間の犯罪については，港の平和，秩序が乱される場合又は船舶の旗国の領事などから援助の要請がある場合以外には，寄港国の裁判権は行使され

ないとするものである（ニュートン号及びサリー号事件，58頁参照）。

　わが国は，戦前よりフランス主義の立場を採用しており，条約の規定では港湾停泊中の外国船の船内犯罪については，「港の平和を害するもの」，「わが国国民が関係する犯罪」，「一般の乗客が関係する犯罪」に限定して刑事裁判権を行使する立場が堅持されている。例えば，1963年の日米領事条約（第21条2項），1964年の日英領事条約（第34条2項）のような2国間の領事条約においては，船内の内部規律や乗組員間の問題は原則として管轄権行使の対象から除外している。もっともわが国最初の国際裁判例となった1872年のマリア・ルース（Maria Luz）号事件では，イギリス主義の立場が採られた。この事件は，多数の中国人労働者を乗せたペルー船籍の同船がマカオを出帆しペルーに向かう途中に修理のため横浜港に入港した際，同船から脱走した中国人労働者1名をわが国政府が保護したことを契機に同船を調査したところ，船長による中国人虐待（断髪行為など）の事実が明らかになったため，公序良俗違反の容疑で出港停止処分とされたものである。これに対して，ペルー側は賠償を要求したが，ロシア皇帝の仲裁において，わが国の主張を認める裁決が下された。

　いずれにせよ，入港中又は停泊中の外国船舶内における犯罪に対して寄港国の刑事裁判権の行使が認められるのは，当該犯罪により港の平和又は秩序が害された場合に限られるのであり，それが船舶内部のみに関わる事件である限りは，寄港国の領域主権は制限的とならざるを得ない。また，出生などの戸籍事務や契約などに関する民事事件についても同様であって，刑事事件の場合と同じことが当てはまる。

　領海を無害通航中の外国船舶の地位についても，内水と同様に，一般に寄港国の管轄権に服することになる。内水における場合と異なるのは，外国船舶が無害通航権を有する点であり，この無害通航権を実際に効果的ならしめるため，寄港国の管轄権行使が一定の場合に限られるなど，様々な形で制約を受けるのである（第27条）（第3章参照）。

　なお，内水における船舶起因汚染の規制に関する国連海洋法条約の規定については，第10章「海洋環境の保護・保全」を参照されたい。

ニュートン号及びサリー号事件

（1806年11月20日，コンセイユ・デタ判決（仏））

　フランスの港に停泊中の米国籍ニュートン（Newton）号内の乗組員同士の暴行事件並びに米国籍サリー（Sally）号船内の船員間の懲罰目的の負傷事件に関して，コンセイユ・デタは「乗組員は，たとえ船内であれ，乗組員以外の人に対して行った犯罪については，乗組員と締結された民事上の契約と同様，寄港国の管轄権に服する。しかし，船舶及び乗組員のみに影響する犯罪については異なる規則が適用される。沿岸当局は，援助が要請されるか，もしくは港の平和と安全が害されない場合は，船舶の内部規律に介入すべきではない」と判決し（1806年11月20日），フランス主義の立場を初めて明らかにした。

エバーギブン号事故

　エバーギブン（EVER GIVEN）号は2018年に建造された全長約400メートル，幅58.8メートルの超大型コンテナ船（パナマ籍）である。2021年3月，本船はスエズ運河の紅海側入り口付近を北航中，強風に押され座礁した。事故の結果，船体が幅約120メートルの運河通航部分を閉塞し，スエズ運河は6日間にわたって通航できなくなった。エジプトの内水であるスエズ運河では強制水先制度がとられており，事故時にも水先案内人が乗船・嚮導（船を導くこと）していたが，スエズ運河の通航規定は，水先案内人が乗船中の事故についても船長が責任を負うと規定している。エジプト政府（スエズ運河庁）は船主に対して通航料収入の損失や救助作業費などの巨額と言われる損害賠償を求めたが，船主・船主責任保険者との和解交渉は難航。事故から約3ヵ月後の2021年7月に和解が成立した。最終的な和解金額などは公表されていない。

第5章　国際海峡

1　国際海峡の歴史

(1)　海の要衝としての海峡

　海峡は，地理学上では，2つの陸地で狭められた海の部分である。地理学上の名称としては，海峡（strait）のほか水道（channel）と呼ばれることがある。

　海峡の問題は，昔から海が狭くなっているという地理的条件を沿岸国が戦略的に利用しようとすることから起こっていた。例えば，黒海と地中海とを結ぶダーダネルス・ボスポラス海峡が商船や軍艦の通航に開放されるまでに3世紀半もかかったし，ジブラルタルやシンガポールに要塞が築かれていたことを知る人も少なくないであろう。

　1960年代には，エジプトとイスラエルの対立から，アカバ湾とチラン海峡の航行が世界の関心を集めたし，1970年代には，マラッカ・シンガポール海峡の船舶の交通量から，タイのクラ地峡にパイプラインを建設しようという計画もあった。1978年にサウジアラビアは，イランがホルムズ海峡を封鎖するかも知れないと考えて，アラビア半島を横断するパイプラインの建設を決定した。また，ホルムズ海峡は，1990年代の湾岸戦争に関連する国連の対イラク制裁措置においても，重要な戦略的水域となった。このように，海峡は，沿岸国にとっても利用国にとっても，まさに海の要衝なのである。そのため，国際法においても，国際航行に利用される海峡の通航に関する規則についての議論が行われてきた。

(2)　領海3カイリ時代の海峡論

　第2次世界大戦前は，海峡は一般の領海と同様に無害通航が認められるとの認識があり，さらに，海峡が公海と公海とを結んでいる場合，無害通航は停止できない，とする見解が有力であったが，条約や国際裁判で確認されるには至っていなかった。戦略的に重要な海峡については，それぞれに歴史と特性が

あるため，一般的な国際規則によって規律することはできないとする考え方が
一般的であった。したがって，マゼラン海峡，デンマーク海峡，ダーダネル
ス・ボスポラス海峡などの，重要な海峡の法的地位は，関係国間の個別的な条
約上の問題とされており，例えば，ダーダネルス・ボスポラス海峡は，1936年
にモントルーで締結された「海峡制度ニ関スル条約」（1936年発効。わが国に
ついては1937年発効）によって通航制度が詳しく定められた。

　第2次世界大戦後，アルバニア本土とギリシャのコルフ島との間のコルフ海
峡のアルバニア領海内で，英国の軍艦の触雷・損傷事件が発生した。この事件
は，東西対立を反映した政治的な事件であったが，事件の処理は，国連の安全
保障理事会から国際司法裁判所（ICJ）に委ねられた（コルフ海峡事件，41頁
参照）。同裁判所は，1949年4月9日，要旨次のように判決した。すなわち，
平時において，諸国がその軍艦を沿岸国の事前の同意を得ないで，公海の2つ
の部分を連結する国際航行に使用される海峡を，その通航が無害であることを
条件として通航させる権利を持つことは，一般的に承認されており，かつ，国
際慣習に合致するところである。国際条約に別段の規定がなければ，沿岸国は
平時におけるそのような海峡の通航を禁止する権利はない，と。この判決は，
沿岸国の領海ではあるが，国際海上交通路となっている海峡に適用されると考
えられた。

　1958年の領海条約は，その第16条4項で，「外国船舶の無害通航は，公海の
一部分と公海の他の部分又は外国の領海との間における国際航行に使用される
海峡においては，停止してはならない」と規定した。「公海の一部分と公海の
他の部分との間」という表現は，コルフ海峡事件判決を用いたものであるが，
「公海の一部分と外国の領海との間」という表現は，第1次国連海洋法会議で
強く主張された，チラン海峡のような海峡の通航に配慮したものである。

　「国際航行に使用される海峡」とは，国際海上航路となっている海峡のこと
である。コルフ海峡はイオニア海とアドリア海を通航する船舶にとって唯一の
通航路ではないが，事件当時，1週間あたり数隻の商船によって使用され，ま
た数十年にわたって英国軍艦などが通航していたという事実から，歴史的に外

国の船舶が通航してきた事実に照らして，国際海峡と判断された。また，チラン海峡に関しては，1956年に勃発した第2次中東戦争（スエズ動乱）に端を発するアラブ諸国のイスラエル経済封鎖の主な手段として，エジプトが同海峡における外国船舶の通航を遮断した。アラブ諸国は領海の幅を12カイリに拡大して，アカバ湾をアラブ諸国の領海であると宣言し，チラン海峡は公海と領海とを結ぶものであるから国際海峡ではないと主張した。領海条約は，このような海峡においても，沿岸国は自国の安全のために一時的にも無害通航を停止してはならないと規定した（第16条4項）。

(3)　第3次国連海洋法会議における議論

(i)　領海12カイリへの拡大と海峡への影響

　領海条約を採択した1958年の第1次国連海洋法会議の最も重要な課題は，領海の幅の問題であった。3カイリを出発点として，できる限り狭い領海の幅で決着させようとした米国，英国などの見解と，最大12カイリを領海の幅の許容範囲として決着させようとしたソ連（当時）及び開発途上諸国の見解が鋭く対決したため，領海条約は肝心の領海の幅の規定を入れることができないままに終わった。

　第1次国連海洋法会議で米国のディーン首席代表は，領海を12カイリまでに拡げることに妥協できない理由として，西側諸国の安全保障の側面を強調して，次のように言った。「領海が12カイリに拡大される場合には，米国と世界各地に散在する友好同盟国を結び，また，米国が保有していない戦略航路の横たわっている幅24カイリを超えない国際海峡の通航が確保されなければならない。領海を12カイリに拡大するとき，新たに領海化される国際海峡は，世界で119ヵ所に及ぶ。このような海峡では，領海が12カイリで合意される場合にも，従来どおりの艦船の通航が確保され，またその上空の航空機の飛行も確保されることが必要である」と。

　このような米国の立場は，第3次国連海洋法会議前に，米国が関係国と行った非公式な打診でも示されていた。1970年2月18日，スチーブンソン米国国務省法律顧問は，過去2年にわたって関係諸国と相談した結果，「われわれは領

海を12カイリに限定して，国際海峡及びその上空を移動する自由を与える新し
い国際協定を結ぶときにある」と述べた。

　米国をはじめとする海軍国，そして主要な海運国も，幅24カイリ未満の国際
海峡は，従来どおりの自由な航行が確保されるように，海峡の中に公海の回廊
を設けることが望ましいと考えていた。1960年代に海軍力を増強して，米国と
並ぶ外洋指向の海軍国となりつつあったソ連も，1970年代には，1950年代の沿
岸防衛型の海軍から脱却して，海峡問題について米国とほぼ同じ見解を持つよ
うになった。

　第3次国連海洋法会議が始まる前の国際海峡についての規則は，領海条約が
定めているように，沿岸国の領海内にある国際海峡では，外国の艦船は無害通
航の権利を持ち，沿岸国はそれを停止してはならない，とするものであった。
この制度が領海3カイリのときに確立されていたとすれば，幅6カイリ未満の
国際海峡では，停止されない無害通航だけが認められていたに過ぎない。領海
の幅が12カイリに拡大されたとき，幅24カイリ未満の国際海峡にも，従来の例
に倣って，停止されない無害通航がそのまま適用されるのか，それとも，新た
に領海に編入される海峡の部分には，今まで公海として艦船の航行の自由，航
空機の上空飛行の自由が認められてきたことから，それをそのまま尊重する
か，第3次国連海洋法会議は，海峡問題について，これらの2つの考え方をめ
ぐって議論が続けられた。

（ii）　海峡利用国の立場

　米国とソ連は，国際海峡の中に，艦船及び航空機の通過の自由のため，公海
の回廊を設けようとする考え方を示した。この考えは，米国の提案では，次の
ように示された。すなわち，公海の一部分と公海の他の部分又は外国の領海と
の間における国際航行に使用される海峡においても，通過中のすべての船舶と
航空機は，この種の通過の目的に関して，公海において持っているのと同様な
航行及び上空飛行の自由を享受する。沿岸国は，この種の海峡においては，す
べての船舶及び航空機の通過のために適当な回廊を指定することができる。慣
習的に航行のための特別な航路が通過する船舶によって用いられてきている海

峡の場合には，沿岸国の指定する回廊には，船舶に関する限り，慣習的に用いられてきた航路を含まなければならない。ソ連は，米国と同趣旨であるが，海峡内の回廊を通過中の艦船の守るべき若干の義務を列挙して，艦船の通航が沿岸国の利益を脅かさないよう配慮を加えた案を示した。

　米ソいずれの提案も，海峡の通航制度は，既に条約や他の取り決めによって，その通航制度が定められている特別な海峡には適用されないとして，ダーダネルス・ボスポラス海峡などでは現行制度がそのまま維持されることを支持した。

(ⅲ)　海峡沿岸国の立場

　国際海峡の中に公海の回廊を設けるという米ソの考え方に対して，多くの沿岸国は，12カイリの領海によって領海化される国際海峡に，公海のような回廊を設ける必要はなく，領海に適用される無害通航の制度で十分であると考えた。

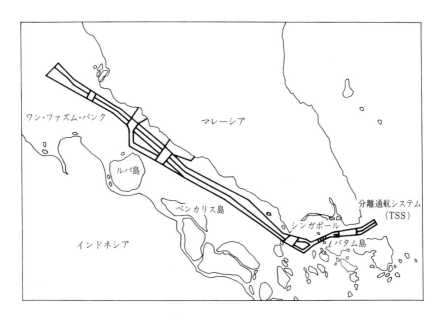

図5・1　マラッカ・シンガポール海峡

　このような考え方を主導した沿岸国の中に，マラッカ・シンガポール海峡に面するインドネシアとマレーシア，ジブラルタル海峡に面するモロッコとスペイン，バブ・エル・マンデブ海峡に面するイエメンのほか，キプロス，ギリシャ，フィリピンさらにフィジーといった諸国があった。

　これら8ヵ国によってなされた海峡沿岸8ヵ国提案は，従来とかく不明確で通航艦船に有利に利用されがちな無害通航の概念を，より具体的に明確化して，沿岸国の利益を守ろうとしたものであった。その提案の主要な点は次のことであった。沿岸国は，領海における船舶の航行に関する規則を定め，また，航路及び通航分離帯を指定できる。外国の艦船は，沿岸国の領海を通航するにあたって，通航に必要な行動以外の諸活動を行ってはならない。原子力船，核

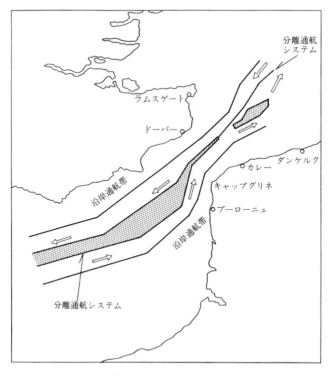

図5・2　ドーバー海峡

兵器搭載船，核物質その他有害物質を運ぶ船，タンカーなどを，特別な性質を
持つ船舶として，これらの船の領海通航にあたっては，沿岸国に事前に通告し
又は許可を求め，特別な通航規制に従うようにする。軍艦の通航もまた沿岸国
に対する事前の通告又は許可が求められる，というものであった。

　沿岸国側は，このような提案をすることによって，領海の通航が無害とされ
る範囲を狭めて，場合によっては，無害の認定を沿岸国の裁量のうちにおくこ
とも考えていた。もとより，領海に含まれることになった国際海峡では，外国
船舶の無害通航は停止してはならないことを認めていた。

（ⅳ）　妥協としての通過通航制度

　海峡の通航を，公海の回廊を通る航行の自由のままとするか，領海の通航な
みの無害通航とするかの問題は，海峡沿岸国の領海における無害通航を制約し
ようとする提案をめぐって，重大な海洋戦略の問題を含むことになった。特

図5・3　ホルムズ海峡

表5・1　主要な国際海峡

海峡又は水道名	最小幅（カイリ）	沿岸国（地域）
バブエルマンデブ	14	イエメン，ジブチ（紅海入口）
ドーバー	18	英国，フランス
ジブラルタル	8	モロッコ，スペイン，英国
ベーリング	19	米国，ロシア
ホルムズ	21	イラン，オマーン（ペルシャ湾入口）
マラッカ	南8，北20	マレーシア，インドネシア
ロンボック	11	インドネシア（バリ，ロンボック）
スンダ	12	インドネシア（ジャワ，スマトラ）
ヴェタール	24	インドネシア，東ティモール
ダーダネルス・ボスポラス	800ヤード	トルコ
サンベルナルディノ	8	フィリピン（ルソン，サマール）
セント・ヴィンセント	23	セント・ルシア，セント・ヴィンセント
大　隅	16	日本
津　軽	10	日本
宗　谷	23	日本・ロシア
対馬（東）	25	日本（壱岐・対馬）
対馬（西）	23	日本（対馬），韓国
海　南	10	中国（海南島・大陸）
ミンドロ	20	フィリピン（カラミアン・ミンドロ）

（注）水道6〜24カイリ　　　　　　　　　　　（1969年米国務省資料を基に作成）

に，領海を通航する軍艦に沿岸国が事前の通告又は許可を求めること，核兵器搭載船などに船種別規制を加えること，これら2つの事柄は，海軍国にとって絶対に認められないことであった。

　第3次国連海洋法会議では，英国がイニシアティブをとって，海峡内の回廊

における自由な航行の主張と，海峡における通航を領海なみの無害通航にする主張との間に，新しい「通過通航」（transit passage）の制度を妥協案として示した。これを受けて会議では比較的早い時期にコンセンサスがあったとして，その後の討議は打ち切られた。国連海洋法条約はこの妥協案を基礎として起草された規則を，第3部「国際航行に使用される海峡」と題して，条約の第34条から第45条までにおいて定めている。

2 国際海峡の法的地位

(1) 通過通航が適用される海峡

国連海洋法条約が規律する海峡は，国際航行に使用される海峡であって，海峡の沿岸国の基線から測定して，それぞれ12カイリを超えない範囲で領海を画定した結果，航路がいずれかの沿岸国の領海内に取り込まれる海峡である。このことは，海峡の幅が24カイリを超える海峡であっても，艦船の航行に必要な航路が領海内にある場合には，この条約の海峡に関する規定が適用されることを意味している。

海峡区域の領海の画定は，領海の画定の方法に従って行われ，海峡の中に，湾や直線基線があることもある。海峡の両岸が1つの国の領土に属し，海峡の幅が24カイリに満たない場合には，その海峡全域を一国の領海とすることができる。海峡の両岸が複数の国の領土に属する場合には，それぞれの基線から等距離の中間線が境界線となる。もとよりその線は，沿岸国の合意によって，航行に便利な航路を考慮して可航航路の中心線とすることもできる。

わが国は，1977年7月1日から施行された「領海法」（現在は「領海及び接続水域に関する法律」）により領海の幅を12カイリとしたが，その例外規定として，同法附則第2項は，当分の間，宗谷海峡，津軽海峡，対馬海峡東水道，対馬海峡西水道及び大隅海峡の5つの海峡を「特定海域」とし，これらには12カイリを適用せず，3カイリを領海としている（第3章参照）。この5海峡に限って領海を3カイリとして中央に公海の部分を残すことにより，「公海における自由航行」の原則に委ねている。これらの海峡はソ連（当時）その他の国

の核兵器を搭載する艦船が通航する場合，わが国の領海外の事柄とする政治的
判断による措置だったとの見解もある。

(2)　**通過通航の適用から除外される海峡**

　国連海洋法条約は，国際航行に使用される海峡つまり「公海又は排他的経済
水域の一部分と公海又は排他的経済水域の他の部分との間にある国際航行に使
用されている海峡」（第37条）においては，すべての船舶及び航空機は，妨げ
られない通過通航（transit passage）の権利を享受することができると規定す
る（第38条）。国際航行に使用されている海峡が具体的にどの範囲の海峡を意
味することになるのかは必ずしも明確ではないが，各国が12カイリ領海を採用
することにより領海となってしまう海峡において，従来，公海として享受した
航行の自由を確保しようとするのが趣旨であったことからして，もっとも狭い
箇所の幅が24カイリ以下の国際航行に使用される海域で，国連海洋法条約が通
過通航の制度の適用除外とする次の4つのタイプ以外の国際海峡である。

①　特にその海峡について効力を有する長期間にわたる国際条約により通航
　　が全面的又は部分的に規制されている海峡（第35条(c)）。ダーダネルス・
　　ボスポラス海峡がその例であり，この海峡の通航制度を規律する条約は
　　1936年の「海峡制度ニ関スル条約」（資料3参照）である。

②　沿岸国の領海の画定によって，なお，公海の航路又は排他的経済水域の
　　航路がその海域内に存在する海峡（第36条）。この種の海峡は，沿岸国の
　　領海を通過しない限り，航行の自由が認められる。領海を航行する場合に
　　は，沿岸国の定める無害通航の条件に従うことになる。台湾海峡（幅約74
　　カイリ），フロリダ海峡（幅約82カイリ）がその例である。なお，沿岸国
　　からの領海の幅により領海としてカバーされているか（マラッカ・シンガ
　　ポール海峡）又は，24カイリより広い幅のものであっても領海に含まれな
　　い海域（公海か排他的経済水域）が航行上及び水路学上航行に適していな
　　い海峡は，本条約に言う国際海峡であり通過通航の制度が適用される。

③　「海峡が海峡沿岸国の島及び本土から構成されており，航行上及び水路
　　上の特性において同様に便利な公海又は排他的経済水域の航路がその島の

海側に存在する場合」（第38条1項但書）。例えばイタリア本土とシチリア島の間にあるメッシナ海峡，コルフ海峡などであるが，このような海峡には無害通航が適用される。

④ 「公海，又は，一の国の排他的経済水域の一部と他の国の領海との間にある海峡」（第45条1項(b)）。例えばアカバ湾のチラン海峡であり，停止されない無害通航の規定が適用される。

このように見てくると，通過通航の制度が適用される国際航行に使用される海峡（国際海峡）とは，国連海洋法条約第37条にいう公海又は排他的経済水域の一部分と公海又は排他的経済水域の他の部分との間における国際航行に使用されている海峡であって，例外的に前記①〜④を除くものであり，沿岸国からの領海の幅の画定によって領海に含まれる海峡であり，24カイリより広い幅のものであっても領海に含まれない公海か沿岸国の排他的経済水域が航海及び水路学上通航に適していない海峡が含まれる。マラッカ・シンガポール海峡（幅8カイリ）のほか，ドーバー海峡（幅18カイリ），ジブラルタル海峡（幅8カイリ），ホルムズ海峡（幅21カイリ）などである。

3　国際海峡における外国船舶の航行

(1)　通過通航権とは

国連海洋法条約にいう「通過通航」とは，公海又は排他的経済水域の一部と公海又は排他的経済水域の他の部分との間の国際航行に使用される海峡を，船舶及び航空機が海峡の通過のために，この条約の第3部「国際航行に使用される海峡」の規定に従って享受する航行及び上空飛行の自由である。海峡の通過通航は，具体的には通過の目的のため，船舶及び航空機は，沿岸国から妨げられることなく，継続的かつ迅速に海峡を航行し及びその上空を飛行することである。妨げられない通過通航は，停止されない無害通航よりも一層自由な航行に近い概念である。

(2)　通過通航中の船舶の義務

国連海洋法条約の規定によると，海峡を通過通航中の船舶は，次の事項を守

らなければならないことになっている。

(a)　海峡の通過又はその上空の飛行を遅滞なく行うこと（第39条1項(a)）。

(b)　武力による威嚇又は武力の行使であって，海峡沿岸国の主権，領土保全若しくは政治的独立に対するもの，又は国際連合憲章に規定する国際法の諸原則に違反するその他の方法によるものを慎むこと（第39条1項(b)）。領海における船舶の無害通航のためには，このほか種々の軍事的活動をしないことが掲げられているが（第19条2項参照），海峡における通過通航には，それらの制約を設けていない。

(c)　不可抗力又は遭難により必要とされる場合を除くほか，継続的かつ迅速な通過の通常の形態に付随する活動以外のいかなる活動も慎むこと（第39条1項(c)）。これは，潜水艦の潜没航行及び軍艦の戦略的展開に必要な行動を，通過の通常の形態に付随する活動と解釈するためであると言われている。

(d)　海峡沿岸国の事前の許可なしに，いかなる調査活動又は測量活動も行わないこと（第40条）。

(e)　所定の手続を経て海峡内に設定された適用のある航路帯及び分離通航方式を尊重すること（第41条）。海峡沿岸国による航路帯及び分離通航方式の設定は，船舶の安全な通航を促進するため，一般的に認められた国際規則に合致した内容で，権限を持つ国際機関に提案した上で行われ，沿岸国の指定する航路帯及び分離通航方式は海図上に明示され，公表されることになっている（同条）。このことは，既にマラッカ・シンガポール海峡において，海峡沿岸3国が1977年2月24日共同で決定し，同年11月14日に政府間海事協議機関（IMCO）（現在の国際海事機関（IMO））がその採択を決議し，1981年5月1日から施行されたマラッカ・シンガポール海峡船舶通航規則，特に特定海域での進行方向別分離航路の指定及び余裕水深（Under Keel Clearance：UKC，船舶の船底から海底までの必要な最小間隔の維持）3.5メートルなどに例示される（図5・4参照）。

(f)　海上における安全のための一般的に認められた国際的な規則，手続及び

慣行（COLREG 条約を含む）を守ること（第39条２項(a)）。

(g)　船舶からの汚染の防止，軽減及び規制のための一般的に認められた国際的な規則，手続及び慣行を守ること（第39条２項(b)）。

(h)　通過通航に関する海峡沿岸国の法令を守ること（第42条４項）。海峡沿岸国の法令は，(i)航路帯及び分離通航方式の設定に伴う航行の安全及び海上交通の規制，(ii)油，油性廃棄物その他の有害な物質の排出に関して適用される国際的な規則を実施することによる汚染の防止，軽減及び規制，(iii)漁獲の防止（漁具の格納を含む），及び(iv)密輸，密入国などの取締り，衛生管理など，海峡沿岸国の通関上，財政上，出入国管理上又は衛生上の法令に違反する商品，通貨又は人の積込み又は積卸しに関するものである（第42条１項）。これらの法令は，海峡沿岸国によって公表される。

　通過通航中の船舶は，国連海洋法条約の定める以上のような諸々の義務を負うが，商船が海峡にあたって特に留意しなければならないのは，通航に関する国際的な規則及び沿岸国の制定する規則の遵守，並びに汚染の防止に関する国際的な規則及び沿岸国の制定する規則の遵守である。海峡沿岸国の通航の安全と汚染の防止に関する法令は，国際条約及び一般的に認められた国際的な規則に合致することが要請され，またその適用にあたって，通過通航権を否定したり妨げたりするものであってはならないとされている（第42条２項）。もとより，継続的かつ迅速な通過という要件は，海峡沿岸国の港に入り又は港から出る目的で海峡を通航することを妨げるものではないとされる（第38条２項但書）。海峡を通過通航する船舶が通過通航権の行使にあたって遵守すべき義務に違反して行動し，沿岸国に損失又は損害を与えた場合には，軍

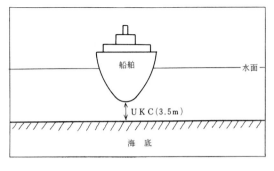

図５・４　余裕水深 UKC3.5メートル

艦など主権免除を持つ政府船舶については所属国（旗国）が国際責任を負う。

　航路帯又は分離通航方式に伴う通航安全規則及び排出に関する汚染防止法令に違反して，海洋環境に対し著しい損害をもたらし，又はもたらすおそれのある場合には，その責任を追求するため，海峡沿岸国は，外国船舶に対して，停船，拿捕，引致，訴追など適当な執行措置をとることができる（第233条）。（外国船舶の航行のための保障措置などについては，第10章を参照。）

(3)　海峡の航行にあたって

　国連海洋法条約は，国際航行に使用される海峡について，すべての船舶が通過通航の権利を持つことを謳っている。通過通航権を行使して海峡を航行する船舶は，海路を継続的かつ迅速に通航しなければならない。通過通航にあたって，船舶は，航行の安全と排出による汚染防止には特に注意しなければならない。海峡内の港に出入りする場合には，沿岸国の特に指定する条件に従わなければならない。航路が狭く，また航行船舶が輻輳しているところでは，タンカー及び危険物又は有害物質を運ぶ船は，通航の安全について格別の注意を払う必要がある。航路帯や通航分離方式の指定のあるところでは，その指示に従って航行しなければならない。このような注意を払えば，おおよそ商船が海峡をその通常の形態で通過通航する限り，海峡沿岸国から何らの干渉を受けることなく，自由に航行する権利がある。海峡沿岸国は，通航船舶に与えられた権利を尊重する義務がある。しかし，海峡沿岸国によっては，国内法令その他の措置によって，通航船舶に特別な指示を行うことがあるかも知れない。通航する船舶は，常に通航している海峡内の航路の地点が，いずれの国の法令の施行海域であるか，また，その規制内容が何かを知っておく必要があろう。特に海峡沿岸国が政情不安定であったり，複数の海峡沿岸国が敵対関係にあるときなどは，国連海洋法条約が，規定どおりに沿岸国によって運用されるとは限らないからである。

　近年，マラッカ・シンガポール海峡における武装強盗が多発している。このため，従来，国際海峡については，沿岸国からの通航に対する干渉を少なくすることが議論の中心であったが，治安維持をはじめとする積極的な航行安全確

保の問題を視野に入れた議論が必要になってきた。こうした背景により，アジアのいわゆる海賊問題に有効に対処すべく地域協力促進のための法的枠組みの作成をわが国がマラッカ・シンガポール海峡沿岸国や他の海峡利用国に提案し，ReCAAP の作成交渉が開始され，2004年11月に採択，2006年9月発効した（43頁参照）。協定の骨子は，① ISC の設立（シンガポールに，2006年11月29日設立）② ISC を通じた情報共有及び協力体制（容疑者，被害者及び被害船舶の発見，容疑者の逮捕，容疑船舶の拿捕，被害者の救助などの要請など）の構築，③ ISC を経由しない締約国同士の2国間協力の促進（犯罪人引渡し及び法律上の相互援助の円滑化，並びに能力の開発など）で構成され，アジアの国のみならず，欧州の海峡利用国からの参加も得て，マラッカ・シンガポール海峡の安全航行に取り組んでいる。

　主要な物資やエネルギーの輸出入のほとんどを海上輸送に依存するわが国にとって，海上輸送の安全確保は，経済安全保障の観点からも，安定した経済活動を支える上で極めて重要である。わが国の取組みの1つとして，海上保安庁では，インド太平洋沿岸国の海上保安機関に対し，国際協力機構（JICA）や日本財団の枠組みにより，制圧，鑑識，捜索救難，潜水技術，油防除，海上交通安全，海図作製分野などに関する知識技能を伝え，各国の海上保安能力向上を目指した支援を通じ，海上輸送の安全確保に貢献している。また，わが国では，ODA により東南アジア諸国に対して巡視船を供与しており，2017年には解役を迎えた海上保安庁の巡視船2隻をマレーシア海上法令執行庁に供与した。海上保安庁が運用していた巡視船を外国の海上保安機関へ供与したのはこれが初めてのことである。この他，2022年にはフィリピン沿岸警備隊に対して巡視船2隻を供与している。

4　海峡利用国及び海峡沿岸国の協力義務

　海峡利用国及び海峡沿岸国は，合意により，次の事項について協力する（第43条）。すなわち，(a)航行及び安全のために必要な援助施設又は国際航行に資する他の改善措置の海峡における設置及び維持，(b)船舶からの汚染の防止，軽

減及び規制である。

(1) マラッカ・シンガポール海峡における協力

　マラッカ・シンガポール海峡では，1992年のナガサキ・スピリット（Naga-saki Spirit）号衝突事故，1993年のマースク・ナビゲーター（Maersk Naviga-tor）号衝突事故（76頁参照），1997年のエヴォイコス（Evoikos）号衝突事故（76頁参照），2000年のナツナ・シー（Natuna Sea）号座礁事故など，海難の発生とこれにより発生する流出油による海洋汚染が後を絶たない。同海峡における航行安全の実現のため，沿岸国であるインドネシア，マレーシア，シンガポールの3国は，1975年の第1回以降，定期的な専門家による会合（Tripartite Technical Experts Group: TTEG）を開催するとともに，1996年及び1999年に主要海峡利用国，IMO などの関係国際機関，INTERTANKO などの事業者団体を集めた国際会議を開催し，国際協力体制の構築の必要性を呼びかけた。

　1992年から現在までのマラッカ・シンガポール海峡における沿岸国と利用国，さらには IMO の協力は，主に分離通航方式（Traffic Separation Scheme：TSS）延長を中心として動いた。1992年1月に第17回 TTEG 会議が開催されて，ワン・ファザム・バンク海域の再調査について検討され，また，1993年2月の第18回 TTEG では，TSS の延長，船舶通航サービス（VTS）の設置なども討議された。IMO では1992年9月の第61回海上安全委員会（MSC）において，石油会社国際海事評議会（OCIMF）提案のマラッカ・シンガポール海峡における航路標織増設案が審議され，後の航行安全小委員会で大筋了解された。

　一方の TTEG においても，1994年1月にワーキング・グループが開催され，航路標識追加設置に関する OCIMF 提案について合意し，その後 TSS の延長，その他通航方式の改善，航路標識の追加設置などについて討議された。こうした動きに加え，IMO は，マラッカ・シンガポール海峡を往来する船舶の航行安全策を検討する調査団を1993年3月現地に派遣し，5月に IMO 海上安全委員会では調査団の報告書を審議した。この調査団には，わが国や英国，ギリシャなどの海運国と，マラッカ・シンガポール海峡沿岸国を含む約10ヵ国が参

加した。調査項目としては，(1)マラッカ・シンガポール海峡の無線通信施設の状況，(2)海難事故発生時の捜査・救助体制，(3)海峡内の航路，航行援助施設，情報提供サービスの状況，(4)安全対策を実施するための財源問題，など7項目が挙げられた。報告書の勧告事項は，その後，航行安全小委員会において検討され大筋了解された。1995年9月，IMO の第41回航行安全小委員会の場で，マレーシア政府提出の約160カイリの新たな TSS の導入，航路標識の新設・改良，水路再測量などの安全対策案が検討され，同年11月に，再水路測量に関して沿岸3国とわが国による4ヵ国技術者会議が開かれ，1996年5月にマラッカ海峡再水路測量覚書に4ヵ国で調印した。1998年3月にはマラッカ・シンガポール海峡測量原図承認式が行われている。IMO は航行安全小委員会で引続きマラッカ・シンガポール海峡の TSS 延長その他の安全対策を審議し，1998年5月，IMO 第69回海上安全委員会では，マラッカ・シンガポール海峡の航行安全に関して，(イ) TSS の延長，(ロ)既存の航路標識8基の性能向上及び航路標識10基新設，(ハ)沿岸通航帯（ITZ）の設定，(ニ)マラッカ・シンガポール海峡通航規則の改正，(ホ)強制船舶通報制度の導入が採択され，1998年2月には延長された TSS 及び強制船舶通報制度が発効した。

　わが国は1968年以降，海峡利用国として唯一，主にわが国国内の「マラッカ海峡協議会」などの民間団体を通じて，航路標識の整備・維持管理，水路測量，浅瀬除去などを実施し，航行安全対策の支援を行ってきたが，近年の中国・アセアン諸国の経済発展による海上輸送需要の高まりを受け，わが国以外の国の船舶の海峡利用が増加していることから，国連海洋法条約第43条で規定されている国際海峡における沿岸国と利用国との協力に従い，同海峡の航行安全対策に他の利用国の応分の負担の必要性が高まった。

　これらを踏まえ，2005年9月のジャカルタ会議，2006年9月のクアラルンプール会議を経て，最終的に2007年9月に IMO・シンガポール政府共催によるシンガポール会議において，国連海洋法条約の規定を世界で初めて具現化する「協力メカニズム」が創設された。シンガポール会議には，沿岸3ヵ国の他，中国，韓国，米国，オーストラリアなどの利用国を含め50ヵ国が参加し，

わが国以外からも積極的な協力の意思表示があった。協力メカニズムは，沿岸国と利用国間の協力促進を協議するための「協力フォーラム」，沿岸国提案のプロジェクトを利用国と沿岸国との間で調整する「プロジェクト調整委員会」及び航行援助施設の維持・更新のための基金を管理する「航行援助施設基金」の 3 つの構成要素から成り立っている。

　沿岸国提案のプロジェクトは 6 つのプロジェクトで構成されており，わが国はそのうち，小型船舶自動識別システムの協力支援及び既存の航行援助施設の維持更新の 2 プロジェクトを支援し，マラッカ海峡協議会のほか日本財団も既存の航行援助施設の維持更新プロジェクトに資金拠出をしている。

エヴォイコス号衝突事故

　1997年10月15日，シンガポール港沖約 5 キロメートルの海域において，キプロス船籍タンカー，エヴォイコス号（The Evoikos, 80,823総トン）とタイ船籍タンカー，オラピン・グローバル号（The Orapin Global, 138,037総トン）が衝突し，エヴォイコス号から積荷である重油約29,000トンが流出した。この事故に対して，シンガポール政府からわが国に対し，①油濁防除資機材の提供，②油汚染対策専門家の派遣，③油防除作業に従事するための船舶の派遣についての依頼があり，わが国はこれに応えて国際緊急援助隊の派遣を実施した（③については船舶の都合がつかず，派遣を見送った）。また，わが国の石油連盟がシンガポールなど海峡沿岸国に保有している油濁防除資機材の貸し出し要請が P&I クラブからあり，オイルフェンス3,000メートルなどの貸し出しを行った。当初，シンガポールの領海及び南部の島嶼を汚染したが，最終的には，流出油の多くは沿岸国及びわが国の防除作業により回収され，残りはマラッカ海峡のマレーシア領海及びインドネシア領海に漂着した。なお，この重油流出事故に対してオーストラリア及び米国からも援助の申し出があったものの，実際に援助が実施されるには至らなかった。

マースク・ナビゲーター号衝突事故

　1993年 2 月21日，マラッカ・シンガポール海峡の入口にあたるインドネシアのスマトラ島北方のアンダマン海で，原油を満載してわが国に向かって航行中のタンカー，マースク・ナビゲーター号（The Maersk Navigator, 249,811重量トン（LT））と中東に向かって航行中のタンカー，サンコー・オナー号（The Sanko Honor, 95,025重量トン（LT））が衝突し，マースク・ナビゲーター号は炎上しながら海上

を漂流し約25,000トンの原油を海上に流出した。幸いにして，風の影響により流出油は沿岸から離れる方向に拡散し，沿岸地域に対する汚染はくい止められた。

(2)　その他の海峡

　一方で，マラッカ・シンガポール海峡以外の国際海峡については，現在のところ海峡利用国による協力というものは見受けられない。欧州の玄関口となるドーバー海峡，大西洋と地中海を結ぶジブラルタル海峡，わが国周辺の津軽・宗谷・大隅海峡などは，すべて沿岸国が航行安全などのために必要な措置を行っている。津軽海峡のように海峡両岸が単一の沿岸国に属する場合においては，当然当該沿岸国が単独で必要な措置を講じている。また，ドーバー海峡（英国・フランス）やジブラルタル海峡（スペイン・モロッコ・英領ジブラルタル）などのように複数の沿岸国によって構成される海峡については，海峡の中間線などを境界として，各沿岸国が自国に近い海域の航行安全にあたるというのが一般的である。現在，国際海峡における海峡利用国の協力について，特殊な形態をとっているのがダーダネルス・ボスポラス海峡である。同海峡の航行については，国連海洋法条約第35条の「この部のいかなる規定も，次のものに影響を及ぼすものではない。…(c)特にその海峡について効力を有する長期間にわたる国際条約により通航が全面的又は部分的に規制されている海峡における法制度」を根拠として，1936年の「海峡制度ニ関スル条約」が適用されており，通航船舶は通航の際に水先料などの形で海峡の維持管理のための費用の実質的な負担を行っている。

(3)　油防除の協力例

①　アセアン（ASEAN：東南アジア諸国連合）海域における大規模な油流出事故に沿岸各国が協力して対応できるよう，日本財団及び日本船主協会からの合計約10億円の資金協力により，油防除資材並びに油情報ネットワークシステムの供与を行うという国際協力計画（オスパー（OSPAR）計画）を，1993年から1994年にわたり実施した。

②　「1990年の油による汚染に係る準備，対応及び協力に関する国際条約」

（OPRC 条約，1995年発効。わが国は同年加入，1996年発効）の早期批准を図るため MARPOL 73/78が一部改正され，同条約の附属書Ⅰ第4章第26規則「油汚染船内緊急計画」が追加された。OPRC 条約は，1989年のアラスカにおけるエクソンバルディーズ号の油流出事故（150頁参照）をきっかけに，1990年に IMO において採択されたもので，油流出時の通報や国家緊急計画の策定，国際協力の推進が主な内容となっている。

③　通商産業省（現経済産業省）の補助制度により，石油連盟は1993年度からペルシア湾とマラッカ・シンガポール海峡の周辺の大規模な油流出事故に備え，油を回収する資機材を保管する油回収基地をシンガポール，マレーシアなどに建設し管理にあたっている。

第6章　群島水域

1　群島理論の歴史

　多くの島が相互に近接して存在し，地理学上の単位をなしているものを群島（archipelagos）と呼ぶ。群島はその地理的性質のために，歴史・経済・社会・文化的に密接な関係を持っている場合が多く，また，群島内の水域は，外洋から切り離されて，群島を構成する各島嶼間の交通や漁業をはじめとする住民の生活の場となっていることが多い。そのため，国際法上も，古くから，沿岸国の沖合に一連の島，岩，礁，砂州などが存在する沿岸群島（coastal archipelagos）や大洋の中に島々が独立した群をなしている洋上群島（mid-ocean archipelagos）に関して，沿岸国の領海はそれらの群島の外側から測定できるとする考え方もあった。そのような説を背景として，1930年のハーグ国際法典編纂会議では，一定の条件の下で群島の外縁を結ぶ直線基線を引くことができるという意見が出された。

　ハーグ国際法典編纂会議では，直線基線が濫用されて公海自由の原則が侵害されるおそれがあるという意見をはじめ，各国からの異論が多かったため，群島に関する草案は作成されなかった。ところが，第3章で述べたように，国際司法裁判所（ICJ）は漁業事件本案判決（英国対ノルウェー，ICJ，1951年）において，沿岸群島について直線基線を是認する判決を下し，1958年の領海条約でも同判決を踏襲する規則が採り入れられたことから，第1次国連海洋法会議前後から，フィリピン，インドネシアなどの洋上群島を構成する諸国は，洋上群島に関しても，群島の外縁から領海を測定し，群島内の水域を内水とする主張を行うようになった。

　第1次国連海洋法会議でフィリピンは，歴史的に単一体と認められてきた諸島は，一体として取り扱われるべきで，領海は最も外側の島に沿って引かれた直線基線から計測され，基線の内側の水域は内水とする，という提案を行い，1961年にはそのような主張を国内法化した。また，インドネシアも，1957年に

同様の群島国家宣言を発布していた。ところが，このような群島理論を主張する国家の群島内の水域には，国際航行に用いられる重要な航路が存在する場合があり，そのような航路を利用する諸国からは大きな反発を招いた。

1973〜1982年の第3次国連海洋法会議でも，基線内の水域を群島国家の主権の下に置き，外国船の通航は指定された航路帯においてのみ無害通航が認められ，通航に関する規制，航路帯・通航分離帯の指定権，外国軍艦通航の停止又は禁止の権限を群島国に留保しようとする群島国家側の案と，基線内の全水域で無害通航を認めるとともに，従来から国際航行に用いられてきた水域では国際海峡なみの自由な通航を保障することを盛り込んだ利用国側の案とが対立した。これら2つの案の妥協として，群島国は，群島水域における外国船及び航空機の安全で継続した迅速な通航のための航路帯及び航空路を指定することができ，すべての国の船舶及び航空機はその航路帯，航空路において「群島航路帯通航権」を有するものとされた。群島航路帯通航権は，条約の規定に従った航行及び飛行の権利の行使であり，公海あるいは排他的経済水域の相互間の継続的で迅速な通過のためのものであるとされた。そこでは，従来利用国側が強く主張してきた自由通航という言葉は見られない。一方，群島航路帯以外の群島水域全域における航行については，すべての船舶が無害通航権を有するものとされた。

2　群島水域の法的地位

(1)　群島国家の定義

国連海洋法条約において，「群島国家」（archipelagic state）は次のように定義されている。

　(a)　『群島国家』とは，全体が一又は二以上の群島からなる国をいい，他の島を含めることができる。

　(b)　『群島』とは，一群の島（島の一部を含む），相互に連絡する水域その他の自然の地形で，極めて密接に相互に関連しているため，これらの島，水域その他自然の地形が本質的に一体としての地理的，経済的及び政治的単位を形成しているか又は歴史的にそのような単位とみなされてきたものをいう（第46条）。

図6・1　インドネシアの群島基線（M. Z. N. 67.2009.LOS of 25 March 2009）

　ここで定義される「群島国家」は，フィリピン，インドネシアなどの単一の群島国家を形成する洋上群島のみを指し（図6・1及び図6・2参照），沿岸群島（例えば，ノルウェー沿岸群島）又は沖合群島（例えば，エクアドルのガラパゴス諸島）を含まない。

　現在，群島国家たる地位を主張している国には，アンティグア・バーブーダ，カーボベルデ，コモロ，フィジー，インドネシア，キリバス，マーシャル諸島，パプア・ニューギニア，フィリピン，サントメ・プリンシペ，ソロモン諸島，トリニダード・トバゴ，モーリシャス，バハマ，ツバル及びバヌアツなどがある。

(2)　群島基線

　群島国家の領海，接続水域，排他的経済水域及び大陸棚を測定する基線としては，「群島基線」が用いられる（第48条）（図6・3参照）。群島基線は，群島の最も外側の島及び干礁の最も外側の地点を結ぶ直線で引かれるが，この基線内の水域面積と陸地面積との割合が1対1と9対1の間であることを条件とする（第47条）。わが国，英国，ニュージーランドなどの島国は，水域と陸地の面積比が1対1未満のため，群島国家ではない。国連海洋法条約においては，群島国家に該当するものをできるだけ制限しようとした結果が具体的に1対1と9対1の数値になったといわれる（例えば，フィリピンでは，その比が

1.841対1である）。

(3) 群島基線による群島水域の画定

群島基線の1本の基線の長さは100カイリを超えてはならないが，群島を囲む基線の総数の3パーセントまでは，100カイリを超えて最大限125カイリまで延ばすことができる。もっとも，群島基線は群島の一般的な形状から著しく離れて引いてはならず，また，原則として，低潮高地（高潮時には水中に没するもの）との間に引いてはならない。また，いずれの群島国

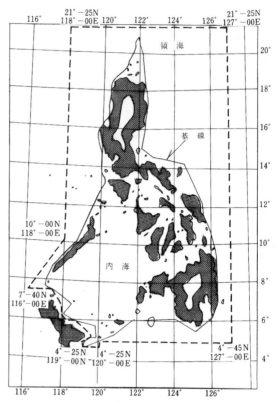

図6・2　フィリピン1961年法律第3046号
フィリピン群島国家宣言

も，他国の領海を公海又は排他的経済水域から隔離するように，群島基線の制度を適用してはならない（第47条2〜5項）。

　群島水域のある部分が至近の隣接する国の2つの部分の間にある場合，例えば，インドネシアの群島水域がマレーシア本土とカリマンタン島のサラワクの間に張り出す場合には，その隣接国（マレーシア）がこの水域で伝統的に行使してきた権利やその他のすべての適法な利益，並びに，群島国と隣接国の合意により定められたすべての権利は存続し尊重されることになっている（第47条6項）。

(4)　群島水域の性質

　群島国家の主権は，その水深又は沿岸からの距離の如何にかかわりなく，群島基線によって囲まれる群島水域，その上空，海底及びその下，並びに，これらの場所にある資源に及ぶ（第49条）。群島水域の法的地位につ

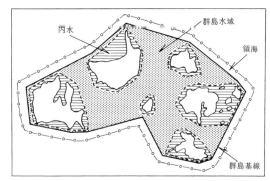

図6・3　群島基線と内水の境界画定のための閉鎖線

いては，統合性・一体性を主張する群島国側は「内水」としての性格を主張し，これに対し，従来，群島水域を公海自由の原則の下に使用してきた利用国側は，これを「領海」に近いものとみなそうとした。その結果，国連海洋法条約では，「国際法の他の規則に従って」という要件を明記せずに，群島国家の主権は「この部（国連海洋法条約第4部）の規定に従って」行使される，と規定することで妥協がなされ，領海とも内水とも異なる独自の水域となっている。

　国連海洋法条約によれば，群島国家は，その群島水域内において，河口（第9条），湾（第10条），港（第11条）（これらについては第4章参照）の規定に従って，内水の境界画定のための閉鎖線を引くことができる（第50条）（図6・3参照）。本来の基線が領海と内水を区分する線であるとすれば，基線の内側は内水となるが，国連海洋法条約では，群島水域の中にさらに湾，河口，港といった内水を認めているから，群島水域の内側の水域の中に別の内水が存在することになる。そのため，伝統的な「内水」概念をそのまま用いることはできない。そこで，条約の趣旨としては，群島水域は領海・内水のいずれにも属さない固有のものとみるのが妥当であろう。しかし，内水とみるか，領海とみるか，固有の水域とみるかによって，通航権との関係で問題が生じる。

　なお，中国は，南シナ海において中国が主張してきた権利を否定した南シナ

海仲裁本案判決（フィリピン対中国，国連海洋法条約附属書Ⅶ仲裁裁判所，2016年）後の2018年頃から，国連海洋法条約では十分に規律されていない一般国際法上の「大陸国の遠隔群島（海洋中の群島水域とも呼ばれる）」制度が存在しており，その制度に基づき中国は南海群島（南シナ海の南沙諸島・西沙諸島・東沙諸島・中沙諸島の総称）の内水・領海・接続水域・排他的経済水域（EEZ）・大陸棚に権利を有すると主張している。

3　群島水域における外国船舶の航行

　国連海洋法条約は，群島水域における通航制度として，群島航路帯通航と無害通航の2つを規定している。

(1)　群島航路帯通航

　群島国家は，その群島水域と領海における外国の船舶，航空機の継続的かつ迅速な通航に適した航路帯とその上空の航空路を指定することができ，すべての船舶，航空機は，この航路帯と航空路において群島航路帯通航権を有する（第53条）。「すべての船舶」とは，商船，危険物運搬船，軍艦などあらゆる種類の船舶を指し，この中には潜水船その他の水中航行機器が含まれるであろうが，潜水艦などの潜没航行を認めない領海一般の場合と異なり，群島航路帯においては，潜没航行が認められるかどうかが問題になる。また，「すべての航空機」は，すべての民間航空機と「国の航空機」（軍用航空機を含む）を指すが，領海上空は陸地上空と同様に，国際法上，沿岸国の「完全かつ排他的な主権」に服することになっているにもかかわらず，群島航路帯では上空飛行の権利が保障されていることから，外国航空機による上空飛行が保護されることになる。この群島航路帯と航空路は，群島水域とその外側の領海を貫通するものとし，群島水域又はその上空における国際的な航行・上空飛行のための通路として使用されるすべての通常の通航航路（船舶に関しては，これらの航路においてすべての通常の航行水路）を含む（ただし，同一の入口及び出口の間においては，同様に便利な2以上の航路は必要としない）。また，この群島航路帯と航空路は，通航航路の入口の地点から出口の地点に至る一連の連続する中心

線によって定められる（第53条4，5項）。

　群島航路帯通航とは，「公海又は排他的経済水域の一部分と公海又は排他的経済水域の他の部分との間において，継続的な，迅速かつ妨げられることのない通過のためのみに，通常の形態での航行及び上空飛行の権利がこの条約に従って行使されること」である（第53条3項）。「通常の形態での航行」には，徘徊・漂流行為を含まない。潜水艦などの潜没航行は，「通常の形態での航行」とみなされるであろうが，群島国家の安全保障上の観点からすれば問題がある。通航中の船舶及び航空機の義務，調査活動及び測量活動の禁止，群島国の義務並びに群島航路帯通航に関する群島国の法令制定権などに関しては，国際海峡の通過通航制度の規定が準用されることになっている（第54条）。

　群島航路帯と航空路は群島水域と領海を貫通しなければならないので，群島航路帯通航権には，公海又は排他的経済水域の一部から公海又は排他的経済水域の他の部分に通り抜ける一連の航路帯が確保されている。群島国家は，群島航路帯内の狭い水路における船舶の安全な航行のために分離通航帯を設定することができ，また，必要に応じて，既定の航路帯又は分離通航帯を変更することができる（航路帯及び分離通航帯は，一般的に認められた国際規則に合致しなければならない）。航路帯の指定・変更又は分離通航方式の設定・変更の場合には，群島国家は権限のある国際機関（具体的には国際海事機関（IMO））に対して提案しなければならないが，その国際機関は，群島国家が同意する航路帯と分離通航帯のみを採択することができる。さらに，群島国家は指定した航路帯の中心線及び設定した分離通航帯を海図上に明示し，その海図を適当に公表しなければならない（第53条6～10項）。

　すべての船舶・航空機は，群島航路帯において群島航路帯通航権を持つが，設定された航路帯及び分離通航帯を尊重し（第53条11項），通航の際には，中心線のそれぞれの側に25カイリ以上離れてはならず，また，航路帯に面する島と島との間の最も近い地点間の10パーセント以上海岸に近づいて航行してはならない（第53条5項）。

　群島国家が群島航路帯を指定しない場合には，群島航路帯通航権は「国際航

行のために通常使用される航路」において行使することができることになっている（第53条12項）。「通常使用される航路」がどのようなものであるかについては，国連海洋法条約に明確な規定がない。一般的には，従来から利用されてきた航路はそのまま航路として用いられると考えるのが普通であろう。インドネシアは1996年に IMO に対して，同国の群島水域に南北3本の群島航路帯を設定することを提案した。提案の審議では，これらの航路帯の他にも通常国際航行に用いられる航路が存在することが指摘されたため，インドネシアは，指定されたもの以外の通常国際航行に使用される航路での群島航路帯通航権は，国連海洋法条約の規定に基づいて存続するとした。IMO では，将来追加的な航路指定が行われることを条件として，インドネシアの提案した航路帯の設置が承認された（図6・4参照）。

　群島国は，国際海峡における通過通航の場合と同様に，航行の安全及び海上交通の規制，油，油性廃棄物その他の有害物質の排出に関して適用のある国際

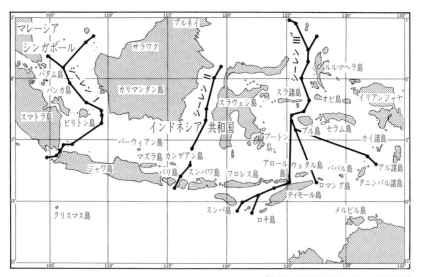

（IMO：MSC69/22/Add.1 ANNEX9）

図6・4　インドネシア群島航路帯

規則を実施することによる汚染の防止，軽減及び規制について，法令を制定することができる（第54条）。これらの法令違反に対する群島国の執行権限については不明確なところもあるが，少なくとも，これらの法令に違反し群島水域の海洋環境に対して著しい損害をもたらす場合には，群島国としては適当な執行措置をとることができる。通航制度については，航行利益を尊重して比較的自由な通航を認めるものの，その他の点においては，群島国家の主権の行使に影響を及ぼさないという，国連海洋法条約における群島水域制度の基本的構造からすれば，海洋汚染の脅威や重大な汚染行為などに対して群島国家が取り締まることができないとするのは不合理だからである。

(2)　無 害 通 航

すべての船舶は，群島航路帯と内水（個々の島の河口，湾，港の境界画定のために引かれた閉鎖線内の水域）以外の群島水域では，港に立ち寄る場合や何らかの理由で群島航路帯を逸脱する場合には，国連海洋法条約の領海の規定に従って，無害通航権を行使できる（第52条）。

(3)　群島水域を航行するにあたって

国連海洋法条約によって，群島国家の群島理論の主張はようやく国際社会の承認を得た。従来，航行の目的上群島水域を比較的自由に使用してきた利用国と群島国との間の妥協が，上述の国連海洋法条約の諸規定には反映されている。しかし，群島水域の法的地位について両者の理解は必ずしも同一ではなく，そのことが群島航路帯・航空路の指定における群島国の裁量の範囲，無害通航制度の適用水域，群島国の執行権限の限界など，通航制度の捉え方にも微妙な相違を生む可能性がある。

なお，群島水域設定の重要な目的の1つとして，群島国による安全保障の確保があり，このことを理由として，群島水域内を通航する船舶は一時的に停止されることがある。これには，領海の場合と同様に，沿岸国の行う軍事演習の場合などが含まれるであろう。このような停止は，沿岸国が適当な方法で公表することになっており，通航船舶は，それらの通報に十分接しておく必要がある。また，通航海域に政情不安がある場合には，商船の場合でも，ゲリラに対

する武器資材などの輸送を理由に，群島国家が法執行の名目で停船を命じたり，場合によっては銃撃を加えたりするおそれがある（ヘッグ号事件参照）。

ヘッグ号事件

　1982（昭和57）年1月15日，フィリピンのミンダナオ島の東方沖40キロメートルを航行中のわが国のケミカルタンカー「ヘッグ（HEGG）号」（9,034重量トン）が，国籍不明の航空機2機から約10分間にわたって銃撃を受け，船員1名が3ヵ月の重傷を負うという事件が発生した。わが国の外務省は発生地点の確認に慎重を期していたが，翌16日に公海上の事件と判断し，銃撃を加えた航空機の国籍が判明次第，外交上の措置をとる旨を明らかにした。当時フィリピンは，1898年のパリ条約，1900年の米西間のワシントン条約，1930年，1932年の米英間の協定などで定められた地理上の区画に含まれる水域はすべてフィリピンの領水とみなす，とするいわゆる「条約水域」の主張を行っていた（図6・2参照）。フィリピンの国内法によると，条約水域内で，群島の外縁の島々の外側にある水域がフィリピンの領海，また内側の水域が内水とされており，両者を分ける80の直線基線を定めている。したがって，フィリピンの群島水域の主張と条約水域の主張とは不可分のものであった。この条約水域については，1961年に米国が抗議を行っており，わが国もこれを承認してこなかった。わが国外務省は，事件の発生地点がフィリピン沖合20カイリ以上のところであり，国際法上領海と認められる12カイリを超えていることなどから，事件は公海上で発生したとした。同月18日，銃撃した航空機はフィリピン空軍機であることが明らかになり，フィリピン政府は，ヘッグ号が反政府ゲリラ支援のため武器を密輸しようとしていたという情報により，フィリピンの領海内に入った同船に停船を命じたが，従わなかったため実力行使を行ったと発表した。しかし，わが国の海上保安庁の調べでは，武器密輸によるゲリラ支援の事実はなく，停船命令も十分認識されていなかったとされ，事実関係と領海の範囲での見解の対立から事後処理は難航した。その後，同年9月6日，両国政府は，ヘッグ号事件は不幸な偶発事故であり遺憾であること，両国で再発防止策を協議することの2点を声明して，一応の決着をみた。

第7章　排他的経済水域

1　200カイリ排他的経済水域（EEZ）の歴史

　国連海洋法条約は，沿岸国が200カイリまでの排他的経済水域を設定することを認めている。排他的経済水域は，英語で Exclusive Economic Zone と呼ばれ，EEZ 又は単に EZ（経済水域）と略称されることも多い。後述するように，沿岸国はこの水域内の天然資源その他の経済的利用に対して主権的権利を持ち，また海洋汚染の規制その他の事項に対して管轄権を有しており，これらの目的の範囲内に限って沿岸国が排他的権利を持つ水域である。「主権的権利」（sovereign rights）とは，領域主権のようにすべての人，財産，事実に対する一般的な支配権のように包括的な権能ではないが，EEZ 内の天然資源の開発など及びその他の経済的利用（EEZ の場合）又は大陸棚資源の探査・開発（大陸棚の場合）という限定された目的の範囲内での排他的かつ包括的な権能という意味である。

　EEZ は，領海（12カイリ）の外側の188カイリまでの区域（合計で最大200カイリ）で，沿岸国が主として海の資源の開発のために独占的な権利を認められる海洋部分であり，この水域の登場は海の革命だといわれる。それは，伝統的な「狭い領海，広い公海」という旧来の秩序が，第3次国連海洋法会議によって一大変革を受け，その最大の変革が200カイリ水域であったからである。200カイリの距離は，約370キロメートル，新幹線で陸路東京から名古屋までにあたる。この長い距離の海帯によって，世界の約35パーセントが，従来の公海からいずれかの国の経済水域に編入された。

　200カイリ水域という主張が第3次国連海洋法会議で大多数の国々から早々と支持されたのは，自国の周辺海域に優先的な開発権を得たい沿岸諸国と開発途上国が，その沿岸水域の漁業資源と海底の鉱物資源を先進国に奪われてはならないという共通の認識によるものであった。沿岸漁業の保護にとって，3カイリの領海は狭すぎるという考えは，既に20世紀の初めから唱えられていた。

ヨーロッパでは英国，極東ではわが国の漁船が，外国の沿岸漁業を脅かし続け
てきた。第2次世界大戦が終わって間もない1945年9月28日に，米国のトルー
マン大統領は，米国の海洋政策について2つの宣言を発表した。1つは大陸棚
宣言であり，もう1つは漁業保存水域の宣言であった。この2つの宣言は世界
の他の諸国に波及した。自国の沿岸から沖合に比較的広い大陸棚を持っている
国々は，相次いで大陸棚宣言を行った。これらの宣言の中には，オーストラリ
アの宣言のように海底に定着する生物としての蝶貝資源に対する要求を含むも
のもあった（日豪間のアラフラ海真珠貝漁業事件（1952〜53年）は，このよう
な事情から生じた）。また，地理的にその沿岸にほとんど大陸棚を持たない南
米のチリ，ペルー，エクアドル3国は，1952年にサンチャゴで200カイリの海
洋主権を宣言した（サンチャゴ宣言）。距岸200カイリの範囲は，第2次世界大
戦中の戦時中立水域の名残とか，南米太平洋水域にかたくち鰯（アンチョビ）
類を豊富にもたらすフンボルト海流の限界とか言われている。

　1950年代と1960年代を通して，若干のラテンアメリカ諸国が200カイリ水域
を主張していたが，国際的に認められたとは到底いえない状況にあった。1958
年の第1次国連海洋法会議の審議の動きを反映した，6カイリの領海とその外
側6カイリの漁業水域の提案及び同年の「漁業及び公海の生物資源の保存に関
する条約」は，沿岸国にその領海に隣接する公海での優先的漁業権を認めては
いたが，沿岸漁業国は不満を持っていた。アイスランドが1950年代後半から70
年代半ばにかけて，自国の排他的漁業水域を12カイリから50カイリ，さらに
200カイリに一方的に拡大するに及んで，英国との間で3度の「たら戦争」を
引き起こしたように，沿岸国と遠洋漁業国との対立が武力衝突寸前にまでエス
カレートした事件もある。米国は，沿岸国による漁業管轄権の拡大要求が，一
部のラテンアメリカ諸国によって採用され始めた200カイリ領海のようになる
動きを懸念して，開発途上国を含む多くの諸国と非公式に交渉を進めた。他方
で，ラテンアメリカ諸国やアジア・アフリカ諸国は，1970年から73年にかけて
多くの共同宣言，例えば，1970年のリマ宣言，1973年のサント・ドミンゴ宣
言，同年のアジスアベバ宣言を通じて，200カイリ水域の天然資源に関して主

権を持つことを確認し，地域的な結集を行った。特に，サント・ドミンゴ宣言は，200カイリ水域の原型ともいうべき「パトリモニアル海」（世襲海）という概念を打ち出し，この水域にあるすべての天然資源が父祖伝来の固有のものとして沿岸国の主権的権利に属するとした。これに対し，米国は，200カイリ水域を認める条件として，12カイリ領海の外側の水域は本質的に公海であって，特に航行の自由や上空飛行の自由がそれによって影響を受けないことを強調していた。

　1974年春，ベネズエラのカラカスで第3次国連海洋法会議の第2会期が開かれ，各国代表の一般演説が行われた。200カイリ水域に積極的な反対演説を行ったのはわが国代表だけであったことから，わが国の立場を当時のジャーナリズムはエクセプト・ワン（例外一国）と伝えて，わが国の孤立した状況を知らせた。会議には，200カイリ水域に「排他的経済水域」の名称を付したケニア案のほか，様々な提案が提出された。200カイリ水域を支持する主張の中には，沿岸国の海洋主権を前面に押し出して，その水域を領海と同じようなものとしようとする立場――この立場は時に「領域主義」国とも呼ばれた――と，沿岸国の主権的権利は，経済・資源に関する事柄についてのみ認められ，領海と同じような包括的な権利を認められるものではないとする立場があった。

2　EEZ の法的地位

(1)　法 的 地 位

　国連海洋法条約は，EEZ を条約第5部に定める特別の法制度に従う水域としている（第55条）。EEZ は，領海でも公海でもない「第3の水域」と一般に説明されているが，それは，国連海洋法条約の規定が，EEZ の2つの性質，すなわち沿岸国がその資源・経済について権利を持つとする面と，他の国がそれ以外の事柄について海の利用の自由を持つとする面とを定め，前者については，沿岸国の領海に準じた扱いを，また後者については，他国の海の利用について公海に準じた扱いをしているためである。具体的に言えば，沿岸国は，EEZ において，すべての天然資源を探査，開発，保存及び管理するための主

権的権利（sovereign rights）を持つ。天然資源には海底及びその地下の鉱物資源が含まれ，大陸棚の資源と重なる。沿岸国はまた，この水域における海水，海流及び風からのエネルギーの生産などのような，海の新しい開発活動に対しても主権的権利が認められた。このような新しい海洋の利用のために，特別の立法を行っている国もある（例えば，米国の1980年「海洋熱エネルギー保存調査・開発法」）。沿岸国はさらに，この水域内における人工島，設備及び構築物の設置・利用，海洋科学調査及び海洋環境の保護・保全に関して，一定の管轄権を持つことになった（第56条1項）。他方で，すべての国（沿岸国であるか内陸国であるかを問わない）は，EEZにおいて，航行及び上空飛行の自由，海底電線及び海底パイプラインの敷設の自由を享有するとして，伝統的に海洋の自由とされてきた権利が認められている（第58条1項）。また，すべての国は，これらの自由に関連する他の国際的に適法な利用に従事することができるし，この利用には船舶及び航空機の運航に付随した海洋の利用などを含んでいる。

　わが国も沿岸国としてその EEZ などについて主権的権利などを有しており，これらはその天然資源の探査，開発などの活動の場として大変重要である。このため，2010年には「排他的経済水域及び大陸棚の保全及び利用の促進のための低潮線の保全及び拠点施設の整備等に関する法律」（低潮線保全法。平成22年法41号，2010年6月24日施行）が制定された。同法は，①政府が基本計画を定めること，② EEZ 及び大陸棚の根拠となる低潮線の保全が必要な海域（「低潮線保全区域」）内において海底の掘削などの行為については許可を要すること，③基本計画に拠点施設の整備などの内容が定められた港湾の施設について，国土交通大臣が建設，改良及び管理を行い，同施設周辺の水域における占用などの行為については許可を要すること，の3点を主な内容としている。この法律に基づき，2010年7月に低潮線保全基本計画が閣議決定され（2011年5月一部変更），2011年6月には185の低潮線保全区域を定めている。この制度を通じて EEZ などの保全及び利用の促進が図られ，わが国のエネルギー，鉱物などの海洋資源の開発などが加速することが期待される。

　EEZ の制度が国連海洋法条約で定められる特別の法制度とされながら，沿

岸国，他国のいずれにも帰属させていない権利のことを「残余権」（residual rights）というが，この残余権をめぐる将来の紛争については，紛争当事国及び国際社会全体にとっての利益を考慮して，衡平の原則に基づき，かつ，すべての関連する事情に照らして解決する，とのみ定め（第59条），沿岸国の権限と他国の権限のどちらにも有利な推定が置かれていない。

(2) 生物資源に対する沿岸国の主権的権利

国連海洋法条約第5部「排他的経済水域」の20ヵ条の規定（第55〜74条）のうち，13ヵ条（第61〜73条）は，もっぱら生物資源，つまり漁業に関する規定である。このことは，EEZ が主として200カイリ水域における漁業の規制を目的とした証拠でもある。EEZ の海底及びその地下資源，そして定着性生物資源については大陸棚の規定が適用されて，沿岸国の主権的権利の下に置かれる（第56条3項，第68条）。

国連海洋法条約の漁業資源に関する規定の第一の特徴は，200カイリ水域の漁業資源を沿岸国の主権的権利の下に置き，沿岸国がその資源を原則として排他的に保存し管理することにした点である。このような海洋生物資源の保存・管理の方法を，後述の魚種別規制と対比して，ゾーナル・アプローチという。国際海洋法裁判所（International Tribunal for the Law of the Sea: ITLOS）は，小地域漁業機関の要請に応じた勧告的意見（ITLOS，2015年）において，「国連海洋法条約において，排他的経済水域における生物資源の保存及び管理についての責任は沿岸国にある」と述べた。上記勧告的意見はまた，国連海洋法条約第61条に基づき自国の EEZ における生物資源の最大持続生産量（Maximum Sustainable Yields: MSY）を考慮に入れて漁獲可能量（Total Allowable Catch: TAC）を決定し，EEZ における生物資源の維持が過度の開発によって脅かされないことを適当な保存措置及び管理措置を通じて確保する責任が沿岸国に委託されているとし，沿岸国は自国の責任を果たすために第62条4項に従って国連海洋法条約と適合する必要な法令（取締手続を含む）を制定しなければならないと述べている。沿岸国はその上で自国の漁獲できない分を余剰分として他の国の漁獲を認めなければならない（第62条）。海を持たない内陸国

や地理的不利国は，入漁について特別な計らいを受ける（第69，70条）。

　漁業活動に従事する外国船舶は，沿岸国の法令を厳守しなければならない。沿岸国は，この条約に従って制定する法令の遵守を確保するために，乗船，臨検，拿捕及び司法手続を含む必要な措置をとることができる（第73条1項）。また，漁業に限らず，EEZ の沿岸国法令違反の外国船舶についても，領海及び接続水域内の法令違反と同様，沿岸国に継続追跡権が認められるようになった（第111条。なお，第9章「公海」を参照）。拿捕された船舶及び乗組員は，妥当な供託金（ボンド）の支払又は他の保証の提供の後に速やかに釈放される（第73条2項）。これに関して，セント・ヴィンセント及びグレナディーン諸島に登録された漁船サイガ号がギニアの200カイリ水域で拿捕された事件について，ITLOS は，初めて第73条に基づく船舶の乗組員の即時釈放命令判決を下した（サイガ号（No.1）判決，ITLOS，1997年。また，わが国が原告国となった事例として2007年第88豊進丸事件／第53富丸事件が挙げられる。第11章2参照）。もっとも，このサイガ号事件は，同号による他の外国漁船への給油行為であり，この行為が EEZ に対する沿岸国の保護法益の違反となり拿捕が正当化されるかどうかが焦点であったが，裁判所は結局この点についての裁定を行わなかった（サイガ号（No.2）判決，ITLOS，1999年）。漁業法令の違反に対する刑罰は，原則として金銭罰とされ，他のいかなる身体刑（corporal punishment）も含んではならず，また，外国船を拿捕・抑留した場合には，沿岸国のとった措置と刑罰を速やかに船舶の旗国に通報することとされている（第73条3，4項）。

　漁業に関する規定の中での第二の特徴は，いわゆる魚種別の規制方法が採り入れられていることである。「まぐろ」，「かつお」のような高度回遊性魚種，鯨のような海産哺乳動物，「さけ」，「ます」のような溯河性魚種，「うなぎ」のような降河性魚種については，それぞれの種の生態的特徴を考慮して，EEZ 内の一般魚種の取扱いとは異なった規制が定められている。「さけ」，「ます」については，回帰する河川を持つ国，いわゆる母川国がその資源の管理について第1次的責任を持ち，また「まぐろ」資源については，沿岸国は関係国又は

国際機関と協力して，その資源の保存・管理にあたることになっている（第
64-67条）。

　200カイリ水域における漁業についての規制は，国連海洋法条約の採択以前
に米国，旧ソ連を含む相当数の諸国により受け入れられていた。わが国は，
1977年に「漁業水域に関する暫定措置法」（昭和52年法31号，1977年7月1日
施行）を制定していたが，「経済水域」という一層包括的な制度を採用するため
に，1996年に「排他的経済水域及び大陸棚に関する法律」（平成8年法74号，
1996年7月20日施行）を制定した。200カイリ水域に関する諸外国の法令には
細部の点で違いが見られるものの，この水域の制度それ自体は国連海洋法条約
という条約上の規則を越えて，既に国際慣習法化しているといわれている。

(3)　沿岸国の他の管轄権

　国連海洋法条約は，沿岸国が，EEZ 内において，人工島，設備，構築物の
設置と利用及び海洋の科学的調査について，許可し規制する権利を持ち，また
海洋環境の保護と保全のために規制の措置をとることを認めている。すなわち，

①　沿岸国は，すべての人工島，資源・エネルギーの開発その他の経済目的
　　のための設備，構築物の建設・運用・利用について排他的権利を有する。
　　人工島・設備・構築物は自然に形成された島でも岩でもないから，島の制
　　度は適用されない（第60条8項，第121条）。沿岸国は人工的施設に対し
　　て，その運用に必要な通関上，財政上，保健上，安全上及び出入国管理上
　　の法令を定め，これを排他的に適用することができる（第60条2項）。

　　　沿岸国が人工的な施設を建設する場合には，航行船舶の安全に必要な限
　　り，その建設を水路通報などで通知して航行の安全を図る。人工的施設に
　　は，船舶及び航空機に警告を与える灯火・標識などによって，その存在を
　　常時知らせなければならない。沿岸国は，必要な場合には，人工的施設の
　　周囲に半径500メートルを越えない保安のための「安全水域」を設定して，
　　航行船舶と施設の双方の安全を確保する。安全水域は，国際航行の妨げと
　　なるような場所に設けてはならない。また，使用済みの施設を航行に危険
　　なままに放置してはならない（第60条3〜7項）。なお，わが国において

は，国連海洋法条約に定めるところにより，海洋構築物などの周囲に安全水域を設定することについて必要な措置を定めた「海洋構築物等に係る安全水域の設定等に関する法律」（安全水域法。平成19年法34号）が，2007年7月20日に施行されている。加えて，わが国における再生可能エネルギーの活用に関し，EEZ における洋上風力発電の実施を見据え，国連海洋法条約との整合性を含めた諸課題に関する有識者による検討会が2022年度に実施され，検討結果が取りまとめられた。

②　沿岸国は海洋の科学的調査を規制し，許可し，実施する権利を持つ。EEZ 内のすべての海洋科学的調査活動には，沿岸国の同意を必要とする。特に天然資源の探査・開発に直接影響する調査活動に対しては沿岸国は同意を与えないことができるが，もっぱら平和目的で人類の利益のために行われる純粋な科学的調査については，通常の状況において，同意を与えなければならない。同意を得て行われる科学的調査は沿岸国が課す一定の条件を遵守しなければならない（第246条1～3，5項(a)，第249条）。なお，科学的調査ではない海洋資源調査は沿岸国の主権的権利の対象となり（第246条5項），軍事調査については国連海洋法条約に規定がない。英米など主要先進国は，軍事調査は海洋の科学的調査に該当せず，沿岸国の管轄権に服しないとの立場をとっており，わが国も同じ立場をとっている。しかしながら，実際には，海洋の科学的調査，資源調査，軍事調査の区別は各国の解釈に委ねられており，しかも現場において外観上識別することは困難であるため，沿岸国と調査国との間でしばしば問題となる。

　2001年以降，海洋調査を実施した外国船の中でわが国が中止要求を実施した船舶のうち，明らかに政府公船でないと判断できるものはなかった。政府公船の場合は，立法管轄権は免除されないが，執行管轄権は免除される（第96条）。例えば，ワイヤー様のものを曳航していた中国国家海洋局所属の「向陽紅14」は典型的な政府公船であるが，中には国有企業 SINO-PEC の傘下である上海海洋石油局に所属する「奮闘七号」や「DISCOV-ERER 2」などの船もあった。第1次国連海洋法会議の時に作成された国

連の国際法委員会（ILC）条文案コメンタリーによれば，政府が傭船して
いる民間船は政府公船となるため，仮に不法な海洋調査を行っている民間
船を発見しても，それが民間船かどうか外観上見分けることは困難である。

③　沿岸国は，海底活動，人工的施設の建設・運用，海洋投棄及び船舶から
の汚染を防止し，規制する措置をとる。特に船舶からの排出による汚染に
ついては，国際条約などによって一般的に認められた汚染防止のための国
際的な規則及び基準を実施するために，国内法令を制定・執行する権限が
沿岸国に認められているが，オーストラリアのグレートバリア・リーフの
ように汚染に特に脆弱な水域（特別水域）や北極海のような氷結水域が
EEZ 内にある場合には，国際基準よりも厳しい基準を設定することがで
きる（200カイリ水域内の海洋汚染の規制の詳細については，第10章を参
照）。

(4)　他国の権利・義務

国連海洋法条約が，EEZ において沿岸国に与えた資源と経済的活動並びに
汚染防止などのための権限以外の分野では，EEZ は公海なみの利用に開放さ
れている。すべての国は，EEZ において，この条約の関連規定に従うことを
条件として，公海の自由の規定に定める航行の自由及び上空飛行の自由を享有
する。この自由には，船舶及び航空機の運航に付随した海洋の利用を含んでい
る（第58条１項）。EEZ 内で船舶が衝突した場合の刑事裁判権，船舶の臨検な
どについては，すべて公海なみの規則が適用される（第87～115条）。国連海洋
法条約は，EEZ 内で権限を行使する沿岸国と公海の自由を行使する他国の双
方に，それぞれ権利を尊重するよう求めている。すなわち，すべての国は，特
に自由を行使するにあたって，沿岸国の権利及び義務に妥当な考慮を払い，沿
岸国の正当な法令に従わなければならないとする一方，沿岸国としても，その
権利を行使し義務を履行するにあたって，他国の自由，権利及び義務に妥当な
考慮を払わなければならない（第58条）。この点，沿岸国による権利行使が問
題になった事例も少なくない。例えば，2001年４月１日，中国 EEZ 上空で偵
察行動を行っていた米軍機（EP-3偵察機）が，これを追尾した中国の F-8戦

闘機と接触，F-8戦闘機が墜落し，EP-3が墜落を回避するために緊急避難的に中国空軍基地に着陸した。中国はこれを「領空侵犯」と非難し，乗員を拘束したが，米国はEEZ上空においては，公海同様，上空飛行の自由が認められていること（第87条1項）などを理由として，国際法違反はなかったと主張した。なお，この問題は，両国間の交渉の結果，米国が中国人パイロットにつき遺憾の意を示し，また，パイロットと航空機が失われたこと及び領空に入り許可なく着陸したことにつき非常にすまなく思う（very sorry）と述べたことから，米軍側の乗員24名の帰国と解体された機体の返還が実現した。ただし，米国は，中国による米軍機の駐機費用など100万ドルの支払い請求を受け入れなかった。

　ところで，国連海洋法条約が明らかに定めていない権利を残余権と呼ぶことについては前述したが，これに関連して，EEZ内での艦隊行動・軍事演習が沿岸国による規制権の対象になるかどうか，各国の間で対立の余地が残されている。

(5)　船舶航行との関連

　国連海洋法条約は，沿岸国の管轄水域として200カイリの広大なEEZを認めた。EEZに対する沿岸国の権能は，天然資源の開発及び海洋汚染の防止などに限られた事項についてである。EEZは，同時に排他的漁業水域であるから，沿岸国の許可を得た漁船は，操業，運航に関して細目にわたって，その許可条件に従わなければならない。その他の漁船は，漁具を格納して航行する必要がある。商船は，航行するEEZに安全水域や特別水域が設定されているか否かを確かめ，安全水域周辺の航行を避け，また特別水域では特有な汚染防止の規制に注意すべきである。現に，タンカーの交通を容易にするために領海以遠に建設される港湾施設の建設・運用について規制した米国の1974年「深水港湾法」（Deepwater Port Act）では，国際法に従って港湾ごとに安全水域を設定できるとして，安全水域におけるタンカーその他の船舶の航行規制を連邦規則で定めている例もある（33 C.F.R. Part 150）。また，一般的に，EEZでは，沿岸国が一般に認められた国際基準・規則に従った海洋汚染防止法令の遵守を航行船舶に求めることになるから，航行船舶はその基準と国内法令を知ってお

いた方がよい。沿岸国は性質上特別な保護を与える必要がある海域については国際機関の同意の下に一定の法令を制定する権限が認められており（第211条6項），また，氷結水域では国際基準にかかわりなく規制を行えることから（第234条），沿岸国の法令が，必ずしも国際基準どおりではない場合に当面することもあろう。沿岸国から，海洋汚染防止法令違反によって何らかの措置を受けた船舶は，その事情を旗国の機関に速やかに報告するべきである。

(6)　島の制度との関連

自然に形成された陸地であって，水に囲まれ，高潮時においても水面上にあるものを「島」といい，それが領海，EEZ，大陸棚などを計る基線を有することは従来から承認されてきた。同じく自然に形成されたものであっても，高潮時に海面に没し，その一部又は全部が沿岸国の領海にあるか否かで領海基線などを有する低潮高地とは峻別されてきた。国連海洋法条約では，これに加え，新たに「岩」という概念を導入し，「人間の居住又は独自の経済的生活を維持することのできない岩は，排他的経済水域又は大陸棚を有しない」と定めている（第121条3項）。ただし，第3次国連海洋法会議の審議の中では，ここでいう「人間の居住可能性」及び「独自の経済生活」の要件について統一的な解釈はなされなかった。海底火山活動の隆起により生じ満潮時に約70センチメートル海面上に出る小笠原諸島の沖ノ鳥島について，わが国は1988年4月よりその周囲50メートルに消波ブロックを積み補強作業を行った。1977年のわが国の「漁業水域に関する暫定措置法」は，同島の周辺に漁業水域を設定していたが，1996年の「排他的経済水域及び大陸棚に関する法律」の制定以降は，同島周辺にEEZと大陸棚が設定されている。また，わが国は，同島の周辺海域を航行する船舶や操業漁船の安全と運航効率の増進を図ることを目的に，同島に灯台を設置し，2007年3月より運用を開始している。なお，中国及び韓国は，同島を「岩」であると主張し，わが国の設定するEEZの存在を否定する見解を示している。

なお，第121条3項の「岩」については，南沙諸島の地位が争点の1つとなった南シナ海仲裁本案判決（フィリピン対中国，国連海洋法条約附属書Ⅶ仲

裁裁判所，2016年）が注目されている。裁判所はまず「岩」について，「島」の一種であって，「人間の居住又は独自の経済的生活を維持することができない」という点で EEZ や大陸棚を有する「完全な権原のある島」とは異なるとした。また，それらを維持「できる」か否かは，その地形が自然に有する能力の問題であるとして，能力向上を意図して行われた人工的な変更は関係ないとした。その上で，「人間の居住」とは，長期にわたる定住者の共同体や集団が形成されていることを指し，そのための食料や水，住居を備えていることが必要であるとした。また「独自の経済的生活」とは，居住者が関わる一定期間にわたる継続的な経済的活動であって，外部からの支援に過度に依存するものや，居住者の関与がない採掘活動，EEZ や大陸棚から生じる経済活動はこれには該当しないとした。

　裁判所は以上のような基準を南沙諸島に適用し，政府要員や漁業者による駐留や一時滞在はこれらの基準を満たさないため，南沙諸島最大の「島」である太平島（0.51平方キロメートル，台湾が実効支配）を含む南沙諸島のあらゆる「島」はすべて「岩」であり，それらは領海は有するが EEZ や大陸棚を有さないと判断した（なお，境界画定については第8章を参照）。

第8章　大　陸　棚

1　大陸棚の歴史

　海底開発の技術が向上する中，石油の安定供給を確保しようとする米国のトルーマン大統領は，1945年に，漁業水域の宣言とともに大陸棚宣言を発表し，同国海岸につながる公海の下の大陸棚の海底部分の天然資源が米国に帰属すると主張した（第1章2参照）。その後，各国が同様の主張を行うようになり，1958年の大陸棚条約の採択につながった。国際司法裁判所（ICJ）は，北海大陸棚事件本案判決（西ドイツ対デンマーク・西ドイツ対オランダ，ICJ，1969年）において，大陸棚制度の根幹をなす同条約第1条から第3条は慣習法化していると判示している。

2　大陸棚の法的地位

　国連海洋法条約では，大陸棚（Continental Shelf）は沿岸国の領海を超えてその領土の自然の延長をたどって大陸縁辺部の外縁まで延びている海面下の区域の海底及びその地下と定義し，ICJ が1969年の北海大陸棚事件判決で示した，「自然延長」の考え方を踏襲した。この定義による大陸棚には，海洋における石油資源のほぼ全量があるとされている。また，大陸棚の外縁が領海の幅を測定するための基線から200カイリの距離まで延びていない場合には，当該基線から200カイリまでの海面下の区域及びその下をいうと定義されており（第76条），排他的経済水域（EEZ）として設定できる区域の海底及びその下はすべて沿岸国の大陸棚となる（図8・1参照）（大陸棚の限界について本章「4　大陸棚の延長」参照）。ところで，EEZ に関する規定の中で，沿岸国のEEZ に対する権利のうち，海底及びその下の権利については大陸棚に関する第6部の規定に従って行使すると定められており（第56条3項），したがって，沿岸国は，EEZ 及び大陸棚における海底とその下の鉱物資源その他の非生物資源並びに定着性資源の探査・開発について主権的権利を行使することができ

る（第77条）。ここにいう主権的権利という語も，EEZ と同様，権利行使の対象・目的が前述の天然資源の探査・開発に制限され，大陸棚の上部水域又は上空の法的地位に影響を与えないという趣旨である（第78条）。したがって，沿岸国の権利行使は他国の航行その他の権利・自由を制限してはならない。例えば，200カイリ以内の大陸棚の上部においても他国は航行及び上空飛行の自由を享受し，200カイリ以遠においては，これらの自由のほかに，海洋科学調査の自由（大陸棚に関するものを除く）や漁業の自由（定着性資源を除く）が加わる。人工島，設備及び構築物については EEZ の規定（第60条）が準用され

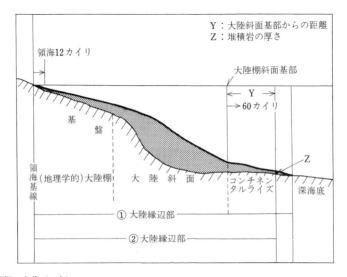

大陸棚の定義（76条）

①大陸縁辺部＞200カイリの場合　大陸棚脚部からの最短距離の1％以上の厚さの堆積岩が
　　　　　　　　　　　　　　　　　存在する最も沖側の地点まで
　　　　　　　　　　　　　　　　　又は，
　　　　　　　　　　　　　　　　　大陸棚脚部より60カイリまで
　　　　　　　　　　　　　　　　　ただし，
　　　　　　　　　　　　　　　　　350カイリまで
　　　　　　　　　　　　　　　　　又は，
　　　　　　　　　　　　　　　　　2500m等深線から100カイリまで
　　　　　　　　　　　　　　　　　なお，海底海嶺上では350カイリまで

②大陸縁辺部＜200カイリの場合　200カイリまで

図8・1　大陸棚の範囲

ているため（第80条），200カイリ以遠の海域であっても，大陸棚であれば海底及びその下の天然資源の探査・資源開発目的のための人工的施設につき通関や保健上の法令の適用を行い，さらに，必要な場合に当該人工的施設の周囲の保安のため500メートルを超えない幅の安全水域を設定できることになっている。この安全水域においては，EEZ と同様，航行するすべての船舶は人工島，施設，構築物及び安全水域の近傍における航行に関して一般的に認められた国際基準に従わなければならない（第60条6項）。その国際基準の内容については必ずしも明確ではないが，立ち入り禁止も含まれると考えられる。ちなみに，先に引用した米国の深水港湾法に関わる連邦規則では，指定安全航路を除くほか，タンカーは安全水域の出入が禁止され，船底余裕水深が5フィート以下のタンカーの安全水域内運航・投錨・係留が禁止されている（33 C.F.R 150.337）。また，米国の外部大陸棚法（Outer Continental Shelf Lands Act, 1953年）に基づく連邦規則では，安全水域に関わる規則には，航行規制のほかに有害物質からの生物資源の保護の措置も含まれるとしている（33 C.F.R. 147.1）。もっとも，国連海洋法条約では，そもそも安全水域は国際航行の妨げになるような場所に設けてはならないとされているので，外国商船が安全水域に立ち入るケースは稀であろう。

3　境界画定

　大陸棚及び EEZ が向かい合っているか隣接している国の間では，海洋境界画定が問題となる。大陸棚と EEZ の境界は，概念的には別のものであり，関連する事情も異なることから，同一になるとは限らない。実際オーストラリア・インドネシア間の境界画定のように，EEZ と大陸棚の境界線が異なる場合がないわけではないが，メイン湾海洋境界画定事件本案判決（カナダ対米国，ICJ 特別裁判部，1984年）以来，紛争当事国が大陸棚と EEZ に単一の境界線を求める実践が集積し，慣行化しており，ここでは双方の区別なく境界画定の問題を扱う。

　大陸棚条約では，画定の一般的準則として沿岸国の「合意」によるとし，合

意がない場合には，特別の事情がない限り，「等距離・中間線」によると規定
していた（第 6 条）。北海大陸棚事件判決において ICJ は，等距離原則は国際
慣習法化しておらず，あらゆる場合に義務的な境界画定の唯一の方法はないと
指摘した上で，境界画定は，海岸の一般的地形と特殊な形状や大陸棚の物理
的・地質的構造及び天然資源というような，あらゆる事情を考慮して合意に達
すべきであると判示した。第 3 次国連海洋法会議では等距離・中間線派と衡平
原則派が対立したが，国連海洋法条約では，EEZ の境界画定を含め，「衡平な
解決を達成するために，国際法に基づき合意により行う」とのみ定め，特定の
原則には言及していない（第74，83条）。これまでの国際裁判の判例を眺める
と，英仏大陸棚境界画定事件本案判決（英仏仲裁裁判所，1977年）において
は，仲裁裁判所は，両国海岸からの中間線を基本にして，フランス沿岸に近い
英国領チャンネル諸島の存在を考慮して同島周辺の一部に英国の大陸棚を設定
する一方，英国の海岸から遠く英仏海峡西方の大西洋上に位置するシリー諸島
の存在を考慮して暫定中間線を部分的に修正する方式を採った。またチュニジ
ア・リビア大陸棚境界画定事件本案判決（ICJ，1982年）において，ICJ は
「全体として衡平な結果に達するには，紛争当事国沿岸に近い大陸棚区域と沖
合遠くの区域とを区別して扱う必要がある」として領土の自然延長論を排除
し，海岸の形状，島の存在，大陸棚開発の歴史的経緯，均衡性などの関連事情
を考慮した衡平原則に基づく境界線を設定した。その後のリビア・マルタ大陸
棚境界事件本案判決（ICJ，1985年），メイン湾境界画定事件本案判決（ICJ，
1984年），ヤン・マイエン海洋境界画定事件本案判決（ICJ，1993年），カメ
ルーン・ナイジェリア領土・海洋境界事件本案判決（ICJ，2002年）において
も，等距離・中間線を暫定的に引いた上で，海岸の地理的形状などを考慮し
て，衡平原則に基づき中間線を移動させるという方式が採られている。黒海に
おける海洋境界画定事件本案判決（ルーマニア対ウクライナ，ICJ，2009年）
において ICJ は国連海洋法条約の解釈として境界画定の方法論を示し，①暫
定的な等距離線を引き，②衡平な解決に達するために暫定線の修正を要請する
関連ある事情を検証し，③両国の海岸線の長さの割合と境界線によって割り当

てられた関係国の関連海域間の割合の間で，顕著な不均衡により不衡平な結果を導いていないか検証するという方法を採った。この方法は，ニカラグア対コロンビア領土・海域紛争事件本案判決（ICJ，2012年），ベンガル湾に関する海洋境界画定事件本案判決（バングラデシュ=ミャンマー，国際海洋法裁判所（ITLOS，2012年），海洋紛争本案判決（ペルー対チリ，ICJ，2014年），ベンガル湾の海洋境界画定仲裁判決（バングラデシュ=インド，国連海洋法条約附属書Ⅶ仲裁裁判所，2014年），カリブ海及び太平洋の海洋境界画定事件本案判決（コスタ・リカ対ニカラグア，ICJ，2018年），インド洋での海洋境界画定事件本案判決（ソマリア対ケニア，ICJ，2021年）でも踏襲された。

　一方，カリブ海における領土・海洋紛争事件本案判決（ニカラグア対ホンジュラス，ICJ，2007年）においては，等距離線を暫定的に引く方式が検討されたものの，地理的形状を考慮して二等分線を暫定的に引く方式が採用された。

　なお，上記のとおり，大陸棚と EEZ に単一の境界線を引くことが通例ではあるが，ベンガル湾に関する海洋境界画定事件（バングラデシュ=ミャンマー，ITLOS，2012年）では，バングラデシュの大陸棚がミャンマーの EEZ の海底に伸長することを認めて，グレー・エリアと呼んだ。同じくベンガル湾の海洋境界画定仲裁判決（バングラデシュ=インド，国連海洋法条約附属書Ⅶ仲裁裁判所，2014年）も，グレー・エリアを認めている。

4　大陸棚の延長

　沿岸国は，大陸縁辺部が領海の幅を測定するための基線から200カイリを超えて延びている場合には，条約に規定される限界を超えない範囲で，限界についての詳細を，それを裏付ける科学的技術的データとともに，国連の「大陸棚の限界に関する委員会」に提出することができる（第76条）。この委員会は，大陸棚の外側の限界の設定に関する事項について沿岸国に対し勧告を行う。沿岸国がその勧告に基づいて大陸棚の限界を設定した場合には，その大陸棚の限界は，最終的かつ拘束力を有するものとなる。

　わが国は，国連海洋法条約の規定に基づき，2008年11月に大陸棚の限界に関

する情報を同条約のもと設置されている「大陸棚の限界に関する委員会」に提
出し，同委員会は2012年4月にわが国への勧告を採択した。勧告（図8・2参
照）では，4海域（四国海盆海域，沖大東海嶺南方海域，小笠原海台海域及び
南硫黄島海域）の約31万平方キロメートルについてわが国の延長大陸棚とする
とともに，九州・パラオ海嶺南部海域の約25万平方キロメートルについては勧
告を先送りした。

　国連海洋法条約では，人間の居住又は独自の経済的生活を維持することがで
きない「岩」は排他的経済水域又は大陸棚を有しない（第121条3項）とされ
ている。同委員会の審査に際し，中国及び韓国は沖ノ鳥島を「岩」であると主
張し，大陸棚の基点とすることができないことから，沖ノ鳥島に関係する海域

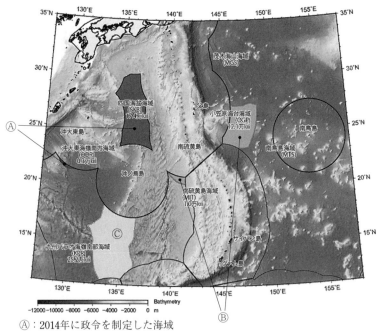

Ⓐ：2014年に政令を制定した海域

Ⓑ：関係国と調整が必要な海域

Ⓒ：勧告が先送りされた海域

図8・2　「大陸棚の限界に関する委員会」による延長大陸棚の勧告

の勧告を行わないよう同委員会に求める口上書を提出。同委員会は，九州・パ
ラオ海嶺南部海域については勧告を出す状況にないとして，勧告を先送りし
た。一方で，四国海盆海域については，同委員会は，沖ノ鳥島を延長の基点と
する勧告を行っている。

　わが国は，「排他的経済水域及び大陸棚に関する法律」第２条第２号に基づ
き，延長大陸棚の海域を政令で定めることとしており，四国海盆海域及び沖大
東海嶺南方海域については，2014年に施行された「排他的経済水域及び大陸棚
に関する法律第二条第二号の海域を定める政令」（平成26年政302号）により延
長大陸棚の海域が定められた。小笠原海台海域及び南硫黄島海域については，
北マリアナ諸島との境界域に位置しており，関係国との調整が完了次第，政令
により延長大陸棚の海域を定めることとしている。

5 深 海 底

(1) 人類の共同財産

　1960年代中頃になると，水深数千メートルの海底に莫大な量のマンガン団塊
と呼ばれる多金属性団塊（コバルト・ニッケル・銅・マンガンなどを含む）が
存在していることが明らかとなり，その開発技術の研究が急速に進められるよ
うになった。このような状況の中で，先進国による資源の分割・独占の危険性
が指摘されるようになり，1967年の国連総会においてマルタ代表のパルドー
（A. Pardo）大使は，深海底を「人類の共同財産」として平和的に利用するこ
と，特にその資源については発展途上国の利益を考えるべきことを提唱した。

(2) 国連海洋法条約第11部

　国連海洋法条約第11部には，深海底とその資源は，「人類の共同財産」で
あって（第136条），いずれの国も深海底の部分・資源について主権や主権的権
利を主張・行使してはならず，国・自然人・法人は深海底部分を専有してはな
らないという原則が定められている（第137条１項）。深海底資源に対するすべ
ての権利は人類全体に付与され，国際海底機構（International Seabed Author-
ity: ISA）が人類全体のために行動する（同条２項）。国・自然人・法人は，第

11部の規定に従う場合を除き，深海底から採取された鉱物について権利を主張
し，取得・行使してはならず，そのような権利のいかなる主張，取得又は行使
も認められない。また，深海底における活動は，沿岸国であるか内陸国である
かの地理的位置にかかわりなく，また，発展途上国並びに非自治地域の人民の
利益及び必要に特別の考慮を払って，人類全体のために行う（第140条）。深海
底は，無差別にかつすべての国による，もっぱら平和的目的のための利用に開
放される（第141条）。

　深海底における活動は，国際海底機構によって組織，管理される（第157条
1項）。国際海底機構の下で行われる深海底の開発は，機構の一機関である事
業体（エンタープライズ）が直接行うもの（直接開発方式）と，機構と提携す
る国家や私企業などが行うもの（ライセンス方式）とがあり（第153条），並列
方式（パラレル・システム）といわれる。これは，国際海底機構を開発のため
の単なるライセンス発給機関としようとする先進諸国の主張と国際海底機構に
よる直接開発を求める途上国の主張の妥協の結果である。また，機構と提携す
る国家や私企業などが深海底を開発するにあたっては，申請者は，同等の商業
的価値を有すると見込まれる2つの鉱区を申請し，そのうち1つについて開発
の権利を取得し，残りの鉱区は，エンタープライズを通じて又は開発途上国と
提携して開発するという「バンキング方式」が採用されている。

(3)　国連海洋法条約第11部の実施協定

（ⅰ）　国連海洋法条約第11部の実施協定の採択

　国連海洋法条約第11部の深海底に関する諸規定は，開発条件に関連して重い
負担を強いており開発意欲が阻害される，国際海底機構の意思決定方式では先
進国の意見が十分に反映されない，などといった理由から，開発技術を有する
先進海洋諸国に強い不満を残すことになった。この結果，先進国が条約の批准
を控えるという状況となり，条約の発効が遅延していった。このような状況を
受けて，国連事務総長主導の非公式協議が行われた結果，1994年に「国連海洋
法条約第11部の実施協定」が採択された。

（ⅱ）　実施協定の概要

　この協定は条約第11部を修正するものであり，その趣旨は，条約に規定された深海底制度の基本原則を尊重しながらも，深海底資源の開発にあたっては，市場経済原則に基づいて，資源管理と国際海底機構の運用を効率的に行うことにある。

　例えば，開発方式については，エンタープライズにも私企業同様の義務を適用することとし，その活動は機構との契約によるものとされた。エンタープライズによる深海底の開発は，市場経済原則に従い，合弁事業で行うこととされた。エンタープライズの財政に関するものとしては，締約国がエンタープライズに対して負うとされた鉱区での活動に資金を提供する義務や債務の保証を引き受ける義務の適用がなくなった。開発に伴う収益については，契約者に課されることになっていた100万ドルの年間固定手数料や生産賦課金の支払額の計算方法に関する規定も適用されないこととされた。開発途上国・陸上生産国への配慮については，第11部第151条に規定する補償基金における締約国の拠出義務を軽減した。特に問題の多かった技術移転については，私企業が機構の要請によりエンタープライズに技術を強制的に移転する義務を負うことがなくなり，締約国や開発に関わる私企業は，エンタープライズ・開発途上国が技術を公正かつ妥当な条件で入手できるよう協力する義務だけを負うことになった。

　国際海底機構の理事会における意思決定については，原則としてコンセンサス方式によって行うこととし，実質問題の決定に関して投票を行う場合には，出席し投票する国の3分の2の多数で決定するものとしつつ，理事会の中の4つのグループ（深海底から採取される鉱物の消費国グループ，輸出国グループ，生産国グループ及び深海底開発の投資国グループ）のうち，いずれかのグループにおいて過半数の反対があった場合に否決される方式（チェンバー方式）へと変更された。

　このように，条約発効前にその一部を修正した結果，先進国を含む多くの国がこの条約の締約国となり，国連海洋法条約は1994年に，また第11部の実施協定も1996年に発効した。2022年12月現在，国連海洋法条約の締約国数は168ヵ国，第11部の実施協定の締約国は151ヵ国となっている（わが国を含む）。

第9章 公　　　海

1　公海の歴史

　15世紀頃から，科学技術の進歩に従って，広大な海洋を利用することが可能となり，それに伴って広い範囲の海を独占支配しようとする主張が行われるようになった。

　まず，航海術の進歩によっていち早く外洋への進出を果たしたスペインとポルトガルが，1494年にローマ教皇の裁定によってトルデシリャス条約を締結して，両国が世界の海洋を二分して領有し独占的に利用する権利を有することを主張した。しかし，16世紀の半ば以降，オランダや英国などの新興海洋国家が海洋に進出するようになると，スペイン，ポルトガルとの間に利害対立が生じ，時として武力衝突を生じさせることもあった。

　オランダのグロティウス（H. Grotius）は1609年に「自由海論」（Mare Liberum）を発刊し，古来のローマ法の原則などを引用して，海洋は本来領有することが許されず，かつ，通商，漁業などの海洋の利用も自由であることを主張した。

　沿岸水域については，沿岸国に主権を認める領海の制度が形成されていったが（第3章参照），沿岸水域を除く外洋については，後の学説，諸国家の実行は，「自由海論」で展開された論理を支持する傾向を見せ，いずれの国も独占・領有することができず，そこの使用は自由であるとする公海自由の原則が次第に慣習法化し，19世紀までに海洋を領海と公海という2つの制度に区分する海洋法の基本構造が成立することになった。

　20世紀になると，公海では，海洋利用技術の飛躍的な進歩によって，濫獲による漁業資源の枯渇，海底資源の配分，海洋環境の悪化などの問題が生じるようになり，かつての自由放任的な公海の自由は，資源開発，汚染防止の分野を中心に種々の制限を行う必要に迫られるようになった。そのような中で，領海外の一定の沿岸水域に，大陸棚，排他的経済水域の制度が形成されて，資源開

発に関して沿岸国の主権的権利が認められるようになった（第7章参照）。また，大陸棚以遠の公海下の深海底については，国連海洋法条約が「人類共同の財産」と規定しており（第136条），資源の国際管理が行われることとなった（第8章5参照）。さらに，後述の海洋汚染防止に関連して，公海における航行にも海洋環境の保護に配慮した一定の制限が課されるようになっている（第10章参照）。

2　公海の法的地位

(1)　公海の定義

　国連海洋法条約は，公海を，いずれの国の排他的経済水域，領海もしくは内水にも含まれず，また，いずれの群島国家の群島水域にも含まれない海洋のすべての部分である，と定義している（第86条）。同条約は，沿岸国の領海の範囲を最大12カイリまで認めるとともに，最大200カイリの排他的経済水域を認めているため，伝統的な制度に比べると，公海の自由の妥当する場所的範囲そのものも大幅に狭められている。

(2)　公海の自由

　公海は，沿岸国であるか内陸国であるかを問わず，すべての国に開放され，(a)航行の自由，(b)上空飛行の自由，(c)海底電線及び海底パイプラインの敷設の自由，(d)国際法によって認められる人工島及び他の施設を建設する自由，(e)漁獲の自由，(f)科学的調査の自由を含む，公海使用の自由が認められる（第87条1項）。ただし，それらの自由の行使にあたっては，公海の自由を行使する他国の利益や深海底における活動に関する権利に「妥当な考慮」（due regard）を払わなければならない（同条2項）。このような公海の自由を確保するために，いかなる国も公海のいずれかの部分を主権の下に置くことができないものとされ（第89条），領有が禁止されている。

　公海がいずれの国の領域でもないことから，公海における秩序維持は，公海で活動する船舶の属する国（船籍国・旗国）が自国船舶に対して取締権限を行使することによって行われる。このような制度を旗国主義と呼び，各船舶は旗

国に所属し，その国の管轄に服し，その国の保護を受ける（第2章参照）。そのため，公海において，政府船舶が他国船舶に対してその旗国の承諾なしに権限を行使することは公海の自由を侵害することになる。

　ただし，公海が一定の国家の領域的な管轄に服さないことを悪用して海賊行為，奴隷輸送などの不法行為を行う船舶を取り締まったり，沿岸国の管轄の下にある領海などの水域で違法行為を行って公海に逃亡した船舶を取り締まるためには，旗国による取締りのみでは不十分な場合がある。そのために，後述するように，旗国主義に対する例外として，海賊船などに対する政府船舶による臨検の権利や，沿岸国の管轄水域内で違反を犯した船舶が公海に逃亡した際に，沿岸国の政府船舶に継続的な追跡の権利が認められている。

タジマ号事件

　2002年（平成14年）4月7日，台湾沖をわが国の姫路に向け航行中のパナマ籍大型タンカー「タジマ（Tajima）」号の船上において，当直中の日本人2等航海士がフィリピン人乗組員2名に殺害されるという事件が発生した。

　この事件は，国内法上被害者が国籍を有するわが国にも，また被疑者2名が国籍を有するフィリピンにも刑事裁判権が無く，公海上のパナマ籍船で発生したことから，国連海洋法条約に照らし，唯一船籍国のパナマだけが裁判権を有することとなった。わが国に到着し荷揚げを終えた本船は，被疑者を乗せたままわが国の領海内に停泊しているにもかかわらず，わが国の法律としては，わが国に刑事裁判権が無く，逃亡犯罪人引渡法が適用されるとされ，旗国であるパナマ政府からの被疑者の引渡請求を踏まえた諸手続を経なければ，わが国の行政機関による被疑者の仮拘禁などの公権力も行使できない状態となった。

　このため，わが国，パナマ両国にまたがる法的手続が進められた結果，事件発生後1ヵ月以上も経過した5月15日に至って被疑者2名が本船から連行され仮拘禁された。この間，被疑者は本船船長の警察権限により船内での拘束が続けられた。

　この事件を契機として，日本国外において日本国民が重大な犯罪の被害を受けた場合においてわが国の刑法を適用して適切な処罰がなされるようにするため，刑法の一部を改正する法律が2003年（平成15年）7月18日に公布，8月7日に施行された。

　なお，被疑者2名に対する公判は2005年5月にパナマ第2高等裁判所で開廷されたが，2名の陪審員は無罪評決を下し無罪が確定した。

3　公海における航行

(1)　航行の権利

　国連海洋法条約第90条1項は，すべての国に自国の旗を掲げる船舶を公海において航行させる権利を認めている。国籍の許与などに関する条件は各国に任されているが，旗国と船舶との間には真正な関係が存在することが要求される（第91条1項）（第2章参照）。

　国連海洋法条約第94条は，旗国の義務として，次のことを規定している。①いずれの国も，自国を旗国とする船舶に対し，行政上，技術上及び社会上の事項について有効に管轄権を行使し，及び，有効に規制を行わなければならない。②いずれの国も，(a)自国を旗国とする船舶の名称及び特徴を含む船舶の登録原簿を保持すること，(b)自国を旗国とする船舶並びにその船長，職員及び乗務員に対し，船舶に関する行政上，技術上及び社会上の事項について，国内法に基づく管轄権を行使すること。

　さらに，海上における安全を確保するために，特に次の事項について必要な措置をとることを定めている。①船舶の構造，設備及び堪航性，②船舶における乗組員の配乗並びに乗組員の労働条件及び訓練，③信号の使用，通信の維持及び衝突の予防。

　国連海洋法条約では，船舶の構造，乗組員の配乗などに関する旗国による措置については，詳細な条件が規定されており，一般的に受け入れられている国際的な規則，手続及び慣行を遵守し，並びにその遵守を確保するために必要な措置をとることを求めている（同条4，5項）。そのような国際的な規則などとは，国際海事機関（IMO）の下で締結された諸条約の規則などが代表的なものであり，例えば，1912年に流氷と衝突して沈没したタイタニック号事故を契機として作成された「海上における人命の安全に関する国際条約」（現在のSOLAS条約）がある。この条約の一部である「航行の安全に関する規則」は，わが国では，「(旧)海上衝突予防法」に採り入れられた。同規則は，1972年に全面改正が行われ，新規にCOLREG条約として全面改訂され，わが国でも，同年，現在の海上衝突予防法が旧海上衝突予防法に代わることとなった。

⑵　衝突その他航行上の事故に関する刑事裁判権

　国籍の異なる船舶同士が公海上で衝突した場合に，いずれの国が刑事裁判権を有するかについて，常設国際司法裁判所（PCIJ）は，1927年のロチュス（Lotus）号事件（後述）において，被害船舶の旗国に裁判権を認める判断を示した。しかし，この判決に対しては海運国の船主や船長の間に反対が強く，1952年の「船舶衝突及びその他の航行事故の刑事裁判管轄に関するある規則の統一のための国際条約」（ブラッセル条約，1955年発効。わが国は未締結）では，判決の趣旨は否定された。1958年の公海条約もこれを踏襲し，船長その他の者に対する刑事上又は懲戒上の起訴手続は，旗国又はそれらの者が属する国でのみ提起できるとされた（第11条）。国連海洋法条約第97条も同様の立場をとっており，次のように規定している。

> ⑴　公海上の船舶につき衝突その他の航行上の事故が生じた場合において，船長その他当該船舶に勤務する者の刑事上又は懲戒上の責任が問われるときは，これらの者に対する刑事上又は懲戒上の手続は，当該船舶の旗国又はこれらの者が属する国の司法当局又は行政当局においてのみとることができる。
>
> ⑵　懲戒上の問題に関しては，船長免状その他の資格又は免許の証明書を発給した国のみが，受有者がその国の国民でない場合においても，法律上の正当な手続を経てそれらを取り消す権限を有する。
>
> ⑶　船舶の拿捕又は抑留は，調査の手段としても，旗国の当局以外の当局が命令してはならない。

　このように，国連海洋法条約は刑事裁判権及び行政上の懲戒権については旗国主義を，事故当事者に対しては国籍主義をとり，免状・資格などの取消処分については交付国主義を採用している。また，調査の手段としての拿捕（arrest）及び抑留（detention）については，旗国以外の国が命じてはならないとされているが，これは，旗国以外の国の調査（inspection）そのものを禁じているわけではない。

　これらの刑事裁判権などに関する規定は，国連海洋法条約第58条（排他的経済水域における他の国の権利及び義務）の第2項の規定により，排他的経済水域についても及ぶことになっている。

ロチュス号事件

（1927年9月27日，常設国際司法裁判所本案判決）

　1926年8月，フランス船ロチュス（Lotus）号（郵便船）とトルコ船（石炭運搬船）が衝突，トルコ船が沈没し，数名のトルコ人が死亡した。ロチュス号がコンスタンチノープルに任意で寄港した際に，トルコ警察は，ロチュス号の当直航海士とトルコ船の船長を逮捕し，イスタンブール刑事裁判所は，両者を有罪とする判決を下した。フランス政府はトルコの処置に抗議し，事件は常設国際司法裁判所に付託された。1927年の判決で，裁判所は，前記衝突事件はその船舶の旗国の領土内において発生したものとみなし，船舶の旗国が刑事訴追を行うことを禁止する国際法は存在しないとして，衝突事件にかかわった被害船の旗国に刑事裁判権を認めた。後年，この点が問題とされた。

---

(3)　援助を与える義務

　国連海洋法条約は，旗国がその自国船に対し，援助に関する次の措置をとることを定めるよう義務を課している。(a)海上において生命の危険にさらされている者を発見したときは，その者に援助を与えること，(b)救助が必要な旨の通報を受けた場合，当該船長に合理的に期待される限度において，その遭難者の救助におもむくこと，(c)衝突時の相手船への援助，また，可能なら自己の船舶の名称，船籍港を相手船へ通知すること（第98条1項）。また，沿岸国に対しては，救助機関の設置，運営及び維持を行い，必要であれば，地域的取り決めにより，隣接国と協力することが求められている（同条2項）。SOLAS条約やや「1979年の海上における捜索及び救助に関する国際条約」（SAR条約，1985年発効。わが国についても同年発効）にもこの条文と同趣旨が規定されている。わが国の「船員法」（昭和22年法100号，1947年12月1日施行）も第13，14条で関連規定を設けて援助に関する規定を置いている。

　わが国近海では，1989年にいわゆる難民船が長崎県の五島列島に来航して以来，同年中に計22隻（2,804人）が日本船やわが国の巡視船などに発見，保護されて，その後も時々漂着している。

　これらの難民船は，船舶の堪航性に問題のある船が多く，貨物船や漁船を難

民輸送の手段としていることが多いが，近年では武力紛争を逃れようとする避難民・移民の増加や国際法上義務のない移民の受け入れに反対する国内世論を背景に，難民船の受け入れを拒否する国も現れはじめるなど，問題を生じさせている（タンパ号事件参照）。このような状況においても，SOLAS 条約や SAR 条約上で要請される状況にあれば，救助などにあたり，また，救助機関などに通報する必要があろう。

　なお，2011年以降の北アフリカ諸国の政治的混乱やシリア内戦により，地中海を船で横断し，欧州連合諸国に入国しようとする移民が激増し，2015年には100万人を超え，大きな国際問題となっている（2021年は12万人超）。アジアでは，とりわけ2015年以降，ミャンマーから少数派のイスラーム教徒（いわゆる「ロヒンギャ」の人々）が船で脱出をはかり，マレーシアやインドネシアに漂着する事案が後を絶たない。また，政情が不安定となっているスリランカからの脱出も見られる。邦船社運航船が海上で難民を救助する例もある。

タンパ号事件

　2001年8月26日，ノルウェー貨物船タンパ（Tampa）号が，インドネシアからオーストラリアに向けて漁船で密航中に遭難したアフガニスタン人を中心とする難民438人を救助した。タンパ号はオーストラリア領クリスマス島に寄港することを求めたが，オーストラリア政府は，多数の難民の流入が続いていることから，漁船が救助信号を発したのがインドネシア領海内であったことを理由に，事件の当事国はインドネシアとタンパ号の船籍国であるノルウェーであるとして，入港を拒否した。タンパ号はクリスマス島沖を数日間漂流した後，国連難民高等弁務官事務所などの仲介によって，同年9月3日，オーストラリア海軍の輸送船に難民を移した。難民はオーストラリア輸送船でパプア・ニューギニアに送られ，同国から，受け入れを表明しているナウルとニュージーランドに飛行機で移動した。その後もオーストラリアによる難民上陸拒否は続いた。

4　公海における外国船舶への執行措置

(1)　近接・臨検の権利

　条約上の権限に基づく干渉行為である場合を除き，軍艦は，外国船舶と公海

において遭遇した場合は，以下に述べるいずれかのことを疑うに足る十分な根拠がある場合に限り，当該船舶に乗り込み臨検することができる（第110条1項）。これを臨検の権利（right of visit）という。すなわち，

(a)　当該船舶が海賊行為を行っていること，

(b)　当該船舶が奴隷取引に従事していること，

(c)　当該船舶が無免許の放送に従事しており，当該軍艦の旗国が第109条（公海からの許可を得ていない放送）の規定に基づき管轄権を有すること，

(d)　当該船舶が国籍を有していないこと，

(e)　当該船舶が外国の旗を掲げているか又はその船舶の旗を示すことを拒否したが，実際にはその軍艦と同一の国籍を有すること。

軍艦は以上に定める場合において，外国船舶がその旗を掲げる権利（国旗掲揚権）を確認することができる。確認を行うために，軍艦は，嫌疑のある船舶に対し士官の指揮の下にボートを派遣することができる（近接権（right of approach, right of reconnaissance））。書類を検閲した後もなお嫌疑があるときは，軍艦は，その船舶内をさらに検査を行うことができるが，その検査はできる限り慎重に行わなければならない（同条2項）。嫌疑に根拠がないことが証明され，かつ，臨検を受けた船舶が嫌疑を正当とするいかなる行為も行っていなかった場合には，当該船舶は，被った損失又は損害に対する補償を受ける（同条3項）。

　このように，臨検は，船舶が掲げる国旗とその船舶の国籍との一致を確認することにより，船舶の不法行為を発見することを目的とする一種の海上警察行為である。臨検は，軍艦，航空機あるいは信号所などからの停船命令によって開始される。当該船舶が停船した場合，小舟艇又はヘリコプターなどにより臨検士官が派遣され，書類の検閲が行われ，国籍証書，積荷に関する書類及び航海日誌など，さらに乗組員の国籍，船舶の発航港，仕向港などの審査が行われる。このとき，当該船舶の不法行為が濃厚となった場合，居住区，機関室，艙内及び各ストアなどのサーチが行われている。臨検は，相手が応じなければ，威嚇のため発砲などによる実力行使を伴って行われることがある（ソサン号事

件参照）。

ソサン号事件

　2002年12月9日，アラビア海イエメン沖の公海上において，米国が主導する対テロ作戦「不朽の自由」（Enduring Freedom）に参加していたスペイン海軍の駆逐艦「ナバラ」と「パーティーノ」は，米国からの情報提供と船体などに関する確認要請に基づき，国旗を掲揚せず船名なども塗りつぶされた北朝鮮籍の「ソサン（So San)」号らしき船舶を発見，停船命令を発令した。しかし，同船はこれに従わず逃走したため，スペイン海軍は同船を無国籍船とみなし，引き続き船首への射撃などによる停船命令を実施した。ところが，同船はなおも逃走を続けたため，駆逐艦に乗船中のスペイン特殊部隊がヘリコプターにより同船に強制移乗し，船内にいた北朝鮮人乗組員を制圧し，停船させた。

　その後の検査の結果，北朝鮮籍の貨物船「ソサン」号であることが確認され，セメント袋の下に置かれたコンテナの中から，スカッド・ミサイルが発見されたが，イエメン政府が当該ミサイルは北朝鮮から購入したものであることを認めたため，同船は解放されイエメンに入港した。

---

(2)　公海における不法な行為の取締り

（ i ）　海賊行為及び海上における暴力行為

　国連海洋法条約第101条によれば海賊行為は次のように定義される。

- (a)　公海における他の船舶，航空機又はこれらの内にある人もしくは財産に対し，また，いずれの国の管轄権にも服さない場所にある船舶，航空機，人又は財産に対し行われる，私有の船舶又は航空機の乗組員又は旅客が私的目的のため行うすべての不法な暴力行為，抑留又は略奪行為，

- (b)　海賊船舶又は海賊航空機とするような事実を知って，自発的にその運航に参加するすべての行為，

- (c)　前記行為を先導又は故意に助長するすべての行為。

　海賊行為とその取締りは長い歴史的経緯を持つが，近年その事例は減少傾向にあった。ただし，類似の行為として，マラッカ・シンガポール海峡を含む東南アジア周辺海域において船舶が盗賊に乗り込まれ，金品などを奪取される武装強盗事件が発生している（第3章及び第5章参照）。このような事件は，本来，当該水域を管轄する沿岸国の国内法で取り締まられるべきものであり，公

海上での行為を取り締まる海賊の問題とは異なる。

このような問題に対しては，例えば，シンガポール及びインドネシア両国が周辺海域の武装強盗の頻発に対処するため，両国で協定を締結し，両国の海軍及び海洋警察が双方の領海まで，武装強盗を継続追跡できるようにし，1992年には両機関による合同訓練も実施された。また国際商工会議所国際海上局（International Maritime Bureau, International Chamber of Commerce: IMB）は，1992年2月に，マレーシアのクアラルンプールにおいて，マラッカ・シンガポール海峡周辺国及び利用国の海運業界及び取締り官庁からの代表を集め，海賊に関する会議を開催し，情報提供を主たる業務とした24時間体制の「地域海賊対策センター」が1992年10月に設置された。さらに IMO でも同海峡における海賊対策のためのタスク・フォースを設けて調査し，今後の一般的な海賊対策についての検討が行われている。2000年4月には海賊対策国際会議を東京で開催し，各国の海上警備機関，海事政策当局，船主協会などの関係者による海賊対策の充実・強化について協議が行われ，海事政策当局，民間などにおいて海賊問題に対し各国が協力してあらゆる対策を講じるとする「東京アピール」を表明し，海上警備機関の対策強化及び国際的な連携・協力の推進に関する「モデル・アクション・プラン」及び「アジア海賊対策チャレンジ2000」を採択した。

一方，アジアと欧州を結ぶ重要な海上交通路であるソマリア沖・アデン湾では2010年以降海賊事件が頻発し，国際社会にとって重大な脅威となった。国連海洋法条約は，すべての国は，最大限に可能な範囲で，公海などにおける海賊行為の抑止に協力するものとされている（第100条）。また，国連の安全保障理事会は2008年6月以降，決議1816や決議1838をはじめとする一連の決議を採択し，海賊抑止のための軍艦派遣を各国に呼びかけ，各国は軍艦などを派遣し，しょう戒活動などを実施している。

これらを踏まえ，わが国は海賊行為への適切な対処を図るため，「海賊行為の処罰及び海賊行為への対処に関する法律（いわゆる海賊対処法）」を成立させた（平成21年法55号，2009年7月24日施行）。同法では，公海上の海賊行為

をわが国の犯罪として定義し，保護対象船舶の国籍を限定しないことにより，公海において日本船舶のみならず外国船舶の安全確保を可能とするとともに，海賊船を停船させるための武器使用に関する規定，海上保安庁に代わって行う自衛隊による海賊対処行動など，海上保安庁・自衛隊による海賊行為への対処などを定めており，同法は IMO においても先進的な事例として紹介された。現在，同法に基づき，自衛隊はソマリア沖・アデン湾での海賊対処行動を実施している。2011年3月5日には，4名の海賊が，アラビア海の公海上において邦船社の運航するバハマ籍原油タンカー，グアナバラ（Guanabara）号を乗っ取ろうとする事件が発生した。この海賊は翌日米軍に拘束され，3月11日にアデン湾公海上の自衛隊の護衛艦上で米軍から引き渡され，海上保安官により逮捕，わが国に移送された。その後，当該海賊は起訴され，2014年6月有罪が確定している（東京高判2013年12月18日（高刑集66巻4号6頁））。本件は海賊対処法が初めて適用された事案である。

　また，ソマリア海賊による被害が，ソマリア沖・アデン湾からオマーン沖・アラビア海にまで拡大し，各国船舶においては民間武装警備員を乗船させる事例が増加していたが，日本籍船には銃砲刀剣類所持等取締法が適用されるため，民間警備員が銃器などを用いて警備を行うことが困難な状況であった。これを踏まえ，2013年に「海賊多発海域における日本船舶の警備に関する特別措置法」を成立させ（平成25年法75号，2013年11月30日施行），海域多発海域を航行する日本籍原油タンカーにおいて，小銃を所持した民間武装警備員による警備の実施が可能となった。さらに，2022年には，「海賊多発海域における日本船舶の警備に関する特別措置法施行令」の一部改正により，小麦，大豆，塩，鉄鉱石，石炭，ナフサ，液化石油ガス及びメタノールの輸送の用に供する日本籍船についても，日本籍原油タンカーと同様，民間武装警備員による警備の実施が可能となった。

　他方，海賊行為に当てはまらないテロ行為などの不法な暴力行為などに対処するため，「海洋航行の安全に対する不法な行為の防止に関する条約」（SUA条約，海洋航行不法防止条約，1992年発効。わが国は1998年加入，同年発効）

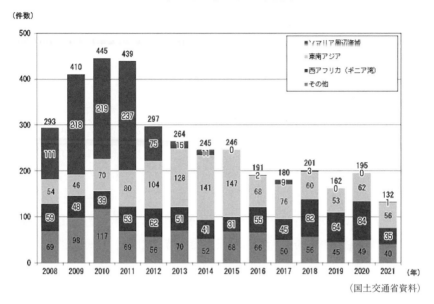

図9・1 世界の海賊及び武装強盗件数

が1988年に IMO において採択されている。この条約の策定の契機となったの
は，イタリア籍のクルーズ船アキレ・ラウロ（Achille Lauro）号が1985年にパ
レスチナ解放戦線に属する武装グループにより奪取されるという事件である。
この条約は，特定の暴力行為を条約上の犯罪と定義し（第3条1項），刑事裁
判権を旗国，犯罪発生の領域国，被疑者の国籍国，被疑者の居住国，被害者の
国籍国や，犯罪により何らかの行為を強要された国に認めている（第6条）。
また，条約は，被疑者の所在国に対して，被疑者を「引き渡すか，訴追する
か」（aut dedere aut judicare）の義務を課している（同条及び第10条）。

（ⅱ）　麻薬又は向精神薬の不法な取引

　国連海洋法条約は，すべての国は，船舶が公海において国際条約に反して麻
薬又は向精神剤の不法な取引を行うことを防止するために協力する。いずれの
国も，自国を旗国とする船舶が麻薬又は向精神剤の不法な取引を行っていると
信ずるに足りる合理的な理由がある場合には当該取引を防止するため，他の国

の協力を要請することができる，と規定している（第108条）。この条文は，1958年の公海条約にはなかったものである。麻薬などの公海上における取引行為は，麻薬犯罪が諸国にとって重要な犯罪であるとの認識に基づき，この行為を抑止することが必要であると同意されたため定められたものである。他方，国連海洋法条約が単に国際協力を規定するにとどまり，警察権行使については規定していないことに鑑み，また，最近の麻薬禍などの世界的な広がりに対して，効果的な取締りができるようにするため，「麻薬及び向精神薬の不正取引の防止に関する国際連合条約」が1988年に締結された（1992年発効，わが国についても同年発効）。同条約第17条では，公海上において，麻薬などの不正取引に関与していると疑うに足りる合理的な理由がある場合，締約国は，公海上で旗国通報，登録確認を要請することができ，特に旗国と二国間協定がある場合，その船舶に臨検・捜索などを実施できると規定されている。

　1988年の麻薬及び向精神薬の不正取引条約とほぼ同様の規定は，密入国防止議定書（2000年採択，わが国は2005年に国会承認を得ているが締約国とはなっていない）においても設けられている。

　なお，米国は，90年代後半以降，麻薬などの不正取引に関する措置を，20ヵ国を超える国（例えば，グアテマラ，ホンジュラス，パナマ，ベネズエラ，コロンビア，ジャマイカ，ニカラグアなど）との二国間協定に基づいて講じている。これらの二国間協定には，船舶への臨検・捜索に関する同意の要請に対して2又は3時間といった一定の時間内に旗国からの返答がなければ，その船舶に臨検・捜索などが実施できるとする規定が設けられることが多く，また，米国沿岸警備隊の船艇に外国の法執行官を乗せてその外国を旗国とする船舶を取り締まる，いわゆる「ship-rider」規定が採用されている場合もある。

（ⅲ）　公海からの許可を得ていない放送

　すべての国は公海からの許可を得ていない放送の防止に協力する（第109条1項）。この条文も1958年の公海条約にはなく，新たに定められたものである。1960年代ヨーロッパに事例が多く，国際規則により正当に分配割当承認を受けていない周波数の電波を利用し，公海上の船舶から不法にテレビ，ラジオを通

じて，商業広告放送が行われ，正規の放送，無線通信などに混信をはじめとする妨害を発生させた。これに対し，国連海洋法条約では，国際犯罪行為として取締りの必要性が訴えられ，それが実現した（第109条3項）。なお，国連海洋法条約の適用上，「許可を得ていない放送」とは，国際規則に反して公海における船舶又は設備から行われる音響放送又はテレビジョン放送の送信であって，一般公衆による受信を意図しているものをいう（ただし，遭難呼出しの送信を除く）（同条2項）。この許可を得ていない放送は，以下の裁判所に訴追することができるものとされている。すなわち，(a)船舶の旗国，(b)設備の登録国，(c)当該者が国民である国，(d)放送を受信する国，(e)許可を得ている無線に妨害を受ける国である。これにより，管轄権を有する国は第110条「臨検の権利」を行使して，海賊放送に従事する者を逮捕し，そのような船舶を拿捕することができるものとし，また放送機器を押収することができるとされた。1990年5月，中国の天安門事件1周年に合わせ，セント・ヴィンセント及びグレナディーン諸島船籍の「民主の女神」号を使い，公海上より中国大陸に向け自由と民主化を訴える放送の計画があった。この船は台湾で放送機材を積載するつもりであり，台湾政府より禁止されたため実行には移されなかったが，中国政府は，これを国際法上重大な違反と発表した。

（ⅳ）　大量破壊兵器の拡散防止

　2001年の9.11同時多発テロの発生を受けて，米国は，2003年5月13日に拡散防止イニシアティブ（Proliferation Security Initiative: PSI）を提唱し，これを受けて大量破壊兵器（Weapons of Mass Destruction: WMD）の拡散防止のため，海上において臨検措置をとるための「拡散阻止原則」（Interdiction Principles）が合意された。この原則において，イニシアティブ参加国（2009年5月現在，わが国を含めて95ヵ国）は，国内法及び国際法に従って，WMDを輸送している疑いのある自国籍船を公海においても乗船，捜索を行うことや，他の国がそのような船舶を乗船，捜索することに対して同意を与えることについて真摯に検討することなどを約束している。「拡散阻止原則」に基づく臨検措置は，現行国際法の範囲内で行われるため，旗国の同意を必要とする

が，米国は，いわゆる便宜置籍国との間で公海上での乗船，捜索の事前同意を取り付ける乗船協定を結んでいる。

　また，2003年 9 月，米国は，国連総会の演説において，WMD の拡散阻止のための決議の早期採択を要請し，国連安全保障理事会は2004年 4 月28日に決議1540を採択した。決議1540は，国連憲章第 7 章に言及し，法的拘束力のある決定となっているが，その第 9 項は「核兵器，化学兵器又は生物兵器及びそれらの運搬手段の拡散による脅威に対応するよう不拡散に関する対話及び協力を促進するよう要請する」とのみ述べており，公海上において旗国の同意なく乗船，捜索をする法的根拠を与えるものとはなっていない。

　9.11同時多発テロは，テロ行為の防止に関する多国間枠組みの必要性を国際社会に再認識させることになり，これを受け，IMO において 2 つの取組みが進められた。1 つは，各船舶及び港湾施設に自衛措置を義務づけ，セキュリティ・レベルを設定するといった仕組みの導入（SOLAS 条約改正及び ISPS コードの策定）により，旗国として自国籍船舶を保護するとともに，寄港国及び沿岸国の立場から，テロ行為に利用されるおそれのある船舶の入港を拒否することができる手続を明確化した。もう 1 つは，船舶による WMD の輸送などを阻止するため，公海などにおいて旗国以外の国が臨検を行えるようにする国際枠組みの導入である。

　上述の SUA 条約は，捜査や執行の管轄権を旗国にしか認めておらず，取締りの実効性という点で限界があった。9.11の同時多発テロ以降，この限界が問題となり，2005年に SUA 条約を改正する議定書（SUA 改正議定書。未発効）が採択された。SUA 改正議定書は，テロ目的で爆発性物質及び放射性物質を輸送することだけでなく，生物・化学・核兵器（Biological Weapon, Chemical Weapon, Nuclear Weapon: BCN）などの WMD を輸送すること自体を国際犯罪化し，かつ一定の旗国による同意の確認手続を経た場合に船舶の旗国に代わって他の国の艦船が公海上で臨検措置をとることを認めている（WMD の輸送が犯罪とされるのは，その輸送貨物が BCN であることを知っている場合，又は，WMD の製造に関わるものであることを認識している場合に限られ

る。）。旗国による同意の確認手続の特徴は，旗国が臨検措置の許可の要請に対して回答する義務を負い，また，旗国はその回答において自ら臨検措置を行うか，要請国による臨検措置を認めるのか，要請を拒否するのか明らかにする必要があること，また，旗国が IMO 事務局長にその旨の通知を行っていた場合には，要請を受けてから4時間以内に回答がないときには臨検措置が許可されること，さらに，旗国が IMO 事務局長にその旨の通知を行っていた場合には，旗国として自動的に臨検措置の許可を与えることもできることである。

（ⅴ）　違法・無報告・無規制（IUU）漁業の取締り

　国際社会は，漁業資源の枯渇の危険性を考慮し，国際法による漁業資源の保存・管理を行ってきているが，1995年に採択され2001年に発効した「国連公海漁業協定」（わが国については2006年8月発効）の第21条は，漁業資源の保存管理措置の遵守を確保するため，旗国でない国が公海上の締約国船舶に対して次のような措置をとることができるとしている。

　地域的機関の規制対象の公海水域において，同機関が規制対象とする魚類の保存管理措置の遵守を確保するため，同機関に参加する締約国の検査官は，一定の手続に従って他の締約国の漁船に乗船し，検査することができる。その際，保存管理措置に対する違反があると判断すれば，検査官は旗国へ通報するとともに証拠の確保を行うことができる。さらに，旗国からの授権があれば，検査官は調査を継続することができる。また，「重大な違反」があると信ずるに足りる明白な証拠があり，旗国が通報に対する回答や自ら措置をとることを怠るときには，検査官は，乗船の継続，証拠の確保，当該漁船の適当な港への引致と追加的調査を行うことができる。

　地域的機関の中には，規制が強化された高価な資源を狙って，不法に，又は規制の対象外の国としての地位ないし公海の自由を乱用して漁獲を行う，いわゆる違法・無報告・無規制（Illegal, Unreported and Unregulated: IUU）漁業への対応策として，このような措置を実際に採用するところが出てきている。

（ⅵ）　そ　の　他

　わが国においては，日米安全保障条約の効果的な運用に寄与し，わが国の平

和及び安全の確保に資するために，いわゆる周辺事態法が成立したのを受け
て，「周辺事態に際して実施する船舶検査活動に関する法律」（船舶検査活動
法）（平成12年法145号，2001年3月1日施行）が成立し，旗国の同意又は国連
安全保障理事会決議に基づいて，わが国領海又はわが国周辺の公海において船
舶の積荷及び目的地などを検査することができることになった。また，2004年
には，有事の際に外国軍用品などの海上輸送を規制するため，停船検査などを
行えることとした「武力攻撃事態における外国軍用品等の海上輸送の規制に関
する法律」（海上輸送規制法）（平成16年法112号，2004年9月17日施行。2015
年に「武力攻撃事態及び存立危機事態における外国軍用品等の海上輸送の規制
に関する法律」に改正）が成立している。

5　追　跡　権

　公海上にある船舶は，原則として旗国の排他的管轄権のみに服するが（第92
条），例外として，沿岸国による公海への追跡権の行使が許容されている。

　国連海洋法条約は，外国船舶（又はそのボート）が沿岸国の領海又は内水，
群島水域などの管轄水域内において，沿岸国の法令に違反した疑いがある場
合，沿岸国は，これを領海又は接続水域を超えて公海上にまで追跡し，また，
接続水域，排他的経済水域及び大陸棚からその追跡を開始する場合は，当該水
域設定により保護しようとする権利の侵害があった場合に限り，追跡し，拿捕
することを認めている（第111条）（九州南西海域における不審船事件，127頁
参照）。

　この追跡権行使の要件は次のとおりである。

　(1)　自国の法令に違反したと信ずるに足りる十分な理由があること。
　(2)　追跡開始に際しては，被追跡船が追跡国の内水，群島水域，領海又は接続水域
　　　にいること。この場合，被追跡船が公海上にある母船から派遣されている場合
　　　は，この公海上にある母船も被追跡船と一体とみなされて，追跡の対象とされ
　　　る。
　(3)　追跡に先立ち視聴覚方式の停船命令を行うこと。

(4)　追跡は中断なく行われること。中断とは，天候や船速の差や機関の故障などで途中で見失ってしまうことをいい，追跡を開始した船舶又は航空機が，他の船舶・航空機と追跡を引き継ぐことは可能である。

(5)　追跡権は，沿岸国の軍艦・軍用機又は政府の公務に従事するものとして明確に表示され，かつ識別可能な船舶又は航空機が行うこと。

　追跡権は，被追跡船がその旗国又は第三国の領海に入ると同時に消滅する。追跡権は，船舶が汽船となり高速化することに伴い，その取締りを行う必要性から領海外に拡大されてきたものであり，公海自由の原則の例外をなすものである（アイム・アロン号事件，128頁参照）。追跡権の行使は，これを濫用することは許されず，武器使用により撃沈するなどは，限界を超えた行為と考えられるのが一般的である。しかし，近年，船舶の性能，あるいは海上における位置検知システムの性能の向上に伴い，沿岸国沖合で沿岸国から発進したボートと母船とが，事前の連絡などにより，公海上で落ち合い，密輸あるいは密入国などを行う事件が頻発している。このような事態に対処するため，例えば，公海条約第23条3項では，従来，母船と一体とみなされる被追跡船は母船が直接発進させたものに限られていたのに対して，沿岸国の海岸から発進したようなボートを対象船舶に含めるために，「被追跡船舶を母船としてこれと一団となって作業する舟艇」が沿岸国の管轄権内の水域にいる場合にも母船の追跡が開始されたものとみなす，との規定が置かれるようになり（第111条4項），追跡権開始のための要件を拡大するなど，沿岸国に有利に追跡権行使のための要件を拡大する傾向が見られる。

九州南西海域における不審船事件

　2001年12月22日未明，防衛庁からの通報を受けた海上保安庁の航空機が，奄美大島の北西約240キロメートルのわが国の排他的経済水域（EEZ）内を航行する漁船型の不審船を視認した。船名は「長漁3705」と書かれていたが，国旗を掲揚しておらず国籍不明であったため，現場に到着した巡視船「いなさ」及び航空機により繰り返し停船命令を行い，漁業法に基づく立ち入り検査を試みたが，これを無視して逃走を継続した。このため，同日14時36分から巡視船「いなさ」が20ミリ機関砲により威嚇射撃を開始したが，これにも従わず，わが国が中国側の EEZ と考える水

域に侵入し，逃走した。わが国側は引き続き同船を追跡し（追跡権）（国連海洋法条約第110，111条），16時13分から船体に向けた威嚇射撃を開始した。その後，同船は出火したものの逃走を継続したため，強行接舷を開始したところ，22時09分，同船からの自動小銃及びロケットランチャーによる攻撃により巡視船「あまみ」，「きりしま」，「いなさ」が被弾し，海上保安官3名が負傷した。直ちに巡視船「いなさ」が正当防衛のための射撃を実施したところ，22時13分，同船は自爆用爆発物によるものと思われる爆発を起こして沈没した。

　事件後，翌2002年9月11日に，水深約90メートルの海底から，船首に「長漁3705」と書かれた同船が引き揚げられ，その後の捜査により，多数の証拠品とともに2003年3月14日，立入検査忌避罪（漁業法第141条2号）と海上保安官に対する殺人未遂罪（刑法第199，203条）により，鹿児島地方検察庁に送致された（被疑者死亡により不起訴処分。後日，当該不審船は北朝鮮の工作船であると判明）。

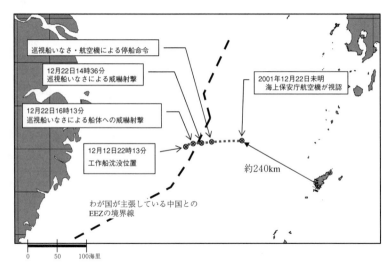

図9・2　九州南西海域不審船事件航跡図

アイム・アロン号事件

（1935年1月5日，米加合同委員会最終報告）

　禁酒法時代の米国で発生した事件。禁酒法を効果的に施行するため，米国は1922年関税法の適用水域をその領海（3カイリ）よりもさらに12カイリまで拡張していた。

　1929年カナダ船籍のラム酒運搬船アイム・アロン（I'm Alone）号は，前記関税

法の適用水域において米国沿岸警備隊の警備船に停船を命じられたが逃走，200カイリ沖合で応援にかけつけた他の警備船が停船命令を発したが，停船しなかったため砲撃，同号は撃沈，1名が死亡した。この事件では領海外からの追跡が可能か，警備船が交代して追跡できるのか，撃沈に至るような実力の行使が可能かなどが問題とされた。

　この問題を処理するための米加合同委員会では，関税法の適用水域からの追跡が可能か否かの判断は示されなかった。また，容疑船の拿捕は，「必要かつ合理的な実力」の行使による偶発的な沈没であれば非難されないが，意図的な撃沈は正当化されないとされた。

6　国家管轄権外区域における海洋生物多様性

　1990年代から生物多様性条約の枠組みにおいて国家管轄権外区域における海洋保護区設定の必要性が認識されるようになっていった。2002年に開催された持続可能な発展に関する世界サミットでは国家管轄権外区域の海洋生物多様性（Marine Biological Diversity of Areas Beyond National Jurisdiction: BBNJ）の維持の重要性が取り上げられた。国連総会は，2011年，2004年11月に自ら設置したBBNJに関する非公式作業部会（決議59/24）の提案を受けて，この作業部会が国連海洋法条約の下の多数国間条約の作成の可能性を含めた対処方法を検討するプロセスを開始するべきであるとし，BBNJの保全と持続可能な利用，特に①（利益配分に関する問題を含む）海洋遺伝資源，②（海洋保護区を含む）区域型管理ツールなどの措置，③環境影響評価及び④能力構築・海洋技術移転を一括かつ一体として扱うべきであるとした。

　その後，国連総会は2015年にBBNJの保全及び持続可能な利用に関する国連海洋法条約の下での国際的な法的拘束力のある文書の作成とそのための準備委員会を設置し（決議69/292），2017年には準備委員会の勧告に従い，新条約の条文を採択するための政府間会議を行うことを決定（決議72/249）。国連の主導で条約文言の交渉が行われ，2023年に合意に達した。

　なお，BBNJの保全と持続可能な利用が国際的な大きな議論を引き起こしている背景には，熱水噴出域などに生息する微生物の海洋遺伝資源をめぐって，遺伝子解析技術を有する一部の先進国とそのような技術のない途上国の間に鋭

い利害対立があり，先進国は微生物やその遺伝子の利用について公海自由の原則の適用を主張する一方，途上国はそれらの利用について深海底制度の「人類の共同財産」の適用を主張している。

第10章　海洋環境の保護・保全
―船舶起因汚染との関連において―

1　「*海洋汚染*」とは

　海洋汚染とは海洋環境の汚染のことである。海洋は地球表面の約3分の2を占めるから，海洋環境の如何は地球環境ひいては人類の生存自体に影響を与える。海水に溶け込んでいる化学物質の中には汚染物質とされる水銀・銅・石油に含まれる炭化水素などがある。現代における問題は，それらの物質が巨大な量で海中に流入される点にあり，そのため海洋の化学的成分に変化を生じ，それが海の生態系の適応能力を超えるほどそのバランスを破壊させる危険性があることである。沿岸周辺海域は，海洋環境の中で最も肥沃な部分として人間活動が極めて盛んであるだけに汚染の度合いが強いが，その場合でも，海洋からの大量の海水によって汚染は緩和されるという，「広い海」に対する信頼感が一般的に抱かれがちである。しかし，海の持つ自然の浄化作用にはおのずからの限界のあることも忘れてはならない。

　海洋環境は著しく複雑な性質を有しているため，海洋環境の汚染（海洋汚染）を定義することは難しい。国連海洋法条約は，「海洋環境の汚染」とは，「生物資源及び海洋生物に対する害，人間の健康に対する危害，海洋活動（漁業その他の海洋の合理的な利用を含む）に対する障害，海水の利用に対する水質の悪化及び快適性の減少というような有害な結果をもたらし又はもたらすおそれのある物質又はエネルギーを，人間が直接又は間接に海洋環境（河口を含む）へ持ち込むことをいう」という定義を下している（第1条1項(4)）。この定義においては，「生物資源及び海洋生物に対する害」，「人間の健康に対する危害」，「海洋活動に対する障害」，「水質の悪化」，「快適性（amenity）の減少」などの概念についての具体的な基準が必ずしもはっきりしていない。

　国連海洋法条約は，海洋環境の汚染のすべての発生源を扱うとして（第194条），陸上からの汚染（第207条），大気を通じての汚染（第212条），船舶から

の汚染（第211条），海洋投棄（第210条），国家管轄に属する海底資源の探査開
発からの汚染（第208条），深海底活動からの汚染（第209条）に区分し，各国
が海洋環境の汚染を防止し，軽減し及び規制するための国内法令の制定やその
基準の国際標準化などを規定している。このうち，海洋活動に関わるものとし
ては，船舶からの油や化学薬品の流出，廃棄物の投棄，海底開発活動からの石
油・鉱物，海洋設備からの破片物，浚渫，原子力船からの漏出などがある。

2　海洋汚染に関連する個別・具体的な規範

(1)　海洋汚染を規制する主な国際条約

　個別・具体的に海洋汚染を規制する国際条約，特に船舶の運航に伴う海洋汚
染防止関係の主要な条約としては，次のようなものがある。

　①　船舶からの排出による汚染の防止

　1954年に採択された「1954年の油による海水の汚濁の防止のための国際条
約」（油濁防止条約）は，タンカーのタンクの洗浄の際に油及び油水性物質が
排出され，沿岸地域を汚染するという問題に対処するため，一定海域での油及
び油水性物質の排出を規制したもので，1962年，1969年，1971年と改正され，
強化されていった。一方，1970年代に入り，環境問題への関心が高まると，同
条約の限界が指摘され，船舶による海洋汚染を幅広く対象とした「1973年の船
舶による汚染の防止のための国際条約」（海洋汚染防止条約，MARPOL 73）が
採択された。この条約の規制対象は，油のみでなく有害液体物質，船内廃棄
物，糞尿などに及ぶ。なお，油濁防止条約の内容は，その附属書Ⅰに取り込ま
れ，MARPOL 73に取って代わられることになった（同条約第9条）。しかし，
MARPOL 73は結局発効せず，1978年にその修正議定書である「1973年の船舶
による汚染の防止のための国際条約に関する1978年の議定書」（海洋汚染防止
条約議定書，MARPOL 78，1983年発効。わが国は同年加入）が採択された後，
1983年に油濁防止条約を取り込んだ附属書Ⅰとともにようやく発効することと
なった。現在では，単に海洋汚染防止条約又は MARPOL 条約と言った場合，
もっぱら「1978年の議定書によって修正された1973年の船舶による汚染の防止

のための国際条約」（MARPOL 73/78）を指す。

　その後，ばら積みの有害液体物質による汚染を規制する附属書Ⅱが義務的なものとして1987年に発効したほか，いずれも選択附属書である，容器に収納した状態で海上において運送される有害物質による汚染を防止する附属書Ⅲ，船舶からの汚水による汚染を防止する附属書Ⅳ，及び船舶からの廃物による汚染を防止する附属書Ⅴが，それぞれ1992年，2003年及び1988年に発効している。さらに，MARPOL 73/78を改正する1997年の議定書により，船舶による大気汚染を防止する附属書Ⅵが選択的に追加され，2005年に発効している。

　MARPOL 73/78のほか，船舶からの排出による汚染の防止に関する国際約束としては，船体に貝などの海洋生物が付着するのを防止するために用いられるTBT（トリブチルスズ）などの有機スズ化合物を含有する塗料の使用を規制するAFS条約や，船舶から排出されるバラスト水の水中の生物数を一定数以下にすることにより，バラスト水を介した有害水生生物及び病原体の越境移動を防止することを目的としたBWM条約がある。

　②　船舶の事故による汚染の防止

　・「油による汚染を伴う事故の場合における公海上の措置に関する国際条約」（介入権条約，公法条約，1969年採択，1975年発効。わが国は1971年に受諾）。

　・「油以外の物質による汚染の場合における公海上の措置に関する議定書」（1973年採択，1983年発効。わが国は未締結）。

　③　廃棄物の投棄による汚染の防止

　「廃棄物その他の物の投棄による海洋汚染の防止に関する条約」（海洋投棄規制条約，ロンドン条約，1972年採択，1975年発効。わが国は1980年に批准，同年発効）及び「1972年の廃棄物その他の物の投棄による海洋汚染の防止に関する条約の1996年の議定書」（ロンドン条約1996年議定書，ロンドン議定書，2006年発効。わが国は2007年に加入，同年発効）。この議定書により海上における焼却処分も禁止された。なお，船舶などにおいて発生した廃棄物の投棄については，MARPOL 73/78附属書Ⅴにより規制されている。

(2)　海洋汚染防止のための国際協力に関する条約

　1989年のエクソンバルディーズ号の事故（150頁参照）を受けて，国際海事機関（IMO）は，油流出時の通報や国家緊急計画の策定，国際協力の推進を内容とした OPRC 条約を採択した。また，IMO は，2000年，有害危険物質流出事故についても防除体制の強化及び国際協力体制の確立のため，「2000年の危険物質及び有害物質による汚染事件に係る準備，対応及び協力に関する議定書」（OPRC-HNS 議定書，2007年発効。わが国は同年に加入，同年発効）を採択した。なお，油流出事故に地域の沿岸各国が協力して対応できるようにするため，アセアン（ASEAN：東南アジア諸国連合）海域における国際協力計画（ASEAN-OSPAR Project）が実施され，また，北西太平洋地域における北西太平洋地域海行動計画（NOWPAP）といった地域的な協力ネットワークも存在している。民間団体としては，石油連盟が，ペルシャ湾やマラッカ・シンガポール海峡などの周辺において油回収基地の建設，管理などの活動を行っている。

(3)　海洋汚染による損害賠償・補償に関する条約

　船舶の運航に伴う海洋の汚染に関する賠償義務を含め，船主が船舶を用いて企業活動を遂行する際に負担する全般的な債務については，一定範囲に責任を制限する制度（船主責任制限制度）が古くから認められてきた。現在では，この船主責任制限制度を国際的に統一するための条約である「1976年の海事債権についての責任の制限に関する条約」（76LLMC，1986年発効。わが国は1982年に加入）が比較的広く受け入れられている。わが国は，この条約から船主責任制限額を引き上げた「1976年の海事債権についての責任の制限に関する条約を改正する1996年の議定書」（96LLMC，2004年発効。わが国は2006年に加入，同年発効）に加入している。海洋汚染などによって船主が損害賠償義務を負う場合には，特別な条約・国内法がない限り，この条約又はこの条約を履行するために制定された国内法が適用される。

　海洋汚染による損害賠償・補償関係の主要な国際条約としては，トリーキャニオン号の油濁汚染事故（トリーキャニオン号事故，142頁参照）を契機とし

て，「油による汚染損害についての民事責任に関する国際条約」（69CLC，1969
年採択，1975年発効。わが国は1976年に加入，同年発効）「油による汚染損害
の補償のための国際基金の設立に関する国際条約（1969年の油による汚染損害
についての民事責任に関する国際条約の補足）」（71FC，1971年採択，1978年
発効。わが国は1976年に受諾）が成立し，その後，これらの条約は2つの議定
書「1969年の油による汚染損害についての民事責任に関する国際条約を改正す
る1992年の議定書」及び「1971年の油による汚染損害の補償のための国際基金
の設立に関する国際条約を改正する1992年の議定書」（両議定書とも1996年発
効。わが国は1994年に加入）によって改正され，排他的経済水域（EEZ）での
汚染損害に対する条約の適用の拡大，船主の責任制限額の引き上げ，基金によ
る補償上限額の引き上げなどが行われた。議定書によって改正された条約は，
通常「1992年の油による汚染損害についての民事責任に関する国際条約」
（92CLC），「1992年の油による汚染損害の補償のための国際基金の設立に関す
る国際条約」（92FC）と呼ばれる。なお，油濁損害については，1992年基金に
よる補償上限額を超えた補償を確保するため，「1992年の油による汚染損害の
補償のための国際基金の設立に関する国際条約の2003年の議定書」（SF 議定
書，2005年発効。わが国は2004年に加入）が採択されている。

　なお，油タンカー以外の船舶を対象として，船主の責任制限額まで無過失責
任を負わせ，強制的に保険をかけさせる条約としては「2001年の燃料油による
汚染損害についての民事責任に関する国際条約」（バンカー条約，2015年発効。
わが国は2020年に加入，同年発効）や「2007年の難破物の除去に関するナイロ
ビ国際条約」（ナイロビ条約，2008年発効。わが国は2020年に加入，同年発効）
がある。

　また，原子力によって生じる損害の賠償については，「原子力船運航者の責
任に関する条約」（1962年採択，未発効。わが国は未締結），「核物質の海上輸
送の分野における民事責任に関する条約」（核物質海上輸送責任条約，1971年
採択，1975年発効。わが国は未締結）がある。

(4)　沿岸からの海洋汚染に関する国際的規則

　「公海自由の原則」を基調とする，自由放任的な性格の強かった伝統的な海洋法においては，海洋汚染の国際的規制は，海洋汚染のすべての側面についてではなく，わずかに個別的な汚染源や汚染物質あるいは特定の海域だけがその対象とされる傾向があった。特に，海洋汚染の主たる原因となっている陸上から生じる汚染，すなわち，沿岸からの廃棄物や大気を通じた汚染などの国際的規制については，1976年の「汚染に対する地中海の保護のための条約」（及び1980年の「陸上起因汚染に対する地中海の保護のための議定書」），1974年の「バルト海海域の海洋環境の保護についてのヘルシンキ条約」，1983年の「陸上起因汚染に対する南東太平洋の保護のための議定書」，1990年のクウェートの「陸上起因汚染に対する海洋環境の保護のための議定書」，1992年の「陸上起因汚染に対する黒海海洋環境の保護についての議定書」のような，あくまで対象を特定の海洋区域に限定した条約や，国連環境計画（UNEP）を中心に採択されてきた1985年の「陸上起因汚染に対する海洋環境の保護のためのモントリオール・ガイドライン」，1992年の「アジェンダ21」第17章，1995年の「陸上活動からの海洋環境の保護についてのワシントン宣言」，2001年の「陸上活動からの海洋環境の保護についてのモントリオール宣言」のような行動計画にとどまっているのが現状である。

3　国連海洋法条約における海洋汚染の規制

　第3次国連海洋法会議では，海洋汚染を広く海洋環境の保護・保全（Protection and Preservation of Marine Environment）という観点から包括的に取り扱おうとするアプローチが採られており，船舶起因汚染の問題も，そのような全体的枠組みの一環として位置付けられている。もっとも，国連海洋法条約の海洋汚染防止に関する諸規定は，船舶起因汚染に関する部分を除いて，一般的枠組みないし一般的原則の確立にとどまっている。また，船舶起因汚染に関して詳細な規則が規定されているといっても，それは他の汚染源に関する規則と比較してのことであって，総じて一般的内容の規定が多い。より具体的かつ詳

細な規則・手続は，今後における国際海事機関（IMO），国連食料農業機構（FAO），国連教育科学文化機関（UNESCO），世界保健機構（WHO），国際民間航空機関（ICAO），国際原子力機関（IAEA），国連環境計画（UNEP）など の各種の専門的な国際機構や外交会議，政府間交渉などを通じて形成されることが期待されるのである。

　国連海洋法条約において「海洋環境の保護及び保全」が直接に規定されているのは第12部（第192～237条）である。ただし，同条約中の他の部の諸規定にも海洋汚染防止に関係する内容のものがあり，領海における無害通航制度やEEZ，公海，群島，大陸棚，深海底，紛争解決などに関する関連諸規定を参照する必要がある。以下においては，最初に，国連海洋法条約における海洋環境の保護・保全のための一般的な規制枠組みを眺め，続いて，船舶以外の汚染源からの海洋汚染の規制内容を紹介し，最後に，特に本章の主題である船舶起因汚染に関する諸規定について述べることにする。

(1)　「海洋環境の保護・保全」のための一般的規制枠組み

　国連海洋法条約における海洋環境の保護及び保全に関する諸規定の一般的枠組みを眺めると，まず国家の一的義務として，「各国は，海洋環境を保護しかつ保全する義務を負う」（第192条）ことが明記されている。これは，1972年のストックホルムにおける国連人間環境会議に見られたように，海洋を含む地球環境の保護に対する国際的意識を示すものとして極めて重要な原則である。しかし，海洋環境が汚染による破壊から保護されるべきであって，そのため，各国は個別的に又は共同してその目標を達成しなければならないという共通の意識は存在しても，具体的にどのような海洋環境が望ましい姿であるのか，また，そのためにどのような制度を確立することができるかという問題については，各国のそれぞれの経済発展の水準との関連において決定されるところが大きい。第３次国連海洋法会議の当初，開発途上国としては，先進国の経済水準に追いつくために，自国の経済発展のための資源開発から生ずる海洋汚染を国際的規制から除外しようとする要求を掲げたことさえあった。この原則に続いて，「いずれの国も，自国の環境政策に基づき，かつ，海洋環境を保護し及び

保全する義務に従い，自国の天然資源を開発する主権的権利を有する」（第193条）という，海洋環境の保護・保全義務と国家の資源開発の主権的権利との調和を図る規定が設けられ，それが「開発」の強調を脱していない点で，上述の一面を裏付けている。このことはさらに，海洋汚染の防止措置をとるにあたって，いずれの国も，「自国のとり得る実行可能な最善の手段を用い，かつ，自国の能力に応じて」行うとされている（第194条１項）ことに照らし合わせると，第192条にいう海洋環境保全の義務がかなり「一般的な」性質の原則であることがわかる。

　海洋汚染の防止措置としては，その他に，①自国の管轄権又は管理の下にある活動が，他国及びその環境に対し，汚染による損害を生じさせないように行われること，並びに，自国の管轄又は管理の下における事故又は活動から生ずる汚染が，この条約に従って自国が主権的権利を行使する区域を越えて拡大しないことを確保するために，すべての必要な措置をとる義務（第194条２項），②すべての海洋汚染源別の汚染，すなわち，陸上・大気・投棄による汚染，船舶起因汚染（特に，事故の防止と緊急事態の処理，海上における運航の安全の確保，意図的・非意図的排出の防止，船舶の設計・構造・設備・運航・配乗の規制に関する措置を含む），海底とその下の天然資源の探査・開発に起因する汚染，その他の海上操業に起因する汚染をできる限り最小にするための特別措置をとる義務（同条３項），③海洋汚染防止の措置をとるにあたり，他国の合法的な活動に対する不当な干渉を慎む義務（同条４項）が規定されている。なお，これらの措置には，稀少又は脆弱な生態系や枯渇するおそれ，損なわれるおそれ又は絶滅のおそれのある種その他の海洋生物の生息地を保護・保全するために必要な措置を含めることになっている（同条５項）。また，いずれの国も，海洋汚染の防止・軽減・規制措置をとるにあたり，損害若しくは危険を移転させないように，又はある類型の汚染を他の類型に変えないように行動する義務（第195条），技術の使用に起因する汚染や海洋環境の特定部分に重大・有害な変更をもたらす異種又は生物種の導入（意図的であるか事故によるかを問わない）に起因する汚染を防止するために，すべての必要な措置をとる義務を

負う（第196条）。

　海洋環境の保護・保全に関する世界的・地域的な協力を図るための方法とし
ては，国際的な規則・基準と勧告的な慣行・手続の作成に関する協力（第197
条），海洋汚染損害の発見の場合の通報（第198条），国・国際機構による海洋
汚染防止措置における協力と非常配備計画の共同開発（第199条），情報交換に
関する協力と国際的・地域的な計画への積極的参加の努力（第200条），科学的
基準の作成に関する協力（第201条）が定められている。

　開発途上国に対する海洋環境の保護・保全と海洋汚染の防止に関する援助，
すなわち，開発途上国の要員訓練，国際的計画への要員の参加，必要な設備・
施設の提供，装備製造能力の向上，調査・監視・教育その他に関する計画に対
する助言・便宜の提供などを含む科学・教育・技術その他の援助の提供と計画
促進（第202条）や，国際機関よりの適当な資金及び技術援助の割当と国際機
関の専門的役務の利用に関する開発途上国の優先権（第203条）は，この分野
における国際協力の新しい側面であり，すべての国に課される海洋環境の保
護・保全の一般的義務が，経済的・技術的格差のために十分に履行できない状
況をカバーするための重要な布石となる。さらに，海洋環境の危険・影響の観
察・測定・評価・分析の努力，並びに，自国が許可し又は自ら従事する海洋環
境における活動の常時監視（モニタリング）（第204条），それにより得られた
結果の報告書の公表又は国際機関への提供（第205条），海洋汚染に対する潜在
的影響の評価及び結果の報告に関する環境アセスメント（第201条）の諸規定
によっても，国連海洋法条約が海洋汚染に関する国際法体系を包括的に，しか
も世界的規模で確立しようとする意図が表われている。

(2)　船舶起因汚染以外の海洋汚染の規制

　船舶からの汚染を別として，陸にある発生源からの汚染（第207，213条），
海底活動からの汚染（第208，214条），深海底活動からの汚染（第209，215
条），投棄による汚染（第210，216条），大気起因の汚染（第212，222条）に関
する諸規定は，概ね共通して，各国がそれぞれの汚染源からの海洋汚染を防止
するための国内法令を制定し必要な措置をとる義務を負い，また，権限ある国

際機関や外交会議を通じて，その防止のための世界的・地域的な規則・基準，勧告された慣行・手続を設定するよう努めるとともに，それらの法令を施行し，国際基準などを実施するための必要な措置を採用する義務を負うことを定めている。もっとも，陸にある発生源からの海洋汚染に関しては，これらの国際基準などを設定する場合に，「地域的特性，開発途上国の経済的能力及び経済開発の必要性を考慮して」行うことになっている（第207条4項）。また，海底開発活動には，自国の管轄権下にある大陸棚の開発活動に限らず，「人類の共同財産」（第136条）としての深海底の探査・開発活動もあり，深海底に関して設立される国際海底機構（ISA）が，深海底開発から生じる海洋汚染などのための規則・手続を採択することになっている（第145条）。

　投棄（ダンピング）による汚染に関しては，投棄が各国の権限ある当局の許可によるべきであるとし，さらに，海洋投棄の法令などの執行については，領海・EEZ・大陸棚で行われた投棄に関しては沿岸国が，自国を旗国とする船舶については当該旗国が又は登録された船舶もしくは航空機についてはその登録国が，また，ある国の領域又は沖合の係留施設において廃棄物その他の物を積み込む行為についてはその国が，それぞれ執行にあたることになっている（第216条1項）。このように，海洋投棄の取締りの実施に関しては，旗国とその他の関係国との間で法令などの執行上の競合が生ずることになるので，この点を考慮して，既に他国によって司法手続が開始された場合には，重ねて司法手続をとる義務を負わせるものではないとして，二重処罰が行われないように図られている（同条2項）。なお，大気起因の海洋汚染に関する各国の義務は，それぞれの主権の下にある空間（領空）において，又は，自国を旗国とする船舶もしくは自国で登録された船舶・航空機については，法令を制定したり執行したりすることなどである。

(3)　船舶起因汚染の規制

(i)　問題の背景

　前述のように，他の個別的な汚染源からの海洋汚染の規制のための諸規定と比較して，船舶起因汚染に関する規定（第211，217～221，223～234条）が最

も数多くかつ詳細であり，また，それが第3次国連海洋法会議で最も議論された問題の1つであった。ここで「船舶起因汚染」（vessel-source pollution）とは，具体的には，船舶の運航に伴う油・有害物質などの排出（discharge）と船舶の事故に伴う海洋汚染を指し，一般には廃棄物その他の物を船舶などから故意に処分する行為，すなわち投棄（dumping）は含まない。もっとも，船舶起因汚染の防止のためには，船舶の設計・構造・配乗・設備などを規制の対象とする，いわゆる間接規制も重要であることは言うまでもない。

　この問題が当初から同会議の主要な議題の1つに掲げられたのは，船舶の持つ国際的航行性に照らして，各国の汚染防止管轄権のあり方を明確化させる必要があったことによるが，その背景には様々要因があった。第1に，1967年の英仏海峡におけるトリーキャニオン（Torrey Canyon）号の座礁・重油流出事件（142頁参照）を契機として，タンカーからの油の排出や海難事故による海洋汚染の問題が世界的な関心を集めるようになったことが挙げられる。第2に，従来，比較的数多く締結されてきた船舶起因汚染に関する IMO 関係諸条約は，その批准状況がはかばかしくなく，しかも領海外において汚染防止を執行する権限は船舶の旗国のみに認めるという旗国主義が原則となっていた。しかし，旗国の不熱心な対応に加えて，便宜置籍船やサブ・スタンダード船の多用化とともに，旗国による執行は必ずしも実効性が上がらなかった。領海内や沿岸国が様々に管轄権などを主張していたその他の沿岸海域内での防止権限の所在についても，特に船舶の無害通航権との関係で，国際法規は必ずしも明確ではなかった。第3に，1971年のカナダの一方的な国内制定法である「北極海海水汚染防止法」は，沿岸から100カイリに及ぶ海域内の航行について汚染防止に関する規制を行い，この法律に違反して行われた汚染を除去するためにカナダ政府が負担した一切の経費と第三者が被った損害について，実行者に無過失責任を追求する旨を定めた。このカナダの一方的行為については，いかに汚染防止のためとはいえ，沿岸国の管轄権を公海上に一方的に拡大して及ぼし，外国船舶を規制することは，伝統的な「公海自由の原則」から逸脱する措置であるという批判もあった。また，これと時期を同じくして，1970年代に入って

から，EEZ の概念が登場し，またたく間に第三世界諸国の心を捉えた。しかも，200カイリ水域内の資源の開発・保存と，それらの資源に悪影響を及ぼす海洋汚染の防止とを不即不離の関係にあるものとして，EEZ の概念が，同時にこの水域における海洋汚染の防止についても沿岸国が管轄権を持つという形で主張されるようになった。こうして，200カイリ水域と200カイリの汚染防止ゾーンを重ね合わせて設定しようとする動きが高まった。その結果，沿岸国権限の拡大を求める一般的な趨勢の中で，海洋汚染の規制についても，国家管轄権の性質と範囲についての正確な決定が求められるようになった。こうした状況の中で，MARPOL 73は，汚染取締りのための国家の「管轄権」の範囲を明示することなく，また，同条約を採択した国際会議は，海洋における国家管轄権の性質・範囲の問題を未解決のまま残すとともに，その最終決定を第3次国連海洋法会議に委ねていた。第4に，一方で，こうした沿岸国権能の拡大傾向があると同時に，他方で，「かけがえのない地球」，「地球は1つ」というグローバルな環境保護に対する国際世論が急速に高まってきた。前述の1972年のストックホルム国連人間環境会議で採択された「人間環境宣言」は，海洋汚染防止に関してもいくつかの重要な原則・勧告を設定した。EEZ の方向にせよ，人間環境宣言の方向にせよ，いずれも伝統的な海洋秩序に対する批判が込められており，こうした海洋に対する様々な意識変革を背景として，1973年から第3次国連海洋法会議が開催されたのである。

トリーキャニオン号事故

　1967年3月18日，トリーキャニオン（Torrey Canyon）号（リベリア籍船，118,000D／W）は，ペルシャ湾でクウェート原油117,000トンを積載して，英国のミルフォード・ヘブンへ向け，同国南西部ランズエントの西方約22カイリにあるシリー諸島沖合を速力16ノットで航行中，操船を誤り同島の北東約7カイリにあるセブンストンズ岩礁に乗り揚げた。このため，貨物タンクのうち6つが破損し，大量の原油が流出した。流出量は約93,000キロリットルと推定された。

　英国政府は，油濁防止のため海軍の艦艇などを出動させ，油処理剤の散布などの作業を行ったが，大量の流出油に対して十分な効果を上げることができず，また，事故発生後サルベージ会社による船体の離礁作業が行われたが成功せず，3月26日

に船体が折損した。このため，英国政府は3月27日夕刻に，爆撃による船内残油の焼却処分を決定した。翌28日から3日間，海軍爆撃機をもって船体を爆撃し同船を破壊させるとともに，船内の残油を焼却する措置をとった。しかし，流出した大量の原油はその後，英国の南西部にとどまらず，フランスのブルターニュ地方まで漂着して海岸を汚染するとともに，魚介類，海鳥類などに多大な被害をもたらした。

(ⅱ)　基本的な争点

　第3次国連海洋法会議における船舶起因汚染をめぐる諸国の基本的立場の対立は，同会議の準備段階を担った国連海底平和利用委員会と，それに続く同会議の初期段階（第2会期）で既に明瞭となっていた。一般的に言えば，船舶起因汚染の防止のための「基準」（規則）をいかに設定するかという問題と，それらの基準・規則の「執行」を旗国・寄港国・沿岸国のいずれの管轄権に委ねるべきかという問題である。ここでいう「基準」（standards）とは，油・有害物質などの海中への排出（discharge）の許容量・濃度などに関する規則・基準と，二重船底又は専用バラスト・タンクの設置などに関する構造（construction），汚染防止における船員の資格などに関する配乗（manning）などの規則・基準をいう。また「執行」（enforcement）とは，これらの基準の違反の取締りと処罰の問題であり，具体的には，違反の探知・検査・通報・拿捕・抑留・訴追・処罰などの手続を含む。このように，「基準」と「執行」の区別は，国家が国内法令を「制定」する管轄権と，それを実際に「実施」する管轄権との相違に基づいている。

　一方で，開発途上国77ヵ国グループ（G77）とカナダ，オーストラリア，スペインなどの諸国は，沖合資源に対する主権的権利は同時に資源の「保護」のための管轄権を必然的に伴うという立場から，当時主張されていた経済水域と沿岸国の設定する汚染防止海域とを同一視する，いわゆるゾーナル・アプローチに立脚した沿岸国主義を展開した。さらに，若干の途上国は，200カイリ経済水域における海洋汚染防止の基準設定と取締りの執行権限は沿岸国の主権的権利に属するとして，国際的基準を下回る「国内」基準の設定さえも正当化しようとした（二重基準（ダブル・スタンダード）の問題）。他方で，先進海運

国側は，海洋汚染防止の基準が「国際」基準でなければならないとする点では一致していたものの，その執行権限については立場がいくつかに分かれた。ソ連・英国・西独（当時，現ドイツ）は従来どおりの旗国主義，米国・ギリシャは旗国主義に加えて寄港国主義，わが国・フランスは旗国主義に加えて，排出基準の違反の執行について，一定範囲の汚染防止海域の設定を主張したのである。ここでいう寄港国主義とは，MARPOL 73の審議において米国・カナダなどが主張していたもので，船舶の寄港する国の取締り権限を強化しようとするものである（ただし，同条約では採択されなかった）。もっとも，実際に船舶起因汚染の被害を被った沿岸国が同時に船舶の寄港する国である場合もあるから，そのような場合の寄港国主義とは，公海又は他国の内水・領海・経済水域における外国船舶の違反についても，自国への寄港時に取り締まる権限を有するということである。寄港国主義が普遍的に適用されれば，海上を航行中の船舶に対して沿岸国が海洋汚染防止を理由に物理的に介入するという，沿岸国主義の持つ海運活動への悪影響を防ぐことができるかも知れない。しかし，自国と全く利害関係のない，遠い海域で行われた外国船舶による汚染行為を，当該船舶がたまたま自国の港に存在するという理由で，いかなる場合でも積極的に取り締まる義務を寄港国に課すことができるかどうか，疑問である。これは，関係のない寄港国にも取締りの動機を認めさせるような国際的意識が醸成されるかどうか，その可能性と関係する問題であろう。

　諸国の立場の対立は，その後の交渉において紆余曲折を経た上，最終的に合意を見た。それによれば，船舶起因汚染の防止の国家管轄権のあり方については，従来の旗国主義のみによる弊害を是正するために，旗国の取締り義務を一段と強化すると同時に，沿岸国と寄港国の管轄権も補完的に認めて，全体として漏れのないような国際的制度を構築しようとした。すなわち，旗国（flag states）に関しては，自国の船舶について汚染防止の国内法令を制定しなければならず，その内容は国際的基準よりも緩いものであってはならないし，また，他国の要請があった場合には，自国船舶の違反について捜査し，十分な証拠があれば遅滞なく司法手続をとらなければならないというように，旗国の義

務が強化された。この旗国主義を補完するものとして，沿岸国（coastal states）に関しては，自国の200カイリ経済水域内で基準を設定し，違反についても執行する権限を認めているが，その基準は国際基準に限定するとともに，執行権限も，通常は航行中の外国船舶に情報を要求するにとどまり，多量の排出あるいは重大な汚染が引き起こされた場合にのみ実際の執行が限定されており，さらに，船舶の停船・捜査について厳重な条件が課されるなど，相当制限された内容となっている。他方で，船舶の構造や配乗に関する基準違反を含めて，国際基準に従って制定された沿岸国法令に違反した船舶が沿岸国の港に任意に寄港する場合には，司法手続を含めて広範な権限が沿岸国に認められる（これは，次に述べる寄港国主義とは異なる）。寄港国（port states）に関しては，国際的な「排出」基準の違反に限定しながらも，違反の発生する場所にかかわらず，とるべき手続を起こすことができるとして，広範な取締り権限を認めている。しかし，実際には，他国の内水・領海・経済水域における外国船舶の排出違反については，当該他国，船舶の旗国又は被害国（被害の脅威を受ける国を含む）の要請があった場合，又は自国に被害（またそのおそれ）がある場合にのみ司法手続をとることができるなど，かなり限定された内容となっている。さらに，沿岸国や寄港国が取締りにあたる場合には，なるべく外国船舶の航行を保護するために，いくつかのセーフガード（保障措置）と呼ばれる保護策が講じられている。これは，沿岸国であろうとなかろうと，また開発途上国であろうと先進国であろうと，海上交通の自由という価値が原則としてすべての国により支持されているからである。

4　船舶起因汚染に関する規制の構造

　前述のように，国連海洋法条約における船舶起因汚染に関する諸規定は，どの国がどのような規則・基準を設定する管轄権を持つかという「基準」の問題と，それらの規則・基準をどの国がいかに実施する管轄権を持つかという「執行」の問題とに分けて眺めることが必要である。ただし，以下に述べる船舶起因汚染に関する諸規定には，次のような適用範囲の制約があることに留意して

おかなければならない。第1に，国家機関に所属する軍艦・軍用航空機などが
外国の管轄権に服することを免除するという原則は国際法上伝統的に承認され
てきたが，海洋汚染についてもそれが踏襲され，国連海洋法条約では，海洋環
境の保護・保全に関する諸規定は，軍艦，軍の補助艦又は国の所有もしくは運
航する他の船舶・航空機であって，政府の非商業的役務にのみ使用されている
ものには適用しないことになっている。もっとも，いずれの国も，自国の所有
又は運航する船舶・航空機の運航や運航能力を阻害しないような適当な措置を
とることによって，このような船舶・航空機が，合理的かつ実行可能である限
り，この条約に合致して行動することを確保することにもなっている（第236
条）。第2に，国連海洋法条約の規定は，海洋環境の保護・保全に関して既に
締結された特別の条約・協定に基づいて国が負う特定の義務と，国連海洋法条
約に定める一般原則を促進するために締結される協定の適用を妨げるものでは
ない，とされている（第237条1項）。第3に，基準・執行・保障措置に関する
規定は，国際航行のために使用される海峡の法制度に何らの影響を及ぼすもの
ではないとされる。ただし，海峡沿岸国の国内法違反によって，その海洋環境
に対して著しい損害をもたらす（又はそのおそれのある）場合には，海峡沿岸
国は適当な執行措置をとることができることになっている（第233条）（第5章
「国際海峡」参照）。

(1)　基　　　準

(i)　一般的義務

　いずれの国も，権限のある国際機関又は一般的な外交会議を通じて，船舶か
らの海洋環境の汚染を防止・軽減・規制するための国際的な規則及び基準を設
定するものとし，また，同様の方法で，適当なときはいつでも，海洋環境（沿
岸を含む）の汚染及び沿岸国の関係利益に対する汚染損害をもたらすおそれの
ある事故の脅威を最小にするための通航方式（routing systems）の採択を促進
する。これらの規則及び基準は，同様の方法で，必要に応じ随時再検討する
（第211条1項）。

　この規定は，すべての国に国際基準を定めるよう行動することを義務づけて

おり，そのような国際基準を定める場としての「権限のある国際機関」（competent international organizations）の役割が重要になる。しかし，それが具体的にどのような機関を指すかは明確にされていない。これまで，船舶起因汚染について法律的・技術的に中心的役割を果たしてきた IMO がこれに該当することは確かであるが，その他に，補助的な機関として，FAO，UNESCO，WHO，ICAO，IAEA，UNEP などが挙げられるであろう（137頁参照）。なお，この規定で言う「通航方式」とは，例えばドーバー海峡のように多くの船舶が混雑するような所では船舶の通航路を設け，特定の船舶については，そこだけを通させるようにするということである。また，2000年11月の IMO の第73回海上安全委員会（MSC）において，ペルー沿岸，英国ハンバー（Humber）川に分離通航方式を新設するとともに，アラスカ湾プリンス・ウィリアム・サウンドの分離通航方式を改定している。

（ii） 旗国による基準

　いずれの国も，自国を旗国とし又は自国について登録された船舶からの海洋環境の汚染を防止・軽減・規制するための法令を制定する。これらの法令は，権限のある国際機関又は一般的な外交会議を通じて設定される一般的に認められた国際的な規則及び基準と少なくとも同等の効果を有するものとする（第211条2項）。

　この規定は，船舶の旗国・登録国の国内立法が少なくとも国際基準と同一レベルにあることを要求するとともに，国際基準よりも厳格なものであり得ることを明らかにしている。しかし，実際には，国際規則より一層厳しい規則を自国船舶に対して積極的に課そうとする国はほとんどないだろうと予想される。また，「同等の効果」という曖昧な基準が規定されているから，ある国内法規が相対的に有効であるか否かを評価するための第三者的機関の有無が問題となるかも知れない。同様に，「一般的に認められた（generally accepted）国際基準」という意味も不明瞭であり，ある基準がどの時点で「一般的に認められた」地位を得たか，の問題が生じるであろう。それにもかかわらず，この文言が「傘（アンボレラ）条約」としての国連海洋法条約に挿入されたことで，例

えば，MARPOL 73/78の非当事国でも国連海洋法条約の当事国であれば前者の条約の適用を受けることになるとして，その文言の独特な法的効果を指摘する見解もある。

(ⅲ)　寄港国による基準

いずれの国も，外国船舶が自国の港・内水に入ったり，自国の沖合の係留施設に立ち寄ったりするための条件として，海洋汚染を防止するための特別の要件を定める場合には，その要件を適当に公表し，権限のある国際機関に通報しなければならない。2以上の沿岸国が，政策を調和させるために，同一の要件を定める取り決めを行う場合には，通報には，その取り決めに参加している国を明示する。自国を旗国とし又は自国において登録された船舶がその取り決めに参加している国の領海を航行している場合において，その国の要請を受けたときは，取り決めに参加している同一地域の国に向かって航行しているものであるかないかについての情報を提供するよう，また，その国に向かって航行しているときは，船舶がその国の入港要件を遵守しているか遵守していないかを示すよう，当該船舶の船長に対し要求する。この条の規定は，船舶の無害通航権の継続的行使又は沿岸国の保護権に関する第25条2項の規定の適用を妨げるものではない（第211条3項）。

現行国際法上，一般に寄港国は自国の港に入る船舶について自由に条件を課すことができる。このような条件は汚染規制に関する国際基準（排出のみならず船舶などの構造基準を含む）よりも厳格な基準を内容とすることができると考えられ，この条（第211条3項）の第1文の規定は，それを公表するとともに，国際機関への通報を義務づけるものである。1958年の領海条約は，沿岸国が，入港の場合に従うべき条件に外国船舶が違反することを防止するため必要な措置をとる権利を有することを規定しており（第16条2項），同様の内容の規定が国連海洋法条約の第25条2項に定められている。これらの規定の下で，沿岸国は入港条件に合致しない外国船舶の内水や沖合港湾施設への寄港を妨げることができるが，このことは，巨大タンカーの荷役のために沖合ターミナルが多用されている現状に照らして，重要な問題である。もっとも，領海条約と

国連海洋法条約の前記関連規定の文言に従えば，寄港国の基準に違反する船舶を内水・港湾施設から締め出すことは寄港国の義務とはされていない。単にそうする「権利を有する」に過ぎない。もし外国船舶が不当に入港拒否の取扱いを受ければ，その船舶の旗国が，入港拒否の措置をとる国に対して抗議を行ったり報復措置をとったりすることがあり得よう。実際上の観点からすれば，寄港国がそのような報復措置を受けて自国の海運産業を衰退させるようなリスクを冒してまでも，厳格な基準を外国船舶の寄港に適用するかどうかの問題に帰する。

　他方で，このような個別国家による入港条件の厳格化は，一定の国際状況の中で合理性を持つ限りにおいて，新たなグローバル・スタンダードの誕生の契機となり得る場合がある。現存シングル・ハルタンカーのダブル・ハル（二重船殻）化をめぐる最近の IMO の動向は，寄港国による一方的又は地域主義的な基準設定ではなく，MARPOL 73/78附属書 I 第13G 規則の改正の形でグローバルな基準設定を行った点で評価し得る。ダブル・ハル化について規定した第13G 規則はエクソンバルディーズ号事故（150頁参照）の翌年に制定された米国の OPA（Oil Pollution Act）90による単独行動に触発されたものであるが，1999年12月にフランス大西洋岸においてマルタ船籍エリカ号の海難事故を契機に，欧州連合（EU）諸国は第13G 規則の前倒しを図る地域主義的な構えを示していた。2003年12月，IMO 第50回海洋環境保護委員会（MEPC50）において，既存シングル・ハルタンカーを原則として2010年までに段階的に廃止することを義務づけた MARPOL 73/78附属書 I の改正が採択された（2005年4月5日発効）。

　前記のように，第211条3項はさらに，2ヵ国以上の沿岸国で同一の条件を制定する場合には，船舶の旗国・登録国は，協定参加国の領海を航行している際に，その国の要請に基づき，協定に参加している同地域の国へ航行する旨の情報を提供するよう，また，向かって航行している場合には，その国の入港条件を守っているかどうかを示すよう，自国船舶の船長に対して要求すべきことを規定している。このやや複雑な内容の規定の基礎となった提案は，沿岸国の

内水へ向かう外国船舶に対する規制権限について，船舶の構造などの要件まで
も含めると同時に，他の協定当事国の領海においてもそのような規制措置をと
る権利を持つことを沿岸国に認めようとする，相当厳しい内容のものであっ
た。こうした考えは，1978年初めに英仏海峡で発生したアモコ・カディス
（Amoco Cadiz）号の油流出事件（151頁参照）によって触発されたものであ
る。これに比べて，本条３項の規定は，外国船舶の無害通航権の尊重を盛り込
むとともに，自国船舶の船長に対する旗国の要求義務を規定する程度で，原提
案よりも内容的にはかなり緩やかなものとなっている。

エクソンバルディーズ号事故

　エクソンバルディーズ（Exxon Valdez）号（214,800重量トン）は，1989年３月
23日米国アラスカ州バルディーズ港から，アラスカ・ノーススロープ原油約20万キ
ロリットルを満載して出港，カリフォルニア州ロングビーチ向け航行中，３月24日
バルディーズ港の南西22カイリの Bligh Reefs に乗り揚げ，13個あるタンクのうち
10個（貨物タンク８個，バラストタンク２個）を破損し，積載していた原油のうち
約42,000キロリットルが海上へ流出した。

　エクソンバルディーズ号は，出港後，危険水域の狭水道から Bligh Reefs を通過
するまで約60カイリの海域はパイロットが乗船，船長が船橋で操船指揮する義務が
あったにもかかわらず，パイロットは狭水道を通過後下船し，船長もキャビンへ下
りてしまった。操船にあたったのは，当該水域を航行する資格のない３等航海士で
あった。同航海士はプリンス・ウィリアム・サウンド内の分離航路を南下中，右舷
側に現れた流氷群を避けるため入港航路側の針路を変更したい旨コーストガードに
無線で許可を求め，許可されたが，どういうわけか，同船は入港航路を通り過ぎ，
さらに２カイリ以上も超えて進んだ結果乗り揚げたものである。

　事故発生後，エクソンバルディーズ号から搭載の原油が，12時間にわたって猛烈
な勢いで海上に流出した。流出油は24日午後には32平方マイル拡散した。事故発生
時から25日までは海上は非常に平穏であったが，26日になり風速35〜40ノットの強
風が吹き，流出油は海洋に向かって急速に拡散していった。27日にはムース状の油
塊となり，プリンス・ウィリアム・サウンドの潮流に乗って海峡の島々の海岸を汚
染し，４月５日には海峡の外へ出て，1,200カイリと拡散していった。５月18日に
は，事故発生地点から470カイリのアラスカ半島に達し，拡散海域は9,600平方マイ
ルに広がった。

アモコ・カディス号事故

　アモコ・カディス（Amoco Cadiz）号（230,000重量トン）はペルシャ湾で原油220,000トンを積載して，フランスのウシャン島の沖合をオランダのロッテルダムに向け航行中，1978年3月16日舵取機が故障し航行不能となった。付近を航行中の曳船パシフィック号が，同日正午前，アモコ・カディス号が強い風浪と海潮流により海岸方向に圧流されていたので，アモコ・カディス号を沖合に引き出すために曳船を開始した。しかし，荒天のため作業は難航し，曳船索を取り直し，全速で曳船を再開したが，アモコ・カディス号が陸岸に圧流されるのを遅らせるのが精一杯で，アモコ・カディス号はフランスのブルターニュ半島ポールサル西沖の岩礁に乗り揚げた。翌17日船体は2つに折れ，大量の原油が海上に流出した。

　フランス政府は，軍隊を出動させ大規模な油防除作業を開始した。流出油の処理は，主としてオイルフェンスによる包囲と油吸着剤などによる回収作業が行われた。しかし，現場は岩礁が多く，また，荒天のため残油の瀬取り作業はほとんど手がつけられず，アモコ・カディス号は3月24日，ついに沈没し残油の回収は全く不可能となって積荷の全量が流出した。流出した油によって，結局，ブルターニュ半島沿岸が西岸から東岸にかけて約200キロメートルの長さにわたり汚染された。防除作業は，沿岸近くの海上流出油の回収作業に約2ヵ月，また，陸上における漂着油の清掃作業などに約半年を要した。被害額は3,000万ドルを超えるだろうと推定された。

（ⅳ）　沿岸国による基準

　沿岸国による船舶起因汚染の防止のための法令制定権は，領海の場合とEEZ の場合に分けられる。

　まず領海については，いずれの沿岸国も，その領海内において主権を行使するにあたり，外国船舶（無害通航権を行使している船舶を含む）からの海洋汚染を防止・軽減・規制するための法令を制定することができる。これらの法令は，第2部第3節の規定に従って，外国船舶の無害通航を妨げてはならないとされている（第211条4項）。これにより，沿岸国は，自国の領海内において，原則として国際基準より厳格な基準を設定することができるが，それは外国船舶の無害通航を害さないという条件の下においてである。特に第2部第3節（領海における無害通航）によれば，「沿岸国は，この条約及び国際法の他の規則に従って，領海における無害通航に係る法令を……(f)沿岸国の環境の保全並

びにその汚染の防止，軽減及び規制……について制定することができる」（第21条1項）が，これらの法令は，外国船舶の設計・構造・配乗・設備については適用しない。ただし，これらの法令が一般的に認められた国際的な規則・基準を実施する場合は，この限りではないとされている（同条2項）。

　汚染防止の観点から，領海における沿岸国の「主権の行使」を強調する立場（米国，カナダ，大多数の開発途上国）と「航行の自由」を強調する立場（わが国，英国，西独などの海運先進国）の対立の中で，外国船舶の設計・構造などについても国際基準を上回る規制権限を沿岸国に認めようとする前者の諸国は，前記の第2部の関連規定は沿岸国の主権を不当に侵害するという理由で満足せず，他方，後者の諸国によれば，船舶からの「排出」に関しては沿岸国の規制権限が認められるとしても，船舶の構造・配乗などにまで沿岸国の上乗せ基準を課されては，船舶の航行する区域に応じて異なる構造・配乗などを用意しなければならず，船舶航行に重大な支障が生ずるとして反対し，第2部の関連規定は，領海における船舶起因汚染に関する沿岸国の規制権限にとって必要な補完的なものであり，無害通航権にとって不可欠なセーフガードであると主張した。結局，国連海洋法条約では後者の立場が基本的に採用されたことになる。

　なお，国際海峡における通過通航に関する沿岸国の法令制定権は，「(b)海峡における油，油性廃棄物その他の有害物質の排出に関して適用のある国際規制を実施することによる汚染の防止，軽減及び規制」（第42条1項）に関するものとされており，「排出」に関する「国際基準」にのみ明示的に限定されている。この規定は群島航路帯通航にも準用されることになっている（第54条）（第5章「国際海峡」・第6章「群島水域」の各章参照）。

　次に，EEZにおける沿岸国の法令制定権については，第6節に規定する「執行」の適用上，いずれの沿岸国も，そのEEZについて，船舶からの汚染を防止するため，権限のある国際機関又は一般的な外交会議を通じて設定される一般的に認められた国際的な規則及び基準に合致し，かつ，当該国際的な規則及び基準を実施する法令を制定することができる（第211条5項）。この規定

は，沿岸国の EEZ 内の船舶起因汚染の防止基準について，国際基準主義をとることを明確にしている。ただし，次の「特別水域」については例外とされる。すなわち，1項に規定する国際的な規則・基準が特別の事情に対処するために不適当な場合であって，海洋学上及び生態学上の条件，当該水域の利用又は資源の保護並びに交通の特殊性に関連する技術的理由により，特別の措置をとることが必要であると信ずるに足る合理的理由を有するときは，沿岸国は，権限のある国際機関を通じて他の関係国との適当な協議を行った後，国際機関にその水域に関して，裏付けとなる科学的・技術的証拠並びに必要な受け入れ施設に関する情報とともに通報する。国際機関は，通報を受領した後12ヵ月以内に当該水域における条件が上記の要件に合致するか合致しないかを決定する。国際機関が合致すると決定した場合には，沿岸国は，当該水域について，船舶からの汚染を防止するため，国際機関が特別の水域に関し適用し得るとしている国際的規則・基準又は航行上の慣行を実施するための法令を制定することができる。ただし，その法令は，外国船舶に関しては，国際機関への通報の後15ヵ月間は適用されない。この他，特別水域の範囲の公表義務，特別水域に関する追加法令の適用条件が定められている（第211条6項）。

　IMO が MARPOL 73/78附属書Ⅰ第1規則に基づき油の排出に係る特別水域として認定したものに，地中海，バルト海，黒海，紅海（2025年効力発生予定），ガルフ海域，アデン湾（2025年効力発生予定），南極海域，北西ヨーロッパ水域，アラビア海のオマーン海域（効力未発生）及び南アフリカ南部水域がある。このうちの南アフリカ南部水域は2006年に新たに追加され，2008年に効力が発生した。また，この特別水域とは別の枠組みとして，同条約附属書Ⅵの硫黄酸化物排出規制海域としてバルト海・北海・北米海域・米国カリブ海海域が規制適用範囲とされる（各2006，2007，2012，2014年に猶予期間が終了し適用開始）など，最近では，地球環境保護の趨勢を受けて，船舶の燃料油に含まれる環境汚染物質の排出規制海域を設定しようとする動きがある。なお，2022年にはさらに地中海の追加が採択され，2024年に発効，2025年に適用開始予定である。さらに，環境汚染物質の範囲についても，附属書Ⅵを改正して一定の

船舶に対し揮発性有機化合物管理計画及びオゾン破壊物質記録簿（2010年）の備付けを義務づけるなど，地球環境の一層の保護に向けた動きが加速している。

　前記の特別水域の他に，氷結水域（ice-covered areas）についても特例が認められている。すなわち，いずれの沿岸国も，自国の EEZ 内における氷結水域であって，その氷結水域における特に厳しい気象条件及び年間の大部分の期間当該氷結水域を覆う氷の存在が航行に障害又は特別の危険をもたらし，かつ，海洋環境の汚染が生態系の均衡に著しい害や回復不可能な障害をもたらすおそれのある氷結水域においては，船舶からの海洋汚染の防止のために差別のない法令を制定し，執行する権利を有する。これらの法令は，航行並びに入手可能な最良の科学的証拠に基づく海洋環境の保護・保全に対し妥当な考慮を払うことになっている（第234条）。そうした妥当な考慮を払うことを条件とすれば，沿岸国は国内基準を定めることができるし，国際機関による決定も必要としないが，特別水域と同様に，その地理的範囲は EEZ 内に限定されている。

　なお，この氷結水域制度は，別名"北極条項"とも呼ばれていることからも明らかなように，北極海域を想定したものである。北極海域は，近年，氷の融解及び技術革新により通航の危険性が低下してきており，同海域における船舶の通常航行の可能性が高まっている。北極海域での海洋汚染防止に対する国際的取組としては，アラスカで大規模な油濁事故を起こしたエクソンバルディーズ号事件（150頁参照）を契機に IMO において作成された「北極氷結水域を航行する船舶のためのガイドライン」（2002年）がある。また，北極海沿岸8ヵ国は，1991年に北極環境保護戦略（AEPS）を採択して環境保護に向けた取組を開始し，1996年，同海域における環境保護と持続的発展を目指す協議機関である「北極評議会」を設置した。北極評議会は閣僚会合を定期的に開催して共同宣言を出すなど，同海域における実質的な国際的協議枠組みとしてその存在感を増し，わが国も2013年からオブザーバー国として参加してきた。しかしながら，北極評議会の当事国であるロシアが2022年2月24日にウクライナへの侵攻を開始したことに伴い，北極評議会も同年3月から活動を休止してい

る。今後，北極海の沿岸国でもあるロシアやこれに対する国際社会の動向が，
北極評議会の活動や位置付けに影響を及ぼすことが懸念される。

(2)　執　　行

国連海洋法条約における船舶起因汚染防止のための「執行」に関する規制構
造は，自国船舶に対する旗国の伝統的な管轄権を確認して，その義務を詳細に
掲げて旗国主義の強化を図るとともに，一定の場合に寄港国と沿岸国の執行権
限を認めて，旗国主義を補完する体制をとっている。それと同時に，寄港国又
は沿岸国が汚染防止の執行にあたる場合に，外国船舶の航行を保護するための
セーフガードを講じている。以下，それらの規定内容を順に眺めることにす
る。

(i)　旗国による執行

船舶起因汚染に対する旗国による執行に関しては，次のような内容の義務が
旗国に課されており，従来以上に旗国の義務を詳細に明確化した（第217条1
～12項）。すなわち，いずれの国も，権限のある国際機関又は一般的な外交会
議を通じて設定される国際的な規則・基準と，この条約の規定に従って制定す
る自国の法令を，自国船舶（自国を旗国とし又は自国において登録された船
舶）が遵守することを確保するものとし，このため法令を制定し，その実施に
必要な他の措置をとらなければならない。旗国は，違反の発生地の如何を問わ
ず，これらの国際的規則・基準と国内法令の効果的な執行のために必要な措置
をとる。旗国は，特に自国船舶が1項に規定する国際的規則・基準の要件（船
舶の設計・構造・装備及び配乗に関する要件を含む）を遵守して航行すること
ができるようになるまで，その航行を禁止することを確保するために適当な措
置をとる。さらに旗国は，自国船舶が当該の国際的規則・基準により要請さ
れ，かつ，これらに従って発給される証書を船内に備えることを確保する。ま
た，当該証書が船舶の実際の状態と合致するか合致しないかを確かめるため
に，自国を旗国とする船舶を定期的に検査することを確保する。他国は，これ
らの証書を船舶の状態を示す証拠として承認しなければならない（ただし，船
舶の状態が当該証書の記載事項と異なると信ずるに足る明白な理由がある場合

を除く）。船舶が権限のある国際機関又は一般的な外交会議を通じて設定される規則・基準に違反する場合には，旗国は第218条（寄港国による執行），第220条（沿岸国による執行）及び第228条（手続の停止及び手続の開始の制限）の規定の適用を妨げることなく，違反やそれによる汚染の発生場所又は発見場所の如何を問わず，その違反について直ちに調査を行うために必要な措置をとり，また，適当なときは手続を開始しなければならない。旗国は，違反の調査を行うにあたり，事件の状況を明らかにするために他国の協力が有用な場合には，その他国の援助を要請でき，また当該他国は旗国の適当な要請に応ずるよう努力する。いずれの国も，他のいずれかの国の文書による要請により，自国を旗国とする船舶により行われた旨申し立てられた違反を調査する。旗国は，申し立てられた違反につき手続を提起するに足りる十分な証拠があると認める場合には，遅滞なく自国の法律に従って手続を開始し，とった措置及びその結果を要請を行った国と国際機関に迅速に通報する。情報は，すべての国の利用に供する。国の法令が自国を旗国とする船舶に対して定める刑罰は，違反が行われる場所の如何を問わず，違反を思いとどまらせるために十分に厳格なものでなければならない。

（ⅱ）寄港国による執行

　国連海洋法条約における寄港国の船舶起因汚染に関する執行権限は，次のような内容である（第218条1～4項）。いずれの国も，船舶が自国の港や沖合係留施設に任意にとどまる場合には，適用のある国際的規則・基準に違反して当該国の内水・領海・EEZ の外で行われたその船舶からの排出について，調査を行うことができ，また，事実が証拠により裏付けられた場合には，手続を開始することできる。ただし，このような調査・手続を開始できるのは，旗国，自国の内水・領海・EEZ 内で排出違反が行われた沿岸国，又は汚染の影響を受ける国からの要請がある場合や寄港国自身に被害がある（又はそのおそれがある）場合に限定されている。寄港国はその他国からの排出違反についての調査の要請に対して実行可能な限り応じなければならない。寄港国により行われた調査の記録は，要請により，旗国又は沿岸国に送付する。違反が沿岸国の管

轄水域内で行われた場合には，当該調査に基づいて，寄港国により開始された手続は，第7節（保障措置）の規定に従うことを条件として，沿岸国の要請により停止することができ，その際，事件の証拠・記録・（寄港国当局に支払われた）供託金又は提供された他の金銭上の保証は沿岸国に送付する。送付が行われる場合には，寄港国における手続は継続することができない。

　なお，汚染を回避するための船舶の堪航性に関する措置として，いずれの国も，第7節（保障措置）の規定に従うことを条件として，要請により又は自己の発意により，自国の港・沖合係留施設にある船舶が船舶の堪航性に関する国際規則・基準に違反し，その違反により海洋環境に損害をもたらすおそれがあると認めた場合には，実行可能な限りその船舶の航行を妨げるための行政上の措置をとる。その国は，船舶に対し最寄りの修繕のための適当な場所までに限り航行を許可することができるものとし，当該違反の原因が除去された場合には，直ちにその船舶の航行の継続を許可しなければならないとされている（第219条）。

　このように，国連海洋法条約における寄港国主義は，自国の管轄権外の水域における違反について執行できる広範な権限を寄港国に認めているようであるが，実際には，他国の管轄水域における外国船舶の違反（排出違反に限る）について，関係国からの要請があった場合，又は自国に被害があった場合（そのおそれのある場合を含む）にのみ司法手続がとられることになっており，かなり限定された規制内容になっている。しかも，寄港国が手続をとることは義務として課されるものではなく，「とることができる」（may undertake）ということに過ぎず，その決定は寄港国の裁量に委ねられている点に留意しなければならない。したがって，排出違反がどこで発生しようとも，外国船舶の行った違反行為をすべて積極的に取り締まる義務を寄港国に課すという，いわゆる普遍主義（世界主義）に基づく管轄権を設定する義務は課されていない。

（ⅲ）　沿岸国による執行

　沿岸国が，その領海を越えて生じる，外国船舶による違反行為に対してどの程度執行することができるかという問題は，第3次国連海洋法会議における船

舶起因汚染問題の１つの焦点であった。沿岸国の執行に関しては，違反船舶の所在場所，違反の発生場所又は違反の重大性によりそれぞれ異なる措置が定められている（第220条１～８項）。

(a)　沿岸国は，船舶が自国の港又は沖合係留施設に任意にとどまる場合において，違反が自国の領海又は EEZ 内において行われたときは，第７節（保障措置）の規定に従うことを条件として，この条約に従って制定する法令又は汚染防止のための適用のある国際的規則・基準の違反について手続を開始することができる。これは沿岸国＝寄港国の場合であり，いわゆる寄港国主義とは異なるものである。

(b)　沿岸国は，自国の領海の通航中に，自国法令又は適用のある国際的規則・基準に違反したと信ずる明白な理由がある場合には，第２部第３節（領海における無害通航）の関連規定の適用を妨げることなく，その違反について船舶の物理的な検査（physical inspection）を行うことができるものとし，また，事実が証拠により裏付けられた場合には，第７節（保障措置）の規定に従うことを条件として，自国の法令に従って手続（船舶の抑留（detention）を含む）を開始することができる。

(c)　沿岸国は，自国の EEZ 又は領海を航行する船舶が EEZ において適用のある国際的規則・基準に違反したと信ずる明白な理由がある場合には，その船舶に対し，船名識別と船籍港に関する情報，直前及び次の寄港地に関する情報並びに違反が行われたかどうかを確定するために必要とされる他の関連情報を提供するよう要請することができる。

(d)　いずれの国も，自国船舶がこのような情報に関する要請に従うように法令を制定し及び他の措置をとる。

(e)　沿岸国は，(c)に規定する違反により海洋環境に対し著しい汚染をもたらす（又はもたらすおそれのある）実質的な排出が生じたと信ずる明白な理由がある場合において，船舶が情報の提供を拒否したとき，又は船舶が提供した情報が明白な事実上の状態と明らかに相違しており，かつ，事件の情況において検査を行うことが正当と認められるときは，違反に関連する

事項について船舶の物理的な検査を行うことができる。

(f)　沿岸国は，(c)に規定する違反により，沿岸国の沿岸や関係利益に対して，又は領海・EEZ の資源に対し著しい損害（major damage）をもたらす（又はもたらすおそれのある）排出が生じたとの明白な客観的な証拠がある場合には，第 7 節の規定に従うこと及び事実が証拠により裏付けられることを条件として，自国の法律に従って手続（船舶の抑留を含む）を開始することができる。

(g)　上記の規定にかかわらず，供託金（ボンド）その他の適当な金銭上の保証（financial security）の要求に従うことを確保する適当な手続が，国際機関を通じ又は他の方法により合意されているところに従って定められる場合において，沿岸国が当該手続に拘束されるときは，船舶の航行を認めなければならない。

(h)　(c)から(g)までの規定は，第211条 6 項（特別水域に関する規定）に従って制定される国内法令に適用する。この規定により，沿岸国は，特別水域内の違反に対して，EEZ 内での違反に対するのと同じ執行権限を持つことになる。他方，前述のように，氷結水域における沿岸国による国内法令の執行については，このような特別の制約は課されていない（234条参照）。なお，この部のいずれの規定も，著しく有害な結果をもたらすことが合理的に予測される海難又はこれに関連する行為の結果としての汚染（又はそのおそれ）から自国の沿岸や関係利益（漁業を含む）を保護するために，実際に被った損害（又は被るおそれがある損害）に比例する措置を，自国の領海を越えて，慣習上及び条約上の国際法に従ってとり及び執行する国の権利を害するものではない（第221条 1 項）。この場合の「海難」（maritime casualty）とは，船舶の衝突・座礁その他の航海上の事故又は船舶内もしくは船舶外のその他の事故であって，船舶又は積荷に対し実質的な損害を与え又は与える急迫したおそれがあるものをいう（同条 2 項）。

以上眺めたように，国連海洋法条約は，沿岸国に対して EEZ 内の違反につ

いても執行権限を認めるという立場を採用しているが，それは，多くの場合に，情報の要求あるいは船舶の物理的検査にとどまっており，また，沿岸国に極めて甚大な損害がある場合（その脅威のある場合を含む）にのみ，厳格な発動条件の下に，司法手続をとることが認められている。裏返すと，EEZ 内で違反を行った外国船舶が沿岸国の領海又は EEZ を航行中の場合，沿岸国が執行管轄権を行使できるのは，沿岸国に甚大な損害を生じさせるような重大な排出の場合に限定されるといえる。さらに，これらの沿岸国の執行権限は，寄港国による執行の場合と同様に，「できる」という規定振りに表われているように，その行使が沿岸国の裁量に委ねられている。加えて，国連海洋法条約は第227条において非締約国船舶に法律上又は事実上の差別を行ってはならないとしているが，公海上の排出違反を行った非締約国船舶に対して寄港国が執行管轄権を行使しようとする場合には，従来の国家管轄権の枠内では説明ができない。国連海洋法条約が旗国主義の強化を中心として，船舶起因汚染の規律体制を確立しようとしていること，そして，沿岸国と寄港国の役割が旗国主義の補完にあることがわかる。

(3)　保障措置（セーフガード）

国連海洋法条約は，沿岸国と寄港国が執行にあたる場合に，外国船舶の航行を保護するための次のようないくつかの保障措置（safeguards）を定めており（第223〜233条），それらの措置は，第3次国連海洋法会議では旗国の利益を保障するものと考えられた。

① 証言の聴取・証拠の受入れの容易化並びにその手続への国際機関・旗国・汚染影響国の公式代表による参加の容易化（第223条）。

② 外国船舶に対する執行権限は，公務員，軍艦，軍用航空機又は他の政府船舶・航空機のみにより行使することができる（第224条）。

③ 外国船舶に対する執行権限の行使に際しての航行の安全及び海洋環境への配慮（第225条）。

④ 第216条（投棄による汚染に関する執行），第218条（寄港国による執行），第220条（沿岸国による執行）に規定する調査の目的を越える不必要

な外国船舶の遅延の禁止。外国船舶に対する物理的検査は，国際証書など
の船舶に備付けの義務のある文書の審査に限定する。これ以上の物理的検
査は審査後に限り，かつ，(ア)文書の不実記載の明白な理由がある場合，(イ)
文書内容が疑わしい違反の確認又は証明のために不十分な場合，(ウ)有効な
証書・記録を備えていない場合に限定されること。調査により違反が判明
した場合には，合理的な手続（例えば，供託金その他の適当な金銭上の保
証）を条件として，速やかに釈放する（ただし，海洋環境への不当な損害
のおそれがある場合には，船舶の釈放を拒否することができ，また，修繕
のために最寄りの適当な場所への航行を釈放の条件とすることができる）。
釈放を拒否しそれに条件を付した場合の旗国への迅速な通報並びに第15部
（紛争の解決）に従った船舶釈放の要求（第226条1項(a)〜(c)）。船舶の不
必要な物理的検査を回避するための手続作成のための協力（同条2項）。

⑤　この部の規定に基づく権利行使・義務履行に際しての他国船舶に対する
法律上・事実上の差別の禁止（第227条）。

⑥　自国領海を越える水域における違反に対する刑罰手続は，手続開始から
6ヵ月以内に旗国が同一訴因について刑罰手続を開始した場合には停止さ
れる（ただし，沿岸国に対する著しい損害又は旗国の執行義務の度重なる
無視の場合を除く）。旗国による手続の停止の要求が行われた場合の手続
開始国に対する事件の完全な一件書類・手続記録の提供，旗国による手続
が完了した場合の停止手続の終了，沿岸国による停止手続に関連した支払
済みの供託金又は提供された他の金銭上の保証の返還（第228条1項）。公
訴提起の時効（違反が行われた日から3年）と，1項の規定に従うことを
条件とした他国による手続開始中の外国船舶に対する刑罰手続の回避（同
条2項）。以上の規定は，他国による手続の如何を問わず，旗国が自国の
法律に従って措置（刑罰を科する手続を含む）をとる権利を害するもので
はない（同条3項）。

⑦　この条約のいずれの規定も，海洋汚染による損失・損害に関わる民事手
続の開始に影響を与えない（第229条）。

⑧　領海内での違反については原則として金銭罰とする（ただし，故意かつ重大な汚染行為については体刑を科し得る）。手続遂行にあたっての被告の権利の尊重（第230条1〜3項）。

⑨　第6節に基づく執行措置を，旗国その他の関係国に速やかに通報し，旗国に対しては，当該措置に関するすべての公の報告書を提供する（ただし，領海内の違反については，沿岸国の通報義務は手続においてとられた措置に限定）。外国船舶に対してとられた措置は，旗国の外交官・領事官又は可能な場合には海事当局に直ちに通報する（第231条）。

⑩　第6節（執行）の規定によりとった措置が違法又は合理的な必要限度を超える場合の，当該措置に起因する損害・損失に対する国の賠償責任並びに自国裁判所における償還請求（第232条）。

⑪　第5節から第7節までのいずれの規定（基準・執行・保障措置）も，国際航行に使用される海峡の法制度に影響を及ぼさないこと（ただし，第10節（主権免除）に規定する船舶以外の外国船舶が海峡沿岸国の国内法令に違反し，海峡の海洋環境に対し著しい損害をもたらす又はもたらすおそれのある場合には，海峡沿岸国による適当な執行措置が可能）（第233条）。

5　船舶起因汚染の防止に関する今後の課題

　第3次国連海洋法会議は，その成果である1982年の国連海洋法条約において，伝統的な旗国主義の欠陥を是正するために，旗国管轄権の強化に加えて，沿岸国管轄権と寄港国管轄権を補完させて，船舶起因汚染の防止に対処しようとしている。200カイリという広大な沖合海域に対する十分な汚染防止の管理能力はほとんどの沿岸国に期待することはできないし，また，入港するすべての違反船舶を寄港国が優先的に取り締まらなければならないという普遍的な国際的意識を欠く現状からすれば，国連海洋法条約において採用されたこのような規制構造は，むしろ現実的・実効的な制度であると言える。

　このような基本的な考え方は，IMO が定める SOLAS 条約，MARPOL 73/78及び STCW 条約などの各条約において保障措置（セーフガード）を前提

として採り入れられている。また，2001年10月に採択された AFS 条約にも採用されたほか，2004年2月に採択された BWM 条約といった新たな条約においても採用されている。しかし，船舶の構造・設備基準に関する寄港国の監督に比べて，環境問題に関連して個々の船舶に求められる一定の措置が確実に履行されているかどうかの監督は，それを実証することの困難性とともに，環境対策そのものの技術的な困難性とも重なって，実行面においては課題が多い。

　第4章で述べたように，寄港国による規制に関しては1982年パリ MOU，1993年東京 MOU のほか，その他の地域においても協力のための体制づくりが進められている。また，1989年のエクソンバルディーズ（Exxon Valdez）号事故を契機にタンカーの二重船殻化（ダブル・ハル化）が世界基準として条約化され，さらに1997年のナホトカ（Nakhodka）号（166頁参照），1999年にはエリカ（Erika）号の沈没・重油流出事故が発端となって，二重船殻化の期限を前倒しする MARPOL 73/78附属書Ⅰの改正がなされるなど，いくつかの重要な進展が見られる。しかし，2002年のプレステージ（Prestige）号の事故（165頁参照）や2007年のヘーベイ・スピリット（Hebei Spirit）号の事故のように，依然として船舶の事故による大規模な油の流出は後を絶たない。ますます増大する船舶起因汚染の危険性に対処して行く上において，もし旗国の役割を重視するならば，便宜置籍船問題を含めて，旗国の義務を誠実に履行させる方法をいかに確立するかが必須の前提条件となる。

　また，海洋汚染の規制が，単に取締まりの観点からばかりでなく，その予防と救済の面からも総合的に図られる必要があるとすれば，船舶起因汚染についても，船舶の構造基準，乗組員の資質・労働条件，設備などの一層の改善が図られなければならないし，汚染による被害に対する賠償の方法や紛争解決のための手続をさらに整備していく必要があろう。この点で，油タンカーの船主に一定額までの無過失責任を負わせ，強制的に保険をかけさせた上で，その一定額を超える補償については油の受取人が拠出する国際基金が行うとする国際油濁補償基金（IOPC 基金）の制度は一定の評価を得ている。この IOPC 基金の仕組みを他の化学物質や LNG/LPG などによる損害にも拡大するべく「1996

年の危険物質及び有害物質の海上輸送に関連する損害についての責任並びに損害賠償及び補償に関する国際条約」（HNS 条約）が1996年に採択されたが，条約の締結が進まないことから，その障害を取り除き条約発効を促進するための修正議定書案が2007年から検討され，同条約を修正した「2010年の危険物質及び有害物質の海上輸送に関連する損害についての責任並びに損害賠償及び補償に関する国際条約」（2010年 HNS 条約，未発効。わが国は未締結）として結実した。

　さらに，海洋汚染の世界的な防止体制を図るためには，自国の沖合水域に対する沿岸国の管轄権拡大の措置だけではなくて，汚染防止義務や予防措置の基準を条約上一層明確かつ厳格にするとともに，OPRC 条約や OPRC–HNS 議定書といった例に見られるように，それらの国際協力を通じて，国際的なモニタリング機構を整備し，海上警察の国際的な協力体制を確立し，また，そのための援助計画を推進する努力と結びつかない限り，有効なものとならないであろう。その意味で，IMO 諸条約の国内実施の実効性を IMO が査察する，任意による IMO 加盟国監査スキームが2006年から開始された意義は大きく，2016年には義務化されることとなった。

　これらは今後に残された課題であり，この分野で各種の関係国際機関の果たすべき役割はますます重要になると思われる。

　なお，最近では，環境意識の国際的な高まりから，海洋汚染の防止という従来の枠を超えた議論が進展しており，例えば，船舶の解撤の際の有害物質の管理や船舶のリサイクルを進める「2009年の船舶の安全かつ環境上適正な再資源化のための香港国際条約」（シップ・リサイクル条約，2025年発効予定。わが国は2019年に加入）が策定され，発効を待っている。また，生物多様性の保全の観点からも，「海洋保護区」（Marine Protected Area: MPA）について国際的な議論がなされている。生物多様性への関心が高まる中，国家の管轄権が及ばない公海や深海底といった海域にもその保全のルールが必要であるという国際的な認識のもと，2004年から BBNJ に関する新協定の議論が開始され，2018年からは国連の主導で条約テキスト交渉に進んでいたところ，2023年に合意に

達し，採択された（第9章6参照）。

プレステージ号事故

　プレステージ（Prestige）号（以下P号という）は，1976年に建造されたバハマ籍，42,820総トン，全長243メートルのタンカーで，事故当時の船齢は26年であった。

　P号は，2002年11月13日，77,000トンの重油を積載しスペイン・ガリシア沿岸の西沖のFinisterre分離通航帯を航行中，右舷に亀裂が生じ船倉への浸水と燃料油の漏油が始まり，荒天のため沈没の危機にあった。スペイン海事局は本船を救援するためヘリコプターで船長ほか2名の乗組員を残し他の乗組員を救出するとともに，座礁の危険にあるP号を沖合に曳航するよう船長に進言した。

　11月14日に救助船が4.5マイル沖合のP号に到着し沖合に曳航を始めた。一方，船舶管理会社はスペイン当局に対し避難港への入港許可を求めたが，天候が悪く，スペイン政府はこれを拒否した。その後，この事故の原因と思われる右舷側の第3船倉外板に亀裂が見つかったことから，積み荷の燃料重油の漏油を最小限にとどめることを目的に救難作業が続けられることになり，一旦は救援スタッフの協力により6ノットで北西に向かい自力航行するも，最終的には6隻のタグボートでCape Verde Islandに向けて曳航し避難水域を探す計画を立てることになった。

　11月17日にはガリシア沿岸の190キロメートルにわたり油膜が漂着した。また，この日スペイン政府は，救助船への協力を行わず，タグボートの曳航索を確保することを拒否したとしてP号の船長を逮捕し拘束した。

　11月19日，P号はスペインの133マイル沖で船体が2つに折損，沈没した。破断箇所は第3及び第4タンク付近で，推定25,000トンの重油が積まれていたが破断により全量が流出した。2つに分かれた船体は暫くの間漂流し続けたが，やがて3,500メートルの海底に沈みその後も流出が続いた。

　P号は，2001年4，5月に5回目の定期検査を実施している。検査と修繕を行った船級協会（American Bureau of Shipping: ABS）及び中国の造船所は，作業は現在の基準に従ったものであったとしており，これまで事故の原因は究明されていないが，スペイン政府とABSに対する民事訴訟が提起されている。

　この事故を受けて，IMOは海上の安全を確保し，油濁被害などの拡大を防止する観点から，損傷を受けた船舶を受け入れるための避難港の設定に関する検討を行い，2003年に「援助を必要とする船舶に対する避難港に関する指針」を総会決議（A.949（23））として採択した。この中で，国際的なレベルにおいては国連海洋法条約（特に第221条）を始め，多くのIMO条約との法的な関連があることを喚起している。

　また，船舶に対する避難港の許可あるいは拒否に関する決定から生じる損害に対する責任及び損害に関する問題は同指針では扱わず，別の検討に委ねることとしている。

ナホトカ号重油流出事故

　1997年（平成９年）１月２日ロシア船籍のナホトカ（Nakhodka）号が，島根県隠岐島沖で船体破損事故を起こし，船尾部は沈没，積荷の重油のうち推定6,240キロリットルが付近の海上に流出した。また，船首部は2,800キロリットルの重油を積載したまま漂流し，同年１月７日福井県三国長安島岬沖合に漂着した。この重油流出事故により，海上での重油の回収・除去作業，海岸での油の回収・除去作業・清掃・船首部からの油の抜き取り作業などに莫大な費用損害が生じただけでなく，沿岸漁業への直接損害を含む漁業損害，観光業などの減収損害が発生し，その損害総額は世界最大規模のものであるといわれる。損害の賠償・補償に関しては，事故発生が旧条約と新条約の両方が効力を有している移行期間であったことから，69CLC と92CLC，71FC と92FC（前掲）が適用されることになった。1999年12月，国及び海上災害防止センターは，その油防除に伴い生じた損害の賠償などの支払いを求め，船舶所有者及び船主責任保険組合を相手取り，東京地裁に訴訟を提起した。漁業補償については，国際油濁基金が福井県内分の漁業被害査定額を約３億９千万円と確定したのを受け，2000年８月９日，県漁連が漁業者への支払を開始する一方，漁業者，商工観光業者，県自治体が，ナホトカ号船主らを相手に福井地裁に請求権の権利保全の訴えを起こした。これらの訴訟については，2002年８月30日までに和解が成立し，確定した補償額（損害総額）は261億円，船主の保険者と基金の賠償・補償の負担割合は42対58とされ，保険者が約110億円，基金が約151億円を支払うことになった。1971年基金と1992年基金の負担割合はそれぞれの補償上限額を考慮して約43対53とされた。この事故を契機に，改めて油濁損害への対応体制の見直しが問われることになった。政府は，油濁汚染事故発生時の即応体制，関係機関の緊密な連携などの強化を図るとともに，官民一体での油防除研究・訓練などに取り組んでいる。また，事故防止の観点から寄港国規制の実施体制の強化を推進するなど，事故の教訓を生かした総合的な即応・防止体制の構築に努めている。

ワカシオ号座礁・油流出事故

　2020年７月25日，パナマ船籍の大型ばら積み貨物船ワカシオ（Wakashio）号（101,932総トン）がモーリシャス島沖を航行中に座礁した。事故後，船体の亀裂から約1,000トンの燃料油が流出，その一部がモーリシャス島の海岸に漂着し，油濁防除作業や船骸（船体の残骸）の撤去作業が行われた。近傍にはラムサール条約の登録湿地が複数所在していたこともあり，世界的な注目を集める事故となった。

第11章　海洋紛争解決

　船舶の通航問題とは必ずしも直接的に関係しない面もあるが，国際海洋法の全体像を理解するために，海洋紛争の解決に関して国連海洋法条約の諸規定を中心として述べることにする。

1　海洋紛争の解決

(1)　国連海洋法条約の紛争解決システム

　従来，海洋法に関する紛争の大半は，一般の紛争解決手続に付されてきた。しかし，国連海洋法条約は，新たな紛争解決システムを形成する必要性から，詳細な紛争解決条項を有している（第186～191条，第279～299条，附属書Ⅴ～Ⅷ）。国連海洋法条約の紛争解決手続の特徴は，紛争当事国が合意に基づいて選択する平和的手段で紛争を解決することを義務づけるとともに（第15部第1節），拘束力ある決定を伴う義務的手続（第15部第2節）として，紛争当事国間で紛争解決手続の合意に至らなかったときや，合意された手続によって紛争が解決できないときなど，第1節の手続によって紛争が解決されなかった場合には紛争当事国が一方的に裁判に付託することを認めていることである。ただし，この義務的手続（第15部第2節）から自動的に除外される事項あるいは締約国の選択で除外される事項がかなり存在する。

　なお，国連海洋法条約に基づき，ドイツのハンブルグに設置された国際海洋法裁判所（**ITLOS**）は，21名の裁判官によって構成される。各裁判官の任期は9年である。この裁判所によって下される判決は最終的なものであり，すべての紛争当事国はこれに従わなければならない（第296条1項）。判決の効力は紛争当事者間及びその紛争に関してのみ発生する（第296条2項）。

(2)　紛争解決手続の選択

　条約では，第15部第1節（第279～285条）の総則において，次のように規定している。まず，締約国は，国連海洋法条約の解釈・適用に関する紛争を国連

憲章第33条１項に定める手段によって平和的に解決する義務を負う（第279条）。これらの平和的手段により紛争が解決されず，かつ，当該紛争の当事者間の合意が他の手続の可能性を排除していない場合には，この条約で定める紛争解決手続の適用を受けることになり（第281条１項），紛争当事国が期限を付すことについても合意した場合には，その期限の満了の時に限り国連海洋法条約上の紛争解決手続の適用を受ける（第281条２項）。非強制的手続としては，国連憲章に定められるものの他に，一般的・地域的又は二国間協定などに定められる紛争解決手段（第282条）や意見の交換義務（第283条１，２項），調停手続（第284条１～４項）が規定されている。

(3)　強制的手続

（ⅰ）　強制的手続

　強制的手続とは，紛争当事国がその要請により一方的に付託することができる手続をいう。強制的手続に関しては，「拘束力を有する決定を伴う義務的手続」が，第15部第２節（第286～296条）に規定されている。非強制的手続としての調停（第284条）は，強制管轄を持たず，その報告には拘束力はない。ただし，一定の事項に関しては，附属書Ⅴ第２節に定める調停に付すことが強制されている（強制調停）（第297条及び第298条）。

　紛争当事国は，合意した手続によって紛争の解決が得られず，かつ，紛争当事者間の合意が他の手続の可能性を排除していないときに（第281条），他の拘束力ある手続が優先することを条件として（第282条），一方の紛争当事国の要請で，拘束力を有する決定を伴う義務的手続に付託することができる（第286条）。当事国は ITLOS，国際司法裁判所（ICJ），仲裁裁判所（Arbitral Tribunal），特別仲裁裁判所（Special Arbitral Tribunal）の４つの裁判所の中から選択することができる（第287条）。各締約国は，文書による宣言を行うことによって，これらの４つの裁判手続のうち１つ又は２つ以上のものを選ぶことができる（第287条１項）。紛争当事国の双方が同一の裁判手続を選んでいるときは，紛争は，別段の合意がない限り，その裁判所の手続のみに付託することができ（第287条４項），紛争当事国が同一の手続を選んでいないときは，紛争

は，別段の合意がない限り，附属書Ⅶに従って仲裁裁判所にのみ付託すること
ができる（第287条5項）。

なお，紛争が付託された裁判所は，管轄権を有すると推定する場合には，終
局裁判を行うまでの間，紛争当事者のそれぞれの権利を保全し又は海洋環境に
対して生ずる重大な害を防止するため，状況に応じて適当と認める暫定措置を
定めることができる（第290条1項）。

（ⅱ）「拘束力を有する決定を伴う義務的手続」からの除外

国連海洋法条約は，一定の種類の紛争について，「拘束力を有する決定を伴
う義務的手続」からの「除外」（exception）を認めている。除外される紛争に
は，自動的に除外されるものと締約国の選択によって除外されるものがある。
自動的に除外される紛争としては，沿岸国による主権的権利又は管轄権の行使
に関する特定の紛争（航行，上空飛行，海底電線・パイプラインの敷設の自由
や権利や，海洋環境の保護及び保全のための特定の国際的な規則及び基準など
の違反など）以外のものや（第297条1項），排他的経済水域・大陸棚の海洋の
科学的調査に関する沿岸国の権利・裁量に関する紛争，調査計画の停止又は終
止を命ずる沿岸国の決定に関する紛争（第297条2項）及び排他的経済水域に
おける生物資源に関する沿岸国の主権的権利又はその行使に関する紛争（第
297条3項）などがある。これらの紛争は，いずれかの紛争当事国の要請で附
属書Ⅴ第2節に定める強制調停に付託されるにとどまる（第297条2項(b)，3
項(b)）。

締約国の選択によって除外される紛争としては，(a)領海，排他的経済水域及
び大陸棚の境界画定並びに歴史的湾・歴史的権原に関する紛争，(b)軍事的活動
に関する紛争，自動的に除外された主権的権利・管轄権の行使に係る法律の執
行活動に関する紛争，(c)国連安全保障理事会が国連憲章によって委託された任
務の遂行に関する紛争がある。これらのうち，(a)の境界画定及び歴史的湾・歴
史的権原に関する紛争については，大陸又は島の領土についての紛争の検討に
関わらない限り，いずれかの紛争当事国の要請により附属書Ⅴ第2節の強制調
停に付託される（第298条1項）。

（ⅲ）　船舶・乗組員の早期釈放制度

　船舶の通航との関係で重要な紛争解決手続が船舶の釈放制度である。

　国連海洋法条約では，締約国の当局は，排他的経済水域（EEZ）における沿岸国の漁業法令の執行や領海や EEZ での汚染防止法令の執行や措置に際して他の締約国を旗国とする船舶を拿捕した場合，合理的な保証金（ボンド）の支払い又は合理的な他の金銭上の保証の提供後に船舶及びその乗組員を速やかに釈放しなければならない旨規定されている（第73条2項及び第226条1項）。これらの規定の違反を主張する場合，釈放の問題については，紛争当事者が合意する裁判所に付託することができる。拿捕のときから10日以内に紛争当事者が合意に達しない場合，紛争当事者が別段の合意をしない限り，拿捕，抑留した国が第287条の規定によって受け入れている裁判所又は ITLOS にこの問題を付託することができる（第292条1項）。

2　わが国をめぐる裁判実践

　国連海洋法条約上の早期釈放制度をわが国が利用した例として，日ロ間の漁業に関する第88豊進丸事件及び第53富丸事件がある（いずれも，2007年）。判決では，第88豊進丸について，船体及び乗組員の釈放のための合理的な保証金の額として1,000万ルーブル（約4,600万円）を認定するとともに，ロシアに対し，その支払いにより船体を早期に釈放すること，並びに，船長及び乗組員の無条件の帰国を認めることを命じた。第53富丸事件については，口頭弁論後にロシアの国内裁判手続がすべて終了し船体没収が確定したため，もはやわが国側の請求の目的が失われたとして，裁判所は「早期釈放」の決定は下せないと判示した。

　また，わが国が近年海洋に関連して訴訟を提起された事例としては，みなみまぐろ事件（ITLOS，〔暫定措置命令〕1999年・国連海洋法条約附属書Ⅶ仲裁裁判所，〔管轄権・受理可能性判決〕2000年）と南極海捕鯨事件（ICJ，2014年）がある。みなみまぐろ事件は，わが国がオーストラリア及びニュージーランドに対してみなみまぐろ保存条約（CCSBT）に基づくみなみまぐろの漁獲割当

量の拡大を求める中，CCSBT の割当量の決定が行われずにいたことを背景とする事件である。わが国がこのような中で試験的調査漁獲計画（Experimental Fishing Program: EFP）を一方的に開始したところ，両国は1999年に国連海洋法条約第116〜119条及び第300条に違反しているとして，国連海洋法条約第287条及び附属書Ⅶに基づく仲裁手続を開始するとともに，同裁判所の設置までの間にわが国による試験的 EFP を停止させるための暫定措置命令を求めた。ITLOS は同年試験的 EFP を中断することなどをわが国に命じる暫定措置命令を出したが，その後設立された仲裁裁判所は2000年に本件を CCSBT のみならず国連海洋法条約上の紛争であるとしつつも，CCSBT 第16条は国連海洋法条約第15部第2節の強制的手続を排除する趣旨の規定であるとして自らの管轄権を認めず，最終的に暫定措置命令を取り消した。南極海捕鯨事件はわが国が南極海で行っていた調査捕鯨につき国際捕鯨取締条約（ICRW）に違反しているとしてオーストラリアが ICJ に提訴した事件である。ICJ は2014年にわが国の調査捕鯨プログラム（JARPAII）が概ね ICRW 第8条1項の「科学的研究」と特徴づけられると認めつつも，鯨を殺傷する調査手法が研究目的に照らして合理的なものとは言えないことなどを理由に，わが国の捕鯨は「科学調査目的ではない」として，わが国に対して JARPAII に基づく捕鯨許可を撤回し，同計画に基づく新たな許可の付与を差し控えなければならないと決定した。

第12章　わが国をめぐる近年の動向

1　尖閣諸島周辺海域

　尖閣諸島周辺海域では，中国海警局に所属する船舶がほぼ毎日確認されており，領海侵入も繰り返されている。2022年の接続水域内における年間確認日数は336日で過去最多を記録したが，2021年は332日，2020年は333日とほぼ同じ日数となっており，同水域内における連続確認日数にあっては2021年の157日が過去最長（2022年12月31日現在）となっている。また，中国海警局に所属する船舶による領海侵入件数は，2023年が18件（6月30日現在），2022年が28件，2021年が34件，2020年が24件となっている。さらに，尖閣諸島周辺のわが国領海において中国海警局に所属する船舶が日本漁船へ近づこうとする事案も多数確認されており，2020年は8件であったのに対し，2021年は18件，2022年は11件，2023年は7件（6月30日現在）となっている。このような状況下，海上保

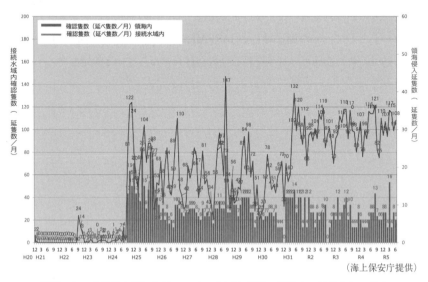

（海上保安庁提供）

図12・1　尖閣諸島周辺海域における中国海警局に所属する船舶などの動向

安庁は，常に尖閣諸島周辺海域に巡視船を配備して領海警備にあたっており，事態をエスカレートさせることなく，国際法・国内法に則り，冷静に，かつ，毅然として対応している。

2　外国公船及び外国軍艦の有害な通航に対する措置

　自国の領海で他国の軍艦や政府船舶（外国公船）が無害でない通航（有害な通航）を行うことがある。国連海洋法条約は沿岸国に保護権，すなわち無害でない通航を防止するために「必要な措置をとる」権利を認めている（第25条1項。第3章5⑹参照）が，外国公船には軍艦と同様に免除を認めている（第32条。第2章4⑷参照）。ところが，国連海洋法条約第30条は外国軍艦に対する退去の要求を認める一方，同条は外国公船に言及していない。

　わが国は，外国軍艦の有害な通航については，2015年に自衛隊の海上警備行動による対処を基本とすることを決定し（平成27年5月14日閣議決定），頻繁に生じている外国公船の有害な通航については海上保安庁が領海からの退去要求や進路規制によって対処している。さらに，当該外国公船が有する免除を侵害しない範囲において，当該外国公船の侵害行為との比例性を確保した上で「必要な措置」を取ることができるとしつつも，状況によっては，国際法上許容される範囲内において，警察比例の原則に則り武器使用も排除されないという立場を取っている（2021年2月17日，第204回国会衆議院予算委員会，奥島海上保安庁長官答弁）。

3　海洋の科学的調査

⑴　海洋の科学的調査をめぐる対立

　海洋科学調査は，①第2次世界大戦後，海洋資源の開発が急速に進んだこと，②開発途上の沿岸諸国が海洋科学調査の重要性を認識するようになったこと，③大規模な海洋科学調査の実施を可能にする新技術の開発や開発された新技術による海洋利用一般が拡大したこと，④海洋調査が軍事的目的にとって重要性を有することなどを受けて，比較的最近になって国際法の関心領域となっ

てきた。海洋科学調査をめぐる国際法制度の背景には，発達した海洋技術の開発をさらに促進しようとする立場と，国際法により調査活動に規制を及ぼそうとする立場との対立がある。発展途上の沿岸諸国は，科学的知見と政治的，経済的あるいは軍事的な力は密接に結びついており，先進海洋国が豊かになった理由の一端は科学調査能力などを含めた海洋開発技術にあると認識するようになったが，これらの諸国は科学的調査などの技術や能力を有さないことから，自国の管理下にある沖合区域における外国の科学的調査を規制したり，海洋技術の援助・移転を国際法制度に取り込むことで恩恵を受けようとしたりすることで，先進諸国との格差がさらに拡大するのを防ごうとした。

(2)　国連海洋法条約の規定

国連海洋法条約では，すべての国及び権限のある国際機関は，同条約に従うことを条件として科学的調査を実施する権利を有し（第238条），この条約に従って海洋の科学的調査の発展・実施を促進することとされている（第239条）。また，海洋の科学的調査の実施のための一般原則として，①もっぱら平和的目的のために実施すること，②この条約に合致する適当な科学的方法・手段を用いること，③この条約と合致する他の適法な海洋の利用を不当に妨げず，また科学的調査の実施がそのような利用の際に十分に尊重されること，④この条約に従って採択されるすべての関連規則に従うことを規定している（第240条）。

領海においては，沿岸国は，海洋の科学的調査を規制し，許可し，実施する排他的権利を有し，科学的調査は，沿岸国の明示の同意が得られ，かつ，沿岸国の定める条件に基づく場合に限り，実施するものとされる（第245条）。

排他的経済水域（EEZ）及び大陸棚においては，沿岸国は海洋の科学的調査を規制し，許可し及び実施する権利を有し，このような科学的調査は沿岸国の「同意」（consent）を得て実施するものとされる（同意レジーム。第246条1，2項）。ただし，EEZ及び大陸棚において，他の国又は権限のある国際機関により，もっぱら平和的目的で，かつ，すべての人類の利益のために海洋環境に関する科学的知識を増進させる目的でこの条約に従って実施される海洋の科学

的調査計画については，通常の状況において，沿岸国は同意を与えなければならない（第246条1～3項）。しかし，沿岸国は，①天然資源の探査及び開発に直接影響を及ぼす場合，②大陸棚の掘削，爆発物の使用又は海洋環境への有害物質の導入を伴う場合，③人工島，設備・構築物の建設，操作又は利用を伴う場合など，一定の場合には自国の裁量により同意を与えないことができるともされている（第246条5項）。

なお，調査活動が沿岸国の同意の基礎となったものに従って実施されていない場合や，調査活動を行っている国又は国際機関が沿岸国の権利に関する規定を遵守していない場合には，沿岸国は調査活動の停止を要求する権利を有する（第253条1項）。国や国際機関は，主要な計画及びその目的に関する情報並びに海洋の科学的調査から得られた知識を提供するために，単独であるいは他の国及び権限ある国際機関と協力して，科学的な資料及び情報の交流並びに海洋の科学的調査から得られた知識の移転（特に開発途上国に対する移転）を積極的に促進することとしている（第244条1，2項）。

(3) 諸外国によるわが国近海での海洋科学調査

わが国との関係では，中国や韓国など近隣諸国の船舶が日中・日韓間の海洋境界未画定海域において海洋科学調査を行っていることが懸案となっている。

境界未画定海域については，国連海洋法条約第74条3項及び第83条3項は，それぞれ EEZ 及び大陸棚について，向かい合っているか又は隣接している海岸を有する関係国に対して，暫定的な取決めを締結するため及びそのような過渡的期間において最終的な合意への到着を危うくし又は妨げないためにあらゆる努力をはらうよう求めている。

中国の海洋調査船の活動は，1996年頃から，東シナ海の中間線よりわが国側の海域や沖縄・宮古島間の海域において活発化した。この活動の中には資源調査と疑われるものも含まれていた。そこで，2000年8月の日中外相会談では，科学的調査に関する事前通報制度を設定することに合意した。その結果，両国政府は，2001年2月13日，科学的調査を実施する際に相互に事前通報を行う制度について口上書を交換した。東シナ海や太平洋側の沖ノ鳥島周辺における

中国による海洋調査船の活動は，口上書交換後しばらくの間減少傾向にあった
もののその後は再び増加し，2015年には近年最多の23件（うち１件はバハマ籍
船）を記録した。

　また，日韓両国が主権を主張する竹島の海域（竹島の主権国の EEZ となる
海域）での韓国による海洋調査が問題となっている。2006年７月に韓国がわが
国の中止要請にもかかわらず海流調査を強行した。わが国も調査実施を計画し
韓国側が強硬に反発するなど緊張状態が生じたが，同年10月に共同で海洋放射
能の調査が実施された。その後韓国は当該海域での調査を控えていたが，2022
年５月以降，海洋科学調査を複数回実施し，わが国が抗議する事態となってい
る。

４　海洋境界未画定海域における資源利用

　上述のとおり，国連海洋法条約上，関係国は，暫定的な取決めを結ぶよう努
力する義務と最終的な合意を危うくしないよう努力する義務（自制義務）を
負っている（EEZ について第74条３項・大陸棚について第83条３項）。

　自制義務の下で，関係国は物理的な変化をもたらさないような活動は認めら
れる一方，原則として海洋環境に「恒久的な物理的変化」を加えることは禁じ
られると言われる（ガイアナ＝スリナム海洋境界画定事件判決，国連海洋法条
約附属書Ⅶ仲裁裁判所，2007年）。ただし，「恒久的な物理的変化」の基準が今
後もあらゆる事例に適用されるとは限らず（大西洋海洋境界画定事件判決
（ガーナ＝コートジボワール），国際海洋法裁判所（ITLOS）特別裁判部，2017
年），海洋境界未画定海域における一方的活動が自制義務に適合するか否かは
個別具体的な事案の状況を踏まえて判断されると考えられる。

　わが国との関係では，日中間で大陸棚の境界画定をめぐる争いのある東シナ
海で中国が行っている天然ガス開発が問題となっている。春暁（日本名：白
樺）ガス田などをはじめとする中国による開発自体は日中の地理的中間線（わ
が国が主張する境界線）の中国側で行われているものの，ガス鉱脈が中間線を
跨いでいるため，わが国側の大陸棚に埋蔵されている資源までもが採掘される

おそれがある（ストロー効果）。2004年に「東シナ海等に関する日中協議」が開始され，2008年6月，「東シナ海における日中間の協力について」合意が発表されたが，その後，わが国からの呼びかけに関わらず協議は再開されておらず，中国はその後も一方的な探査・開発と疑われる活動を続けていると報じられている。2022年には2015年以来7年ぶりに2基の新たな海洋プラットフォームを設置し，当該海域における中国の海洋プラットフォームは18基となった。

（資　　料）

1　海洋法に関する国際連合条約（抄）

（平成八年七月十二日）
（条　約　第　六　号）

この条約の締約国は、

海洋法に関するすべての問題を相互の理解及び協力の精神によって解決する希望に促され、また、平和の維持、正義及び世界のすべての人民の進歩に対する重要な貢献としてのこの条約の歴史的な意義を認識し、

千九百五十八年及び千九百六十年にジュネーヴで開催された国際連合海洋法会議以降の進展により新かなかつ一般的に受け入れられ得る海洋法に関する条約の必要性が高められたことに留意し、

海洋の諸問題が相互に密接な関連を有し及び全体として検討される必要があることを認識し、

この条約を通じ、すべての国の主権に妥当な考慮を払いつつ、国際交通を促進し、かつ、海洋の平和的利用、海洋資源の衡平かつ効果的な利用、海洋生物資源の保存並びに海洋環境の研究、保護及び保全を促進するような海洋の法的秩序を確立することが望ましいことを認識し、

このような目標の達成が、人類全体の利益及びニーズ、特に開発途上国（沿岸国であるか内陸国であるかを問わない。）の特別の利益及びニーズを考慮した公正かつ衡平な国際経済秩序の実現に貢献することに留意し、

国の管轄権の及ぶ区域の境界の外の海底及びその下並びにその資源が人類の共同の財産であり、その探査及び開発が国の地理的な位置のいかんにかかわらず人類全体の利益のために行われること等を国際連合総会が厳粛に宣言した千九百七十年十二月十七日の決議第二千七百四十九号（第二十五回会期）に規定する諸原則をこの条約により発展させることを希望し、

この条約により達成される海洋法の法典化及び漸進的発展が、国際連合憲章に規定する国際連合の目的及び原則に従い、正義及び同権の原則に基づくすべての国の間における平和、安全、協力及び友好関係の強化に貢献し並びに世界のすべての人民の経済的及び社会的発展を促進することを確信し、

この条約により規律されない事項は、引き続き一般国際法の規則及び原則により規律されることを確認して、

次のとおり協定した。

　　第一部　序

第一条　用語及び適用範囲

1　この条約の適用上、

　(1)　「深海底」とは、国の管轄権の及び区域の境界の外の海底及びその下をいう。

　(2)　「機構」は、国際海底機構をいう。

　(3)　「深海底における活動」とは、深海底の資源の探査及び開発のすべての活動をいう。

　(4)　「海洋環境の汚染」とは、人間による海洋環境（三角江を含む。）への物質又はエネルギーの直接的又は間接的な導入であって、生物資源及び海洋生物に対する害、人の健康に対する危険、海洋活動（漁獲及びその他の適法な海洋の利用を含む。）に対する障害、海水の水質を利用に適さなくすること並びに快適性の減殺のような有害な結果をもたらし又はもたらすおそれのあるものをいう。

　(5)(a)　「投棄」とは、次のことをいう。

　　（ⅰ）　廃棄物その他の物を船舶、航空機又はプラットフォームその他の人工海洋構築物
　　　　　から故意に処分すること。

　　（ⅱ）　船舶、航空機又はプラットフォームその他の人工海洋構築物を故意に処分するこ
　　　　　と。

　（b）　「投棄」には、次のことを含まない。

　　（ⅰ）　船舶、航空機又はプラットフォームその他の人工海洋構築物及びこれらのものの
　　　　　設備の通常の運用に付随し又はこれに伴って生ずる廃棄物その他の物を処分する
　　　　　こと。ただし、廃棄物その他の物であって、その処分に従事する船舶、航空機又
　　　　　はプラットフォームその他の人工海洋構築物によって又はこれらに向けて運搬さ
　　　　　れるもの及び当該船舶、航空機又はプラットフォームその他の人工海洋構築物に
　　　　　おける当該廃棄物その他の物の処理に伴って生ずるものを処分することを除く。

　　（ⅱ）　物を単なる処分の目的以外の目的で配置すること。ただし、その配置がこの条約
　　　　　の目的に反しない場合に限る。

2（1）　「締約国」とは、この条約に拘束されることに同意し、かつ、自国についてこの条約の
　　　効力が生じている国をいう。

　（2）　この条約は、第三百五条1の（b）から（f）までに規定する主体であって、そのそれぞれに関
　　　連する条件に従ってこの条約の当事者となるものについて準用し、その限度において「締
　　　約国」というときは、当該主体を含む。

　　　第二部　領海及び接続水域

　　　　第一節　総則

第二条　領海、領海の上空並びに領海の海底及びその下の法的地位

1　沿岸国の主権は、その領土若しくは内水又は群島国の場合にはその群島水域に接続する水
　域で領海といわれるものに及ぶ。

2　沿岸国の主権は、領海の上空並びに領海の海底及びその下に及ぶ。

3　領海に対する主権は、この条約及び国際法の他の規則に従って行使される。

　　　　第二節　領海の限界

第三条　領海の幅

　　　いずれの国も、この条約の定めるところにより決定される基線から測定して十二海里を超
　　　えない範囲でその領海の幅を定める権利を有する。

第四条　領海の外側の限界

　　　領海の外側の限界は、いずれの点をとっても基線上の最も近い点からの距離が領海の幅に
　　　等しい線とする。

第五条　通常の基線

　　　この条約に別段の定めがある場合を除くほか、領海の幅を測定するための通常の基線は、
　　　沿岸国が公認する大縮尺海図に記載されている海岸の低潮線とする。

第六条　礁

　　　環礁の上に所在する島又は裾礁を有する島については、領海の幅を測定するための基線は、
　　　沿岸国が公認する海図上に適当な記号で示される礁の海側の低潮線とする。

第七条　直線基線

1　海岸線が著しく曲折しているか又は海岸に沿って至近距離に一連の島がある場所において
　は、領海の幅を測定するための基線を引くに当たって、適当な点を結ぶ直線基線の方法を用
　いることができる。

2　三角州その他の自然条件が存在するために海岸線が非常に不安定な場所においては、低潮
　線上の海へ向かって最も外側の適当な諸点を選ぶことができるものとし、直線基線は、その

後、低潮線が後退する場合においても、沿岸国がこの条約に従って変更するまで効力を有する。

3　直線基線は、海岸の全般的な方向から著しく離れて引いてはならず、また、その内側の水域は、内水としての規制を受けるために陸地と十分に密接な関連を有しなければならない。

4　直線基線は、低潮高地との間に引いてはならない。ただし、恒久的に海面上にある灯台その他これに類する施設が低潮高地の上に建設されている場合及び低潮高地との間に基線を引くことが一般的な国際的承認を受けている場合は、この限りでない。

5　直線基線の方法が1の規定に基づいて適用される場合には、特定の基線を決定するに当たり、その地域に特有な経済的利益でその現実性及び重要性が長期間の慣行によって明白に証明されているものを考慮に入れることができる。

6　いずれの国も、他の国の領海を公海又は排他的経済水域から切り離すように直線基線の方法を適用することができない。

第八条　内水

1　第四部に定める場合を除くほか、領海の基線の陸地側の水域は、沿岸国の内水の一部を構成する。

2　前条に定める方法に従って定めた直線基線がそれ以前には内水とされていなかった水域を内水として取り込むこととなる場合には、この条約に定める無害通航権は、これらの水域において存続する。

第九条　河口

河川が海に直接流入している場合には、基線は、河口を横切りその河川の両岸の低潮線上の点の間に引いた直線とする。

第十条　湾

1　この条は、海岸が単一の国に属する湾についてのみ規定する。

2　この条約の適用上、湾とは、奥行が湾口の幅との対比において十分に深いため、陸地に囲まれた水域を含み、かつ、単なる海岸のわん曲以上のものを構成する明白な湾入をいう。ただし、湾入は、その面積が湾口を横切って引いた線を直径とする半円の面積以上のものでない限り、湾とは認められない。

3　測定上、湾入の面積は、その海岸の低潮線と天然の入口の両側の低潮線上の点を結ぶ線とにより囲まれる水域の面積とする。島が存在するために湾入が二以上の湾口を有する場合には、それぞれの湾口に引いた線の長さの合計に等しい長さの線上に半円を描くものとする。湾入内にある島は、湾入の水域の一部とみなす。

4　湾の天然の入口の両側の低潮線上の点の間の距離が二十四海里を超えないときは、これらの点を結ぶ閉鎖線を引き、その線の内側の水域を内水とする。

5　湾の天然の入口の両側の低潮線上の点の間の距離が二十四海里を超えるときは、二十四海里の直線基線を、この長さの線で囲むことができる最大の水域を囲むような方法で湾内に引く。

6　この条の規定は、いわゆる歴史的湾について適用せず、また、第七条に定める直線基線の方法が適用される場合についても適用しない。

第十一条　港

領海の限界の画定上、港湾の不可分の一部を成す恒久的な港湾工作物で最も外側にあるものは、海岸の一部を構成するものとみなされる。沖合の施設及び人工島は、恒久的な港湾工作物とはみなされない。

第十二条　停泊地

積込み、積卸し及び船舶の投びょうのために通常使用されている停泊地は、その全部又は

一部が領海の外側の限界よりも外方にある場合にも、領海とみなされる。

第十三条　低潮高地

1　低潮高地とは、自然に形成された陸地であって、低潮時には水に囲まれ水面上にあるが、高潮時には水中に没するものをいう。低潮高地の全部又は一部が本土又は島から領海の幅を超えない距離にあるときは、その低潮線は、領海の幅を測定するための基線として用いることができる。

2　低潮高地は、その全部が本土又は島から領海の幅を超える距離にあるときは、それ自体の領海を有しない。

第十四条　基線を決定する方法の組合せ

沿岸国は、異なる状態に適応させて、前諸条に規定する方法を適宜用いて基線を決定することができる。

第十五条　向かい合っているか又は隣接している海岸を有する国の間における領海の境界画定

二の国の海岸が向かい合っているか又は隣接しているときは、いずれの国も、両国間に別段の合意がない限り、いずれの点をとっても両国の領海の幅を測定するための基線上の最も近い点から等しい距離にある中間線を越えてその領海を拡張することができない。ただし、この規定は、これと異なる方法で両国の領海の境界を定めることが歴史的権原その他特別の事情により必要であるときは、適用しない。

第十六条　海図及び地理学的経緯度の表

1　第七条、第九条及び第十条の規定に従って決定される領海の幅を測定するための基線又はこれに基づく限界線並びに第十二条及び前条の規定に従って引かれる境界画定線は、それらの位置の確認に適した縮尺の海図に表示する。これに代えて、測地原子を明示した各点の地理学的経緯度の表を用いることができる。

2　沿岸国は、1の海図又は地理学的経緯度の表を適当に公表するものとし、当該海図又は表の写しを国際連合事務総長に寄託する。

第三節　領海における無害通航

A　すべての船舶に適用される規則

第十七条　無害通航権

すべての国の船舶は、沿岸国であるか内陸国であるかを問わず、この条約に従うことを条件として、領海において無害通航権を有する。

第十八条　通航の意味

1　通航とは、次のことのために領海を航行することをいう。

(a)　内水に入ることなく又は内水の外にある停泊地若しくは港湾施設に立ち寄ることなく領海を通過すること。

(b)　内水に向かって若しくは内水から航行すること又は(a)の停泊地若しくは港湾施設に立ち寄ること。

2　通航は、継続的かつ迅速に行わなければならない。ただし、停船及び投びょうは、航行に通常付随するものである場合、不可抗力若しくは遭難により必要とされる場合又は危険若しくは遭難に陥った人、船舶若しくは航空機に援助を与えるために必要とされる場合に限り、通航に含まれる。

第十九条　無害通航の意味

1　通航は、沿岸国の平和、秩序又は安全を害しない限り、無害とされる。無害通航は、この条約及び国際法の他の規則に従って行わなければならない。

2　外国船舶の通航は、当該外国船舶が領海において次の活動のいずれかに従事する場合には、沿岸国の平和、秩序又は安全を害するものとされる。

　(a)　武力による威嚇又は武力の行使であって、沿岸国の主権、領土保全若しくは政治的独立
　　　に対するもの又はその他の国際連合憲章に規定する国際法の諸原則に違反する方法による
　　　もの
　(b)　兵器（種類のいかんを問わない。）を用いる訓練又は演習
　(c)　沿岸国の防衛又は安全を害することとなるような情報の収集を目的とする行為
　(d)　沿岸国の防衛又は安全に影響を与えることを目的とする宣伝行為
　(e)　航空機の発着又は積込み
　(f)　軍事機器の発着又は積込み
　(g)　沿岸国の通関上、財政上、出入国管理上又は衛生上の法令に違反する物品、通貨又は人
　　　の積込み又は積卸し
　(h)　この条約に違反する故意のかつ重大な汚染行為
　(i)　漁獲活動
　(j)　調査活動又は測量活動の実施
　(k)　沿岸国の通信系又は他の施設への妨害を目的とする行為
　(l)　通航に直接の関係を有しないその他の活動

第二十条　潜水船その他の水中航行機器

　潜水船その他の水中航行機器は、領海においては、海面上を航行し、かつ、その旗を掲げ
なければならない。

第二十一条　無害通航に係る沿岸国の法令

1　沿岸国は、この条約及び国際法の他の規則に従い、次の事項の全部又は一部について領海
における無害通航に係る法令を制定することができる。
　(a)　航行の安全及び海上交通の規制
　(b)　航行援助施設及び他の施設の保護
　(c)　電線及びパイプラインの保護
　(d)　海洋生物資源の保存
　(e)　沿岸国の漁業に関する法令の違反の防止
　(f)　沿岸国の環境の保全並びにその汚染の防止、軽減及び規制
　(g)　海洋の科学的調査及び水路測量
　(h)　沿岸国の通関上、財政上、出入国管理上又は衛生上の法令の違反の防止
2　1に規定する法令は、外国船舶の設計、構造、乗組員の配乗又は設備については、適用し
　ない。ただし、当該法令が一般的に受け入れられている国際的な規則又は基準を実施する場
　合は、この限りでない。
3　沿岸国は、1に規定するすべての法令を適当に公表する。
4　領海において無害通航権を行使する外国船舶は、1に規定するすべての法令及び海上にお
　ける衝突の予防に関する一般的に受け入れられているすべての国際的な規則を遵守する。

第二十二条　領海における航路帯及び分離通航帯

1　沿岸国は、航行の安全を考慮して必要な場合には、自国の領海において無害通航権を行使
　する外国船舶に対し、船舶の通航を規制するために自国が指定する航路帯及び設定する分離
　通航帯を使用するよう要求することができる。
2　沿岸国は、特に、タンカー、原子力船及び核物質又はその他の本質的に危険若しくは有害
　な物質若しくは原料を運搬する船舶に対し、1の航路帯のみを通航するよう要求することが
　できる。
3　沿岸国は、この条の規定により航路帯の指定及び分離通航帯の設定を行うに当たり、次の
　事項を考慮する。

(a)　権限のある国際機関の勧告

(b)　国際航行のために慣習的に使用されている水路

(c)　特定の船舶及び水路の特殊な性質

(d)　交通のふくそう状況

4　沿岸国は、この条に定める航路帯及び分離通航帯を海図上に明確に表示し、かつ、その海図を適当に公表する。

第二十三条　外国の原子力船及び核物質又はその他の本質的に危険若しくは有害な物質を運搬する船舶

外国の原子力船及び核物質又はその他の本質的に危険若しくは有害な物質を運搬する船舶は、領海において無害通航権を行使する場合には、そのような船舶について国際協定が定める文書を携行し、かつ、当該国際協定が定める特別の予防措置をとる。

第二十四条　沿岸国の義務

1　沿岸国は、この条約の定めるところによる場合を除くほか、領海における外国船舶の無害通航を妨害してはならない。沿岸国は、特に、この条約又は条約に従って制定される法令の適用に当たり、次のことを行ってはならない。

(a)　外国船舶に対し無害通航権を否定し又は害する実際上の効果を有する要件を課すること。

(b)　特定の国の船舶に対し又は特定の国へ、特定の国から若しくは特定の国のために貨物を運搬する船舶に対して法律上又は事実上の差別を行うこと。

2　沿岸国は、自国の領海内における航行上の危険で自国が知っているものを適当に公表する。

第二十五条　沿岸国の保護権

1　沿岸国は、無害でない通航を防止するため、自国の領海内において必要な措置をとることができる。

2　沿岸国は、また、船舶が内水に向かって航行している場合又は内水の外にある港湾施設に立ち寄る場合には、その船舶が内水に入るため又は内水の外にある港湾施設に立ち寄るために従うべき条件に違反することを防止するため、必要な措置をとる権利を有する。

3　沿岸国は、自国の安全の保護（兵器を用いる訓練を含む。）のため不可欠である場合には、その領海内の特定の水域において、外国船舶の間に法律上又は事実上の差別を設けることなく、外国船舶の無害通航を一時的に停止することができる。このような停止は、適当な方法で公表された後においてのみ、効力を有する。

第二十六条　外国船舶に対して課し得る課徴金

1　外国船舶に対しては、領海の通航のみを理由とするいかなる課徴金も課することができない。

2　領海を通航する外国船舶に対しては、当該外国船舶に提供された特定の役務の対価としてのみ、課徴金を課することができる。これらの課徴金は、差別なく課する。

B　商船及び商業的目的のために運航する政府船舶に適用される規則

第二十七条　外国船舶内における刑事裁判権

1　沿岸国の刑事裁判権は、次の場合を除くほか、領海を通航している外国船舶内において、その通航中に当該外国船舶内で行われた犯罪に関連していずれかの者を逮捕し又は捜査を行うために行使してはならない。

(a)　犯罪の結果が当該沿岸国に及ぶ場合

(b)　犯罪が当該沿岸国の安寧又は領海の秩序を乱す性質のものである場合

(c)　当該外国船舶の船長又は旗国の外交官若しくは領事官が当該沿岸国の当局に対して援助を要請する場合

(d)　麻薬又は向精神薬の不正取引を防止するために必要である場合

2　1の規定は、沿岸国が、内水を出て領海を通航している外国船舶内において逮捕又は捜査
を行うため、自国の法令で認められている措置をとる権利に影響を及ぼすものではない。

3　1及び2に定める場合においては、沿岸国は、船長の要請があるときは、措置をとる前に
当該外国船舶の旗国の外交官又は領事官に通報し、かつ、当該外交官又は領事官と当該外国
船舶の乗組員との間の連絡を容易にする。緊急の場合には、その通報は、当該措置をとって
いる間に行うことができる。

4　沿岸国の当局は、逮捕すべきか否か、また、いかなる方法によって逮捕すべきかを考慮す
るに当たり、航行の利益に対して妥当な考慮を払う。

5　沿岸国は、第十二部に定めるところによる場合及び第五部に定めるところにより制定する
法令の違反に関する場合を除くほか，外国の港を出て、内水に入ることなく単に領海を通航
する外国船舶につき、当該外国船舶が領海に入る前に船内において行われた犯罪に関連して
いずれかの者を逮捕し又は捜査を行うため、いかなる措置もとることができない。

第二十八条　外国船舶に関する民事裁判権

1　沿岸国は、領海を通航している外国船舶内にある者に関して民事裁判権を行使するために
当該外国船舶を停止させてはならず、又はその航路を変更させてはならない。

2　沿岸国は、外国船舶が沿岸国の水域を航行している間に又はその水域を航行するために当
該外国船舶について生じた債務又は責任に関する場合を除くほか、当該外国船舶に対し民事
上の強制執行又は保全処分を行うことができない。

3　2の規定は、沿岸国が、領海に停泊しているか又は内水を出て領海を通航している外国船
舶に対し、自国の法令に従って民事上の強制執行又は保全処分を行う権利を害するものでは
ない。

C　軍艦及び非商業的目的のために運航するその他の政府船舶に適用される規則

第二十九条　軍艦の定義

この条約の適用上、「軍艦」とは、一の国の軍隊に属する船舶であって、当該国の国籍を
有するそのような船舶であることを示す外部標識を掲げ、当該国の政府によって正式に任命
されてその氏名が軍務に従事する者の適当なる名簿又はこれに相当するものに記載されてい
る士官の指揮の下にあり、かつ、正規の軍隊の規律に服する乗組員が配置されているものを
いう。

第三十条　軍艦による沿岸国の法令の違反

軍艦が領海の通航に係る沿岸国の法令を遵守せず、かつ、その軍艦に対して行われた当該
法令の遵守の要請を無視した場合には、当該沿岸国は、その軍艦に対し当該領海から直ちに
退去することを要求することができる。

第三十一条　軍艦又は非商業的目的のために運航するその他の政府船舶がもたらした損害につ いての旗国の責任

旗国は、軍艦又は非商業的目的のために運航するその他の政府船舶が領海の通航に係る沿
岸国の法令、この条約又は国際法の他の規則を遵守しなかった結果として沿岸国に与えたい
かなる損失又は損害についても国際的責任を負う。

第三十二条　軍艦及び非商業的目的のために運航するその他の政府船舶に与えられる免除

この節のA及び前二条の規定による例外を除くほか、この条約のいかなる規定も、軍艦及
び非商業的目的のために運航するその他の政府船舶に与えられる免除に影響を及ぼすもので
はない。

第四節　接続水域

第三十三条　接続水域

1　沿岸国は、自国の領海に接続する水域で接続水域といわれるものにおいて、次のことに必

要な規制を行うことができる。
- (a) 自国の領土又は領海内における通関上、財政上、出入国管理上又は衛生上の法令の違反を防止すること。
- (b) 自国の領土又は領海内で行われた(a)の法令の違反を処罰すること。
2　接続水域は、領海の幅を測定するための基線から二十四海里を超えて拡張することができない。

第三部　国際航行に使用されている海峡

第一節　総則

第三十四条　国際航行に使用されている海峡を構成する水域の法的地位

1　この部に定める国際航行に使用されている海峡の通航制度は、その他の点については、当該海峡を構成する水域の法的地位に影響を及ぼすものではなく、また、当該水域、当該水域の上空並びに当該水域の海底及びその下に対する海峡沿岸国の主権又は管轄権の行使に影響を及ぼすものではない。
2　海峡沿岸国の主権又は管轄権は、この部の規定及び国際法の他の規則に従って行使される。

第三十五条　この部の規定の適用範囲

この部のいかなる規定も、次のものに影響を及ぼすものではない。
- (a) 海峡内の内水である水域。ただし、第七条に定める方法に従って定めた直線基線がそれ以前には内水とされていなかった水域を内水として取り込むこととなるものを除く。
- (b) 海峡沿岸国の領海を越える水域の排他的経済水域又は公海としての法的地位
- (c) 特にある海峡について定める国際条約であって長い間存在し現に効力を有しているものがその海峡の通航を全面的又は部分的に規制している法制度

第三十六条　国際航行に使用されている海峡内の公海又は排他的経済水域の航路

この部の規定は、国際航行に使用されている海峡であって、その海峡内に航行上及び水路上の特性において同様に便利な公海又は排他的経済水域の航路が存在するものについては、適用しない。これらの航路については、この条約の他の関連する部の規定（航行及び上空飛行の自由に関する規定を含む。）を適用する。

第二節　通過通航

第三十七条　この節の規定の適用範囲

この節の規定は、公海又は排他的経済水域の一部分と公海又は排他的経済水域の他の部分との間にある国際航行に使用されている海峡について適用する。

第三十八条　通過通航権

1　すべての船舶及び航空機は、前条に規定する海峡において、通過通航権を有するものとし、この通過通航権は、害されない。ただし、海峡が海峡沿岸国の島及び本土から構成されている場合において、その島の海側に航行上及び水路上の特性において同様に便利な公海又は排他的経済水域の航路が存在するときは、通過通航は、認められない。
2　通過通航とは、この部の規定に従い、公海又は排他的経済水域の一部分と公海又は排他的経済水域の他の部分との間にある海峡において、航行及び上空飛行の目的が継続的かつ迅速な通過のためのみに行使されることをいう。ただし、継続的かつ迅速な通過という要件は、海峡沿岸国への入国に関する条件に従い当該海峡沿岸国への入国又は当該海峡沿岸国からの出国若しくは帰航の目的で海峡を通航することを妨げられるものではない。
3　海峡における通過通航権の行使に該当しないいかなる活動も、この条約の他の適用される規定に従うものとする。

第三十九条　通過通航中の船舶及び航空機の義務

1　船舶及び航空機は、通過通航権を行使している間、次のことを遵守する。

(a) 海峡又はその上空を遅滞なく通過すること。

(b) 武力による威嚇又は武力の行使であって、海峡沿岸国の主権、領土保全若しくは政治的独立に対するもの又はその他の国際連合憲章に規定する国際法の諸原則に違反する方法によるものを差し控えること。

(c) 不可抗力又は遭難により必要とされる場合を除くほか、継続的かつ迅速な通過の通常の形態に付随する活動以外のいかなる活動も差し控えること。

(d) この部の他の関連する規定に従うこと。

2 通過通航中の船舶は、次の事項を遵守する。

(a) 海上における安全のための一般的に受け入れられている国際的な規則、手続及び方式（海上における衝突の予防のための国際規則を含む。）

(b) 船舶からの汚染の防止、軽減及び規制のための一般的に受け入れられている国際的な規則、手続及び方式

3 通過通航中の航空機は、次のことを行う。

(a) 国際民間航空機関が定める民間航空機に適用される航空規則を遵守すること。国の航空機については、航空規則に係る安全措置を原則として遵守し及び常に航行の安全に妥当な考慮を払って運航すること。

(b) 国際的に権限のある航空交通管制当局によって割り当てられた無線周波数又は適当な国際遭難無線周波数を常に聴守すること。

第四十条 調査活動及び測量活動

外国船舶（海洋の科学的調査又は水路測量を行う船舶を含む。）は、通過通航中、海峡沿岸国の事前の許可なしにいかなる調査活動又は測量活動も行うことができない。

第四十一条 国際航行に使用されている海峡における航路帯及び分離通航帯

1 海峡沿岸国は、船舶の安全な通航を促進するために必要な場合には、この部の規定により海峡内に航行のための航路帯を指定し及び分離通航帯を設定することができる。

2 1の海峡沿岸国は、必要がある場合には、適当に公表した後、既に指定した航路帯又は既に設定した分離通航帯を他の航路帯又は分離通航帯に変更することができる。

3 航路帯及び分離通航帯は、一般的に受け入れられている国際的な規則に適合したものとする。

4 海峡沿岸国は、航路帯の指定若しくは変更又は分離通航帯の設定若しくは変更を行う前に、これらの採択のための提案を権限のある国際機関に行う。当該権限のある国際機関は、当該海峡沿岸国が同意する航路帯及び分離通航帯のみを採択することができるものとし、当該海峡沿岸国は、その採択の後にそれに従って航路帯の指定若しくは変更又は分離通航帯の設定若しくは変更を行うことができる。

5 ある海峡において二以上の海峡沿岸国の水域を通る航路帯又は分離通航帯が提案される場合には、関係国は、権限のある国際機関と協議の上、その提案の作成に協力する。

6 海峡沿岸国は、自国が指定したすべての航路帯及び設定したすべての分離通航帯を海図上に明確に表示し、かつ、その海図を適当に公表する。

7 通過通航中の船舶は、この条の規定により設定された適用される航路帯及び分離通航帯を尊重する。

第四十二条 通過通航に係る海峡沿岸国の法令

1 海峡沿岸国は、この節に定めるところにより、次の事項の全部又は一部について海峡の通過通航に係る法令を制定することができる。

(a) 前条に定めるところに従う航行の安全及び海上交通の規制

(b) 海峡における油、油性廃棄物その他の有害な物質の排出に関して適用される国際的な規

則を実施することによる汚染の防止、軽減及び規制

(c)　漁船については、漁獲の防止（漁具の格納を含む。）

(d)　海峡沿岸国の通関上、財政上、出入国管理上又は衛生上の法令に違反する物品、通貨又は人の積込み又は積卸し

2　1の法令は、外国船舶の間に法律上又は事実上の差別を設けるものであってはならず、また、その適用に当たり、この節に定める通過通航権を否定し、妨害し又は害する実際上の効果を有するものであってはならない。

3　海峡沿岸国は、1のすべての法令を適当に公表する。

4　通過通航権を行使する外国船舶は、1の法令を遵守する。

5　主権免除を享受する船舶又は航空機が1の法令又はこの部の他の規定に違反して行動した場合には、その旗国又は登録国は、海峡沿岸国にもたらしたいかなる損失又は損害についても国際的責任を負う。

第四十三条　航行及び安全のための援助施設及び他の改善措置並びに汚染の防止、軽減及び規制

海峡利用国及び海峡沿岸国は、合意により、次の事項について協力する。

(a)　航行及び安全のために必要な援助施設又は国際航行に資する他の改善措置の海峡における設定及び維持

(b)　船舶からの汚染の防止、軽減及び規制

第四十四条　海峡沿岸国の義務

海峡沿岸国は、通過通航を妨害してはならず、また、海峡内における航行上又はその上空における飛行上の危険で自国が知っているものを適当に公表する。通過通航は、停止してはならない。

　　　第三節　無害通航

第四十五条　無害通航

1　第二部第三節の規定に基づく無害通航の制度は、国際航行に使用されている海峡のうち次の海峡について適用する。

(a)　第三十八条1の規定により通過通航の制度の適用から除外される海峡

(b)　公海又は一の国の排他的経済水域の一部と他の国の領海との間にある海峡

2　1の海峡における無害通航は、停止してはならない。

第四十六条　用語

この条約の適用上、

(a)　「群島国」とは、全体が一又は二以上の群島から成る国をいい、他の島を含めることができる。

(b)　「群島」とは、島の集団又はその一部、相互に連結する水域その他天然の地形が極めて密接に関係しているため、これらの島、水域その他天然の地形が本質的に一の地理的、経済的及び政治的単位を構成しているか又は歴史的にそのような単位と認識されているものをいう。

第四十七条　群島基線

1　群島国は、群島の最も外側にある島及び低潮時に水面上にある礁の最も外側の諸点を結ぶ直線の群島基線を引くことができる。ただし、群島基線の内側に主要な島があり、かつ、群島基線の内側の水域の面積と陸地（環礁を含む。）の面積との比率が一対一から九対一までの間のものとすることを条件とする。

2　群島基線の長さは、百海里を超えてはならない。ただし、いずれの群島についても、これを取り囲む基線の総数の三パーセントまでのものについて、最大の長さを百二十五海里まで

にすることができる。

3　群島基線は、群島の全般的な輪郭から著しく離れて引いてはならない。

4　群島基線は、低潮高地との間に引いてはならない。ただし、恒久的に海面上にある灯台その他これに類する施設が低潮高地の上に建設されている場合及び低潮高地の全部又は一部が最も近い島から領海の幅を超えない距離にある場合は、この限りでない。

5　いずれの群島国も、他の国の領海を公海又は排他的経済水域から切り離すように群島基線の方法を適用してはならない。

6　群島国の群島水域の一部が隣接する国の二の部分の間にある場合には、当該隣接する国が当該群島水域の一部で伝統的に行使している現行の権利及び他のすべての適法な利益並びにこれらの国の間の合意により定められているすべての権利は、存続しかつ尊重される。

7　1の水域と陸地との面積の比率の計算に当たり、陸地の面積には、島の裾礁及び環礁の内側の水域（急斜面を有する海台の上部の水域のうちその周辺にある一連の石灰石の島及び低潮時に水面上にある礁によって取り囲まれ又はほとんど取り囲まれている部分を含む。）を含めることができる。

8　この条の規定に従って引かれる基線は、その位置の確認に適した縮尺の海図に表示する。これに代えて、測地原子を明示した各点の地理学的経緯度の表を用いることができる。

9　群島国は、8の海図又は地理学的経緯度の表を適当に公表するものとし、当該海図又は表の写しを国際連合事務総長に寄託する。

第四十八条　領海、接続水域、排他的経済水域及び大陸棚の幅の測定

領海、接続水域、排他的経済水域及び大陸棚の幅は、前条の規定に従って引かれる群島基線から測定する。

第四十九条　群島水域、群島水域の上空並びに群島水域の海底及びその下の法的地位

1　群島国の主権は、第四十七条の規定に従って引かれる群島基線により取り囲まれる水域で群島水域といわれるもの（その水深又は海岸からの距離を問わない。）に及ぶ。

2　群島国の主権は、群島水域の上空、群島水域の海底及びその下並びにそれらの資源に及ぶ。

3　群島国の主権は，この部の規定に従って行使される。

4　この部に定める群島航路帯の通航制度は、その他の点については、群島水域（群島航路帯を含む。）の法的地位に影響を及ぼすものではなく、また、群島水域、群島水域の上空、群島水域の海底及びその下並びにそれらの資源に対する群島国の主権の行使に影響を及ぼすものではない。

第五十条　内水の境界画定

群島国は、その群島水域において、第九条から第十一条までの規定に従って内水の境界画定のための閉鎖線を引くことができる。

第五十一条　既存の協定、伝統的な漁獲の権利及び既設の海底電線

1　群島国は、第四十九条の規定の適用を妨げることなく、他の国との既存の協定を尊重するものとし、また、群島水域内の一定の水域における自国に隣接する国の伝統的な漁獲の権利及び他の適法な活動を認めるものとする。そのような権利を行使し及びそのような活動を行うための条件（これらの権利及び活動の性質、限度及び適用される水域を含む。）については、いずれかの関係国の要請により、関係国間における二国間の協定により定める。そのような権利は、第三国又はその国民に移転してはならず、また、第三国又はその国民との間で共有してはならない。

2　群島国は、他の国により敷設された既設の海底電線であって、陸地に接することなく自国の水域を通っているものを尊重するものとし、また、そのような海底電線の位置及び修理又は交換の意図についての適当な通報を受領した場合には、その海底電線の維持及び交換を許

可する。

第五十二条　無害通航権

1　すべての国の船舶は、第五十条の規定の適用を妨げることなく、第二部第三節の規定により群島水域において無害通航権を有する。ただし、次条の規定に従うものとする。

2　群島国は、自国の安全の保護のため不可欠である場合には、その群島水域内の特定の水域において、外国船舶の間に法律上又は事実上の差別を設けることなく、外国船舶の無害通航を一時的に停止することができる。このような停止は、適当な方法で公表された後においてのみ、効力を有する。

第五十三条　群島航路帯通航権

1　群島国は、自国の群島水域、これに接続する領海及びそれらの上空における外国の船舶及び航空機の継続的かつ迅速な通航に適した航路帯及びその上空における航空路を指定することができる。

2　すべての船舶及び航空機は、1の航路帯及び航空路において群島航路帯通航権を有する。

3　群島航路帯通航とは、この条約に従い、公海又は排他的経済水域の一部分と公海又は排他的経済水域の他の部分との間において、通常の形態での航行及び上空飛行の権利が継続的な、迅速なかつ妨げられることのない通過のためのみに行使されることをいう。

4　1の航路帯及び航空路は、群島水域及びこれに接続する領海を貫通するものとし、これらの航路帯及び航空路には、群島水域又はその上空における国際航行又は飛行に通常使用されているすべての通航のための航路及び船舶に関してはその航路に係るすべての通常の航行のための水路を含める。ただし、同一の入口及び出口の間においては、同様に便利な二以上の航路は必要としない。

5　1の航路帯及び航空路は、通航のための航路の入口の点から出口の点までの一連の連続する中心線によって定める。群島航路帯を通航中の船舶及び航空機は、これらの中心線のいずれの側についても二十五海里を超えて離れて通航してはならない。ただし、その船舶及び航空機は、航路帯を挟んで向かい合っている島と島とを結ぶ最短距離の十パーセントの距離よりも海岸に近づいて航行してはならない。

6　この条の規定により航路帯を指定する群島国は、また、当該航路帯内の狭い水路における船舶の安全な通航のために分離通航帯を設定することができる。

7　群島国は、必要がある場合には、適当に公表した後、既に指定した航路帯又は既に設定した分離通航帯を他の航路帯又は分離通航帯に変更することができる。

8　航路帯及び分離通航帯は、一般的に受け入れられている国際的な規則に適合したものとする。

9　群島国は、航路帯の指定若しくは変更又は分離通航帯の設定若しくは変更を行うに当たり、これらの採択のための提案を権限のある国際機関に行う。当該権限のある国際機関は、当該群島国が同意する航路帯及び分離通航帯のみを採択することができるものとし、当該群島国は、その採択の後にそれに従って航路帯の指定若しくは変更又は分離通航帯の設定若しくは変更を行うことができる。

10　群島国は、自国が指定した航路帯の中心線及び設定した分離通航帯を海図上に明確に表示し、かつ、その海図を適当に公表する。

11　群島航路帯を通航中の船舶は、その条の規定により設定された適用される航路帯及び分離通航帯を尊重する。

12　群島国が航路帯又は航空路を指定しない場合には、群島航路帯通航権は、通常国際航行に使用されている航路において行使することができる。

第五十四条　通航中の船舶及び航空機の義務、調査活動及び測量活動、群島国の義務並びに群

　　　　島航路帯通航に関する群島国の法令
　　第三十九条、第四十条、第四十二条及び第四十四条の規定は、群島航路帯通航について準
用する。
　　第五部　排他的経済水域
第五十五条　排他的経済水域の特別の法制度
　　排他的経済水域とは、領海に接続する水域であって、この部に定める特別の法制度による
ものをいう。この法制度の下において、沿岸国の権利及び管轄権並びにその他の国の権利及
び自由は、この条約の関連する規定によって規律される。
第五十六条　排他的経済水域における沿岸国の権利、管轄権及び義務
1　沿岸国は、排他的経済水域において、次のものを有する。
　(a)　海底の上部水域並びに海底及びその下の天然資源（生物資源であるか非生物資源である
　　かを問わない。）の探査、開発、保存及び管理のための主権的権利並びに排他的経済水域
　　における経済的な目的で行われる探査及び開発のためのその他の活動（海水、海流及び風
　　からのエネルギーの生産等）に関する主権的権利
　(b)　この条約の関連する規定に基づく次の事項に関する管轄権
　　（i）　人工島、施設及び構築物の設置及び利用
　　（ii）　海洋の科学的調査
　　（iii）　海洋環境の保護及び保全
　(c)　この条約に定めるその他の権利及び義務
2　沿岸国は、排他的経済水域においてこの条約により自国の権利を行使し及び自国の義務を
　履行するに当たり、他の国の権利及び義務に妥当な考慮を払うものとし、また、この条約と
　両立するように行動する。
3　この条に定める海底及びその下についての権利は、第六部の規定により行使する。
第五十七条　排他的経済水域の幅
　　排他的経済水域は、領海の幅を測定するための基線から二百海里を超えて拡張してはなら
ない。
第五十八条　排他的経済水域における他の国の権利及び義務
1　すべての国は、沿岸国であるか内陸国であるかを問わず、排他的経済水域において、この
　条約の関連する規定を定めるところにより、第八十七条に定める航行及び上空航行の自由並
　びに海底電線及び海底パイプラインの敷設の自由並びにこれらの自由に関連し及びこの条約
　のその他の規定と両立するその他の国際的に適法な海洋の利用（船舶及び航空機の運航並び
　に海底電線及び海底パイプラインの運用に係る海洋の利用等）の自由を享有する。
2　第八十八条から第百十五条までの規定及び国際法の他の関連する規則は、この部の規定に
　反しない限り、排他的経済水域について適用する。
3　いずれの国も、排他的経済水域においてこの条約により自国の権利を行使し及び自国の義
　務を履行するに当たり、沿岸国の権利及び義務に妥当な考慮を払うものとし、また、この部
　の規定に反しない限り、この条約及び国際法の他の規則に従って沿岸国が制定する法令を遵
　守する。
第五十九条　排他的経済水域における権利及び管轄権の帰属に関する紛争の解決のための基礎
　　この条約により排他的経済水域における権利又は管轄権が沿岸国又はその他の国に帰せら
れていない場合において、沿岸国とその他の国との間に利害の対立が生じたときは、その対
立は、当時国及び国際社会全体にとっての利益の重要性を考慮して、衡平の原則に基づき、
かつ、すべての関連する事情に照らして解決する。
第六十条　排他的経済水域における人工島、施設及び構築物

1　沿岸国は、排他的経済水域において、次のものを建設し並びにそれらの建設、運用及び利用を許可し及び規制する排他的権利を有する。

(a)　人工島

(b)　第五十六条に規定する目的その他の経済的な目的のための施設及び構築物

(c)　排他的経済水域における沿岸国の権利の行使を妨げ得る施設及び構築物

2　沿岸国は、1に規定する人工島、施設及び構築物に対して、通関上、財政上、保健上、安全上及び出入国管理上の法令に関する管轄権を含む排他的管轄権を有する。

3　1に規定する人工島、施設又は構築物の建設については、適当な通報を行わなければならず、また、その存在について注意を喚起するための恒常的な措置を維持しなければならない。放棄され又は利用されなくなった施設又は構築物は、権限のある国際機関がその除去に関して定める一般的に受け入れられている国際的基準を考慮して、航行の安全を確保するために除去する。その除去に当たっては、漁業、海洋環境の保護並びに他の国の権利及び義務に対しても妥当な考慮を払う。完全に除去されなかった施設又は構築物の水深、位置及び規模については、適当に公表する。

4　沿岸国は、必要な場合には、1に規定する人工島、施設及び構築物の周囲に適当な安全水域を設定することができるものとし、また、当該安全水域において、航行の安全並びに人工島、施設及び構築物の安全を確保するために適当な措置をとることができる。

5　沿岸国は、適用のある国際的基準を考慮して安全水域の幅を決定する。安全水域は、人工島、施設又は構築物の性質及び機能と合理的な関連を有するようなものとし、また、その幅は、一般的に受け入れられている国際的基準によって承認され又は権限のある国際機関によって勧告される場合を除くほか、当該人工島、施設又は構築物の外縁のいずれの点から測定した距離についても五百メートルを超えるものであってはならない。安全水域の範囲に関しては、適当な通報を行う。

6　すべての船舶は、4の安全水域を尊重しなければならず、また、人工島、施設、構築物及び安全水域の近傍における航行に関して一般的に受け入れられている国際的基準を遵守する。

7　人工島、施設及び構築物並びにそれらの周囲の安全水域は、国際航行に不可欠な認められた航路帯の使用の妨げとなるような場所に設けてはならない。

8　人工島、施設及び構築物は、島の地位を有しない。これらのものは、それ自体の領海を有せず、また、その存在は、領海、排他的経済水域又は大陸棚の境界画定に影響を及ぼすものではない。

第六十一条　生物資源の保存

1　沿岸国は、自国の排他的経済水域における生物資源の漁獲可能量を決定する。

2　沿岸国は、自国が入手することのできる最良の科学的証拠を考慮して、排他的経済水域における生物資源の維持が過度の開発によって脅かされないことを適当な保存措置及び管理措置を通じて確保する。このため、適当な場合には、沿岸国及び権限のある国際機関（小地域的なもの、地域的なもの又は世界的なもののいずれであるかを問わない。）は、協力する。

3　2に規定する措置は、また、環境上及び経済上の関連要因（沿岸漁業社会の経済上のニーズ及び開発途上国の特別の要請を含む。）を勘案し、かつ、漁獲の態様、資源間の相互依存関係及び一般的に勧告された国際的な最低限度の基準（小地域的なもの、地域的なもの又は世界的なもののいずれであるかを問わない。）を考慮して、最大持続生産量を実現することのできる水準に漁獲される種の資源量を維持し又は回復することのできるようなものとする。

4　沿岸国は、2に規定する措置をとるに当たり、漁獲される種に関連し又は依存する種の資源量をその再生産が著しく脅威にさらされることとなるような水準よりも高く維持し又は回復するために、当該関連し又は依存する種に及ぼす影響を考慮する。

5　入手することのできる科学的情報、漁獲量及び漁獲努力量に関する統計その他魚類の保存に関連するデータについては、適当な場合には権限のある国際機関（小地域的なもの、地域的なもの又は世界的なもののいずれであるかを問わない。）を通じ及びすべての関係国（その国民が排他的経済水域における漁獲を認められている国を含む。）の参加を得て、定期的に提供し及び交換する。

第六十二条　生物資源の利用

1　沿岸国は、前条の規定の適用を妨げることなく、排他的経済水域における生物資源の最適利用の目的を促進する。

2　沿岸国は、排他的経済水域における生物資源についての自国の漁獲能力を決定する。沿岸国は、自国が漁獲可能量のすべてを漁獲する能力を有しない場合には、協定その他の取極により、4に規定する条件及び法令に従い、第六十九条及び第七十条の規定（特に開発途上国に関するもの）に特別の考慮を払って漁獲可能量の余剰分の他の国による漁獲を認める。

3　沿岸国は、この条の規定に基づく他の国による自国の排他的経済水域における漁獲を認めるに当たり、すべての関連要因、特に、自国の経済その他の国家的利益にとっての当該排他的経済水域における生物資源の重要性、第六十九条及び第七十条の規定、小地域又は地域の開発途上国が余剰分の一部を漁獲する必要性、その国民が伝統的に当該排他的経済水域で漁獲を行ってきた国又は資源の調査及び識別に実質的な努力を払ってきた国における経済的混乱を最小のものにとどめる必要性等の関連要因を考慮する。

4　排他的経済水域において漁獲を行う他の国の国民は、沿岸国の法令に定める保存措置及び他の条件を遵守する。これらの法令は、この条約に適合するものとし、また、特に次の事項に及ぶことができる。

(a)　漁業者、漁船及び設備に関する許可証の発給（手数料その他の形態の報酬の支払を含む。これらの支払は、沿岸国である開発途上国の場合については、水産業に関する財政、設備及び技術の分野での十分な補償から成ることができる。）

(b)　漁獲することのできる種及び漁獲割当ての決定。この漁獲割当てについては，特定の資源若しくは資源群の漁獲、一定期間における一隻当たりの漁獲又は特定の期間におけるいずれかの国の国民による漁獲のいずれについてのものであるかを問わない。

(c)　漁期及び漁場、漁具の種類、大きさ及び数量並びに利用することのできる漁船の種類、大きさ及び数の規制

(d)　漁獲することのできる魚その他の種の年齢及び大きさの決定

(e)　漁船に関して必要とされる情報（漁獲量及び漁獲努力量に関する統計並びに漁船の位置に関する報告を含む。）の明示

(f)　沿岸国の許可及び規制の下での特定の漁業に関する調査計画の実施を要求すること並びにそのような調査の実施（漁獲物の標本の抽出、標本の処理及び関連する科学的データの提供を含む。）を規制すること。

(g)　沿岸国の監視員又は訓練生の漁船への乗船

(h)　漁船による漁獲量の全部又は一部の沿岸国の港への陸揚げ

(i)　合弁事業に関し又はその他の協力についての取決めに関する条件

(j)　要員の訓練及び漁業技術の移転（沿岸国の漁業に関する調査を行う能力の向上を含む。）のための用件

(k)　取締手続

5　沿岸国は、保存及び管理に関する法令について適当な通報を行う。

第六十三条　二以上の沿岸国の排他的経済水域内に又は排他的経済水域内及び当該排他的経済水域に接続する水域内の双方に存在する資源

1 同一の資源又は関連する種の資源が二以上の沿岸国の排他的経済水域内に存在する場合には、これらの沿岸国は、この部の他の規定の適用を妨げることなく、直接に又は適当な小地域的若しくは地域的機関を通じて、当該資源の保存及び開発を調整し及び確保するために必要な措置について合意するよう努める。

2 同一の資源又は関連する種の資源が排他的経済水域内及び当該排他的経済水域に接続する水域内の双方に存在する場合には、沿岸国及び接続する水域において当該資源を漁獲する国は、直接に又は適当な小地域的若しくは地域的機関を通じて、当該接続する水域における当該資源の保存のために必要な措置について合意するよう努める。

第六十四条　高度回遊性の種

1 沿岸国その他その国民がある地域において附属書Iに掲げる高度回遊性の種を漁獲する国は、排他的経済水域の内外を問わず当該地域全体において当該種の保存を確保しかつ最適利用の目的を促進するため、直接に又は適当な国際機関を通じて協力する。適当な国際機関が存在しない地域においては、沿岸国その他その国民が当該地域において高度回遊性の種を漁獲する国は、そのような機関を設立し及びその活動に参加するため、協力する。

2 1の規定は、この部の他の規定に加えて適用する。

第六十五条　海産哺乳動物

この部のいかなる規定も、沿岸国又は適当な場合には国際機関が海産哺乳動物の開発についてこの部に定めるよりも厳しく禁止し、制限し又は規制する権利又は権限を制限するものではない。いずれの国も、海産哺乳動物の保存のために協力するものとし、特に、鯨類については、その保存、管理及び研究のために適当な国際機関を通じて活動する。

第六十六条　溯河性資源

1 溯河性資源の発生する河川の所在する国は、当該溯河性資源について第一義的利益及び責任を有する。

2 溯河性資源の母川国は、自国の排他的経済水域の外側の限界より陸地側のすべての水域における漁獲及び3(b)に規定する漁獲のための適当な規制措置を定めることによって溯河性資源の保存を確保する。母川国は、当該溯河性資源を漁獲する3及び4に規定する他の国と協議の後、自国の河川に発生する資源の総漁獲可能量を定めることができる。

3 (a) 溯河性資源の漁獲は、排他的経済水域の外側の限界より陸地側の水域においてのみ行われる。ただし、これにより母川国以外の国に経済的混乱がもたらされる場合は、この限りでない。排他的経済水域の外側の限界を越えるにおける溯河性資源の漁獲に関しては、関係国は、当該溯河性資源に係る保存上の要請及び母川国のニーズに妥当な考慮を払い、当該漁獲の条件に関する合意に達するため協議を行う。

(b) 母川国は、溯河性資源を漁獲する他の国の通常の漁獲量及び操業の形態並びにその漁獲が行われてきたすべての水域を考慮して、当該他の国の経済的混乱を最小のものにとどめるために協力する。

(c) 母川国は、(b)に規定する他の国が自国との合意により溯河性資源の再生産のための措置に参加し、特に、そのための経費を負担する場合には、当該他の国に対して、自国の河川に発生する資源の漁獲について特別の考慮を払う。

(d) 排他的経済水域を越える水域における溯河性資源に関する規制の実施は、母川国と他の関係国との間の合意による。

4 溯河性資源が母川国以外の国の排他的経済水域の外側の限界より陸地側の水域に入り又はこれを通過して回遊する場合には、当該国は、当該溯河性資源の保存及び管理について母川国と協力する。

5 溯河性資源の母川国及び当該溯河性資源を漁獲するその他の国は、適当な場合には、地域

的機関を通じて、この条の規定を実施するための取極を締結する。

第六十七条　降河性の種

1　降河性の種がその生活史の大部分を過ごす水域の所在する沿岸国は、当該降河性の種の管理について責任を有し、及び回遊する魚が出入りすることができるようにする。

2　降河性の種の漁獲は、排他的経済水域の外側の限界より陸地側の水域においてのみ行われる。その漁獲は、排他的経済水域において行われる場合には、この条の規定及び排他的経済水域における漁獲に関するこの条約のその他の規定に定めるところによる。

3　降河性の魚が稚魚又は成魚として他の国の排他的経済水域を通過して回遊する場合には、当該魚の管理（漁獲を含む。）は、1の沿岸国と当該他の国との間の合意によって行われる。この合意は、種の合理的な管理が確保され及び1の沿岸国が当該種の維持について有する責任が考慮されるようなものとする。

第六十八条　定着性の種族

　　　この部の規定は、第七十七条4に規定する定着性の種族については、適用しない。

第六十九条　内陸国の権利

1　内陸国は、自国と同一の小地域又は地域の沿岸国の排他的経済水域における生物資源の余剰分の適当な部分の開発につき、すべての関係国の関連する経済的及び地理的状況を考慮し、この条、第六十一条及び第六十二条に定めるところにより、衡平の原則に基づいて参加する権利を有する。

2　1に規定する参加の条件及び方法は、関係国が二国間の、小地域的な又は地域的な協定により定めるものとし、特に次の事項を考慮する。

　(a)　沿岸国の漁業社会又は水産業に対する有害な影響を回避する必要性

　(b)　内陸国が、この条の規定に基づき、現行の二国間の小地域的な又は地域的な協定により、他の沿岸国の排他的経済水域における生物資源の開発に参加しており又は参加する権利を有する程度

　(c)　その他の内陸国及び地理的不利国が沿岸国の排他的経済水域における生物資源の開発に参加している程度及びその成果としていずれかの単一の沿岸国又はその一部が特別の負担を負うことを回避する必要性が生ずること。

　(d)　それぞれの国の国民の栄養上の必要性

3　沿岸国の漁獲能力がその排他的経済水域における生物資源の漁獲可能量のすべてを漁獲することのできる点に近づいている場合には、当該沿岸国その他の関係国は、同一の小地域又は地域の内陸国である開発途上国が当該小地域又は地域の沿岸国の排他的経済水域における生物資源の開発について状況により適当な方法で及びすべての当事者が満足すべき条件の下で参加することを認めるため、二国間の、小地域的な又は地域的な及び衡平な取極の締結に協力する。この規定の実施に当たっては、2に規定する要素も考慮する。

4　内陸国である先進国は、この条の規定に基づき、自国と同一の小地域又は地域の沿岸国である先進国の排他的経済水域においてのみ生物資源の開発に参加することができる。この場合において、当該沿岸国である先進国がその排他的経済水域における生物資源について他の国による漁獲を認めるに当たり、その国民が伝統的に当該排他的経済水域で漁獲を行ってきた国の漁業社会に対する有害な影響及び経済的混乱を最小のものにとどめる必要性をどの程度考慮してきたかが勘案される。

5　1から4までの規定は、沿岸国が自国と同一の小地域又は地域の内陸国に対して排他的経済水域における生物資源の開発のための平等又は優先的な権利を与えることを可能にするため当該小地域又は地域において合意される取極に影響を及ぼすものではない。

第七十条　地理的不利国の権利

1　地理的不利国は、自国と同一の小地域又は地域の沿岸国の排他的経済水域における生物資源の余剰分の適当な部分の開発につき、すべての関係国の関連する経済的及び地理的状況を考慮し、この条、第六十一条及び第六十二条に定めるところにより、衡平の原則に基づいて参加する権利を有する。

2　この部の規定の適用上、「地理的不利国」とは、沿岸国（閉鎖海又は半閉鎖海に面した国を含む。）であって、その地理的状況のため自国民又はその一部の栄養上の目的のための魚の十分な供給を自国と同一の小地域又は地域の他の国の排他的経済水域における生物資源の開発に依存するもの及び自国の排他的経済水域を主張することができないものをいう。

3　1に規定する参加の条件及び方法は、関係国が二国間の、小地域的又は地域的な協定により定めるものとし、特に次の事項を考慮する。

(a)　沿岸国の漁業社会又は水産業に対する有害な影響を回避する必要性

(b)　地理的不利国が、この条の規定に基づき、現行の二国間の、小地域的な又は地域的な協定により、他の沿岸国の排他的経済水域における生物資源の開発に参加しており又は参加する権利を有する程度

(c)　その他の地理的不利国及び内陸国が沿岸国の排他的経済水域における生物資源の開発に参加している程度及びその結果としていずれかの単一の沿岸国又はその一部が特別の負担を負うことを回避する必要性が生ずること。

(d)　それぞれの国の国民の栄養上の必要性

4　沿岸国の漁業能力がその排他的経済水域における生物資源の漁獲可能量のすべてを漁獲することのできる点に近づいている場合には、当該沿岸国その他の関係国は、同一の小地域又は地域の地理的不利国である開発途上国が当該小地域又は地域の沿岸国の排他的経済水域における生物資源の開発について状況により適当な方法で及びすべての当事者が満足すべき条件の下で参加することを認めるため、二国間の、小地域的な又は地域的な及び衡平な取極の締結に協力する。この規定の実施に当たっては、3に規定する要素も考慮する。

5　地理的不利国である先進国は、この条の規定に基づき、自国と同一の小地域又は地域の沿岸国である先進国の排他的経済水域においてのみ生物資源の開発に参加することができる。この場合において、当該沿岸国である先進国がその排他的経済水域における生物資源について他の国による漁獲を認めるに当たり、その国民が伝統的に当該排他的経済水域で漁獲を行ってきた国の漁業社会に対する有害な影響及び経済的混乱を最小のものにとどめる必要性をどの程度考慮してきたかが勘案される。

6　1から5までの規定は、沿岸国が自国と同一の小地域又は地域の地理的不利国に対して排他的経済水域における生物資源の開発のための平等又は優先的な権利を与えることを可能にするため当該小地域又は地域において合意される取極に影響を及ぼすものではない。

第七十一条　前二条の規定の不適用

　　　前二条の規定は、沿岸国の経済がその排他的経済水域における生物資源の開発に依存する度合が極めて高い場合には、当該沿岸国については、適用しない。

第七十二条　権利の移転の制限

1　第六十九条及び第七十条に定める生物資源を開発する権利は、関係国の間に別段の合意がない限り、貸借対照表又は許可、合弁事業の設立その他の権利の移転の効果を有する方法によって、第三国又はその国民に対して直接又は間接に移転してはならない。

2　1の規定は、1に規定する効果をもたらさない限り、関係国が第六十九条及び第七十条の規定に基づく権利の行使を容易にするため第三国又は国際機関から技術的又は財政的援助を得ることを妨げるものではない。

第七十三条　沿岸国の法令の執行

1 沿岸国は、排他的経済水域において生物資源を探査して、開発し、保存し及び管理するための主権的権利を行使するに当たり、この条約に従って制定する法令の遵守を確保するめたに必要な措置（乗船、検査、拿捕及び司法上の手続を含む。）をとることができる。

2 拿捕された船舶及び乗組員は、合理的な保証金の支払又は合理的な他の保証の提供の後に速やかに釈放される。

3 排他的経済水域における漁業に関する法令に対する違反について沿岸国が科する罰には、関係国の別段の合意がない限り拘禁を含めてはならず、また、その他のいかなる形態の身体刑も含めてはならない。

4 沿岸国は、外国船舶を拿捕し又は抑留した場合には、とられた措置及びその後科した罰について、適当な経路を通じて旗国に速やかに通報する。

第七十四条 向かい合っているか又は隣接している海岸を有する国の間における排他的経済水域の境界画定

1 向かい合っているか又は隣接している海岸を有する国の間における排他的経済水域の境界画定は、衡平な解決を達成するために、国際司法裁判所規程第三十八条に規定する国際法に基づいて合意により行う。

2 関係国は、合理的な期間内に合意に達することができない場合には、第十五部に定める手続に付する。

3 関係国は、1の合意に達するまでの間、理解及び協力の精神により、実際的な性質を有する暫定的な取極を締結するため及びそのような過渡的な期間において最終的な合意への到達を危うくし又は妨げないためにあらゆる努力を払う。暫定的な取極は、最終的な境界画定に影響を及ぼすものではない。

4 関係国間において効力を有する合意がある場合には、排他的経済水域の境界画定に関する問題は、当該合意に従って解決する。

第七十五条 海図及び地理学的経緯度の表

1 排他的経済水域の外側の限界線及び前条の規定に従って引かれる境界画定線は、この部に定めるところにより、それらの位置の確認に適した縮尺の海図に表示する。適当な場合には、当該外側の限界線又は当該境界画定線に代えて、測地原子を明示した各点の地理学的経緯度の表を用いることができる。

2 沿岸国は、1の海図又は地理学的経緯度の表を適当に公表するものとし、当該海図又は表の写しを国際連合事務総長に寄託する。

第六部 大陸棚

第七十六条 大陸棚の定義

1 沿岸国の大陸棚とは、当該沿岸国の領海を越える海面下の区域の海底及びその下であってその領土の自然の延長をたどって大陸縁辺部の外縁に至るまでのもの又は、大陸縁辺部の外縁が領海の幅を測定するための基線から二百海里の距離まで延びていない場合には、当該沿岸国の領海を越える海面下の区域の海底及びその下であって当該基線から二百海里の距離までのものをいう。

2 沿岸国の大陸棚は、4から6までに定める限界を越えないものとする。

3 大陸縁辺部は、沿岸国の陸塊の界面下まで延びている部分から成るものとし、棚、斜面及びコンチネンタル・ライズの海底及びその下で構成される。ただし、大洋底及びその海洋海嶺又はその下を含まない。

4(a) この条約の適用上、沿岸国は、大陸縁辺部が領海の幅を測定するための基線から二百海里を超えて延びている場合には、次のいずれかの線により大陸縁辺部の外縁を設定する。

（ⅰ） ある点における堆積岩の厚さが当該点から大陸斜面の脚部までの最短距離の一パー

　　　　セント以上であるとの要件を満たすときにこのような点のうち最も外側のものを用い
　　　　て7の規定に従って引いた線
　　　（ⅱ）　大陸斜面の脚部から六十海里を超えない点を用いて7の規定に従って引いた線
　　（b）　大陸斜面の脚部は、反証のない限り、当該大陸斜面の基部における勾配が最も変化する
　　　　点とする。
5　　4(a)の(ⅰ)又は(ⅱ)の規定に従って引いた海底における大陸棚の外側の限界線は、これを
　　構成する点において、領海の幅を測定するための基線から三百五十海里を超え又は二千五百
　　メートル等深線（二千五百メートルの水深を結ぶ線をいう。）から百海里を超えてはならな
　　い。
6　　5の規定にかかわらず、大陸棚の外側の限界は、海底海嶺の上においては領海の幅を測定
　　するための基線から三百五十海里を超えてはならない。この6の規定は、海台、海膨、キャッ
　　プ、堆及び海脚のような大陸縁辺部の自然の構成要素である海底の高まりについては、適用
　　しない。
7　　沿岸国は、自国の大陸棚が領海の幅を測定するための基線から二百海里を超えて延びてい
　　る場合には、その大陸棚の外側の限界線を経緯度によって定める点を結ぶ六十海里を超えな
　　い長さの直線によって引く。
8　　沿岸国は、領海の幅を測定するための基線から二百海里を超える大陸棚の限界に情報を、
　　衡平な地理的代表の原則に基づき附属書Ⅱに定めるところにより設置される大陸棚の限界に
　　関する委員会に提出する。この委員会は、当該大陸棚の外側の限界の設定に関する事項につ
　　いて当該沿岸国に対し勧告を行う。沿岸国がその勧告に基づいて設定した大陸棚の限界は、
　　最終的なものとし、かつ、拘束力を有する。
9　　沿岸国は、自国の大陸棚の外側の限界が恒常的に表示された海図及び関連する情報（測地
　　原子を含む。）を国際連合事務総長に寄託する。同事務総長は、これらを適当に公表する。
10　　この条の規定は、向かい合っているか又は隣接している海岸を有する国の間における大陸
　　棚の境界画定の問題に影響を及ぼすものではない。

第七十七条　大陸棚に対する沿岸国の権利
1　　沿岸国は、大陸棚を探査し及びその天然資源を開発するため、大陸棚に対して主権的権利
　　を行使する。
2　　1の権利は、沿岸国が大陸棚を探査せず又はその天然資源を開発しない場合においても、
　　当該沿岸国の明示の同意なしにそのような活動を行うことができないという意味において、
　　排他的である。
3　　大陸棚に対する沿岸国の権利は、実効的な若しくは名目上の先占又は明示の宣言に依存す
　　るものではない。
4　　この部に規定すに天然資源は、海底及びその下の鉱物その他の非生物資源並びに定着性の
　　種族に属する生物、すなわち、採捕に適した段階において海底若しくはその下で静止してお
　　り又は絶えず海底若しくはその下に接触していなければ動くことのできない生物から成る。

第七十八条　上部水域及び上空の法的地位並びに他の国の権利及び自由
1　　大陸棚に対する沿岸国の権利は、上部水域又はその上空の法的地位に影響を及ぼすもので
　　はない。
2　　沿岸国は、大陸棚に対する権利の行使により、この条約に定める他の国の航行その他の権
　　利及び自由を侵害してはならず、また、これらに対して不当な妨害をもたらしてはならない。

第七十九条　大陸棚における海底電線及び海底パイプライン
1　　すべての国は、この条の規定に従って大陸棚に海底電線及び海底パイプラインを敷設する
　　権利を有する。

2 沿岸国は、大陸棚における海底電線又は海底パイプラインの敷設又は維持を妨げることができない。もっとも、沿岸国は、大陸棚の探査、その天然資源の開発並びに海底パイプラインからの汚染の防止、軽減及び規制のために適当な措置をとる権利を有する。

3 海底パイプラインを大陸棚に敷設するための経路の設定については、沿岸国の同意を得る。

4 この部のいかなる規定も、沿岸国がその領土若しくは領海に入る海底電線若しくは海底パイプラインに関する条件を定める権利又は大陸棚の探査、その資源の開発若しくは沿岸国が管轄権を有する人工島、施設及び構築物の運用に関連して建設され若しくは利用される海底電線及び海底パイプラインに対する当該沿岸国の管轄権に影響を及ぼすものではない。

5 海底電線又は海底パイプラインを敷設する国は、既に海底に敷設されている電線又はパイプラインに妥当な考慮を払わなければならない。特に、既設の電線又はパイプラインを修理する可能性は、害してはならない。

第八十条　大陸棚における人工島、施設及び構築物

第六十条の規定は、大陸棚における人工島、施設及び構築物について準用する。

第八十一条　大陸棚における掘削

沿岸国は、大陸棚におけるあらゆる目的のための掘削を許可し及び規制する排他的権利を有する。

第八十二条　二百海里を超える大陸棚の開発に関する支払及び拠出

1 沿岸国は、領海の幅を測定する基線から二百海里を超える大陸棚の非生物資源の開発に関して金銭による支払又は現物による拠出を行う。

2 支払又は拠出は、鉱区における最初の五年間の生産の後、当該鉱区におけるすべての生産に関して毎年行われる。六年目の支払又は拠出の割合は、当該鉱区における生産額又は生産量の一パーセントとする。この割合は、十二年目まで毎年一パーセントずつ増加するものとし、その後は七パーセントとする。生産には、開発に関連して使用された資源を含めない。

3 その大陸棚から生産される鉱物資源の純輸入国である開発途上国は、当該鉱物資源に関する支払又は拠出を免除される。

4 支払又は拠出は、機構を通じて行われるものとし、機構は、開発途上国、特に後発開発途上国及び内陸国である開発途上国の利益及びニーズに考慮を払い、衡平な配分基準に基づいて締約国にこれらを配分する。

第八十三条　向かい合っているか又は隣接している海岸を有する国の間における大陸棚の境界画定

1 向かい合っているか又は隣接している海岸を有する国の間における大陸棚の境界画定は、衡平な解決を達成するために、国際司法裁判所規程第三十八条に規定する国際法に基づいて合意により行う。

2 関係国は、合理的な期間内に合意に達することができない場合には、第十五部に定める手続に付する。

3 関係国は、1の合意に達するまでの間、理解及び協力の精神により、実際的な性質を有する暫定的な取極を締結するため及びそのような過渡的期間において最終的な合意への到達を危うくし又は妨げないためにあらゆる努力を払う。暫定的な取極は、最終的な境界画定に影響を及ぼすものではない。

4 関係国間において効力を有する合意がある場合には、大陸棚の境界画定に関する問題は、当該合意に従って解決する。

第八十四条　海図及び地理学的経緯度の表

1 大陸棚の外側の限界線及び前条の規定に従って引かれる境界画定線は、この部に定めるところにより、それらの位置の確認に適した縮尺の海図に表示する。適当な場合には、当該外

側の限界線又は当該境界画定線に代えて、測地原子を明示した各点の地理学的経緯度の表を用いることができる。

2　沿岸国は、1の海図又は地理学的経緯度の表を適当に公表するものとし、当該海図又は表の写しを国際連合事務総長に及び、大陸棚の外側の限界線を表示した海図又は表の場合には、これらの写しを機構の事務局長に寄託する。

第八十五条　トンネルの掘削

　　この部の規定は、トンネルの掘削により海底（水深のいかんを問わない。）の下を開発する沿岸国の権利を害するものではない。

第七部　公海

第一節　総則

第八十六条　この部の規定の適用

　　この部の規定は、いずれの国の排他的経済水域、領海若しくは内水又はいずれの群島国の群島水域にも含まれない海洋のすべての部分に適用する。この条の規定は、第五十八条の規定に基づきすべての国が排他的経済水域において享有する自由にいかなる制約も課するものではない。

第八十七条　公海の自由

1　公海は、沿岸国であるか内陸国であるかを問わず、すべての国に開放される。公海の自由は、この条約及び国際法の他の規則に定める条件に従って行使される。この公海の自由には、沿岸国及び内陸国のいずれについても、特に次のものが含まれる。

　(a)　航行の自由

　(b)　上空飛行の自由

　(c)　海底電線及び海底パイプラインを敷設する自由。ただし、第六部の規定の適用が妨げられるものではない。

　(d)　国際法によって認められる人工島その他の施設を建設する自由。ただし、第六部の規定の適用が妨げられるものではない。

　(e)　第二節に定める条件に従って漁獲を行う自由

　(f)　科学的調査を行う自由。ただし、第六部及び第十三部の規定の適用が妨げられるものではない。

2　1に規定する自由は、すべての国により、公海の自由を行使する他の国の利益及び深海底における活動に関するこの条約に基づく権利に妥当な考慮を払って行使されなければならない。

第八十八条　平和的目的のための公海の利用

　　公海は、平和的目的のために利用されるものとする。

第八十九条　公海に対する主権についての主張の無効

　　いかなる国も、公海のいずれかの部分をその主権の下に置くことを有効に主張することができない。

第九十条　航行の権利

　　いずれの国も、沿岸国であるか内陸国であるかを問わず、自国を旗国とする船舶を公海において航行させる権利を有する。

第九十一条　船舶の国籍

1　いずれの国も、船舶に対する国籍の許与、自国の領域内における船舶の登録及び自国の旗を掲げる権利に関する条件を定める。船舶は、その旗を掲げる権利を有する国の国籍を有する。その国と当該船舶との間には、真正な関係が存在しなければならない。

2　いずれの国も、自国の旗を掲げる権利を許与した船舶に対し、その旨の文書を発給する。

第九十二条　船舶の地位

1　船舶は、一の国のみの旗を掲げて航行するものとし、国際条約又はこの条約に明文の規定がある特別の場合を除くほか、公海においてその国の排他的管轄権に服する。船舶は、所有権の現実の移転又は登録の変更の場合を除くほか、航海中又は寄港中にその旗を変更することができない。

2　二以上の国の旗を適宜に使用して航行する船舶は、そのいずれの国の国籍も第三国に対して主張することができないものとし、また、このような船舶は、国籍のない船舶とみなすことができる。

第九十三条　国際連合、その専門機関及び国際原子力機関の旗を掲げる船舶

　　前諸条の規定は、国際連合、その専門機関又は国際原子力機関の公務に使用され、かつ、これらの機関の旗を掲げる船舶の問題に影響を及ぼすものではない。

第九十四条　旗国の義務

1　いずれの国も、自国を旗国とする船舶に対し、行政上、技術上及び社会上の事項について有効に管轄権を行使し及び有効に規制を行う。

2　いずれの国も、特に次のことを行う。

(a)　自国を旗国とする船舶の名称及び特徴を記載した登録簿を保持すること。ただし、その船舶が小さいため一般的に受け入れられている国際的な規則から除外されているときは、この限りでない。

(b)　自国を旗国とする船舶並びにその船長、職員及び乗組員に対し、当該船舶に関する行政上、技術上及び社会上の事項について国内法に基づく管轄権を行使すること。

3　いずれの国も、自国を旗国とする船舶について、特に次の事項に関し、海上における安全を確保するために必要な措置をとる。

(a)　船舶の構造、設備及び堪航性

(b)　船舶における乗組員の配乗並びに乗組員の労働条件及び訓練。この場合において、適用のある国際文書を考慮に入れるものとする。

(c)　信号の使用、通信の維持及び衝突の予防

4　3の措置には、次のことを確保するために必要な措置を含める。

(a)　船舶が、その登録前に及びその後は適当な間隔で、資格のある船舶検査員による検査を受けること並びに船舶の安全な航行のために適当な海図、航海用刊行物、航行設備及び航行器具を船内保持すること。

(b)　船舶が、特に運用、航海、通信及び機関について適当な資格を有する船長及び職員の管理の下にあること並びに乗組員の資格及び人数が船舶の型式、大きさ、機関及び設備に照らして適当であること。

(c)　船長、職員及び適当な限度において乗組員が海上における人命の安全、衝突の予防、海洋汚染の防止、軽減及び規制並びに無線通信の維持に関して適用される国際的な規則に十分に精通しており、かつ、その規則の遵守を要求されていること。

5　いずれの国も、3及び4に規定する措置をとるに当たり、一般的に受け入れられている国際的な規則、手続及び慣行を遵守し並びにその遵守を確保するために必要な措置をとることを要求される。

6　船舶について管轄権が適正に行使されず又は規制が適正に行われなかったと信ずるに足りる明白な理由を有する国は、その事実を旗国に通報することができる。旗国は、その通報を受領したときは、その問題の調査を行うものとし、適当な場合には、事態を是正するために必要な措置をとる。

7　いずれの国も、自国を旗国とする船舶の公海における海事損害又は航行上の事故であって、

他の国の国民に死亡若しくは重大な傷害をもたらし又は他の国の船舶若しくは施設若しくは海洋環境に重大な損害をもたらすものについては、適正な資格を有する者によって又はその立会いの下で調査が行われるようにしなければならない。旗国及び他の国は、海事損害又は航行上の事故について当該他の国が行う調査の実施において協力する。

第九十五条 公海上の軍艦に与えられる免除

公海上の軍艦は、旗国以外のいずれの国の管轄権からも完全に免除される。

第九十六条 政府の非商業的役務にのみ使用される船舶に与えられる免除

国が所有し又は運航する船舶で政府の非商業的役務にのみ使用されるものは、公海において旗国以外のいずれの国の管轄権からも完全に免除される。

第九十七条 衝突その他の航行上の事故に関する刑事裁判権

1 公海上の船舶につき衝突その他の航行上の事故が生じた場合において、船長その他当該船舶に勤務する者の刑事上又は懲戒上の責任が問われるときは、これらの者に対する刑事上又は懲戒上の手続は、当該船舶の旗国又はこれらの者が属する国の司法当局又は行政当局においてのみとることができる。

2 懲戒上の問題に関しては、船長免状その他の資格又は免許の証明書を発給した国のみが、受有者がその国の国民でない場合においても、適正な法律上の手続を経てこれらを取り消す権限を有する。

3 船舶の拿捕又は抑留は、調査の手段としても、旗国の当局以外の当局が命令してはならない。

第九十八条 援助を与える義務

1 いずれの国も、自国を旗国とする船舶の船長に対し、船舶、乗組員又は旅客に重大な危険を及ぼさない限度において次の措置をとることを要求する。

(a) 海上において生命の危険にさらされている者を発見したときは、その者に援助を与えること。

(b) 援助を必要とする旨の通報を受けたときは、当該船長に合理的に期待される限度において、可能な最高速力で遭難者の援助に赴くこと。

(c) 衝突したときは、相手の船舶並びにその乗組員及び旅客に援助を与え、また、可能なときは、自己の船舶の名称、船籍港及び寄港しようとする最も近い港を相手の船舶に知らせること。

2 いずれの沿岸国も、海上における安全に関する適切かつ実効的な捜索及び救助の機関の設置、運営及び維持を促進し、また、状況により必要とされるときは、このため、相互間の地域的な取極により隣接国と協力する。

第九十九条 奴隷の運送の禁止

いずれの国も、自国の旗を掲げることを認めた船舶による奴隷の運送を防止し及び処罰するため並びに奴隷の運送のために自国の旗が不法に使用されることを防止するため、実効的な措置をとる。いずれの船舶（旗国のいかんを問わない。）に避難する奴隷も、避難したという事実によって自由となる。

第百条 海賊行為の抑止のための協力の義務

すべての国は、最大限に可能な範囲で、公海その他いずれの国の管轄権にも服さない場所における海賊行為の抑止に協力する。

第百一条 海賊行為の定義

海賊行為とは、次の行為をいう。

(a) 私有の船舶又は航空機の乗組員又は旅客が私的目的のために行うすべての不法な暴力行為、抑留又は略奪行為であって次のものに対して行われるもの

（ⅰ）　公海における他の船舶若しくは航空機又はこれらの内にある人若しくは財産

（ⅱ）　いずれの国の管轄権にも服さない場所ある船舶、航空機、人又は財産

(b)　いずれの船舶又は航空機を海賊船舶又は海賊航空機とする事実を知って当該船舶又は航空機の運航に自発的に参加するすべての行為

(c)　(a)又は(b)に規定する行為を扇動し又は故意に助長するすべての行為

第百二条　乗組員が反乱を起こした軍艦又は政府の船舶若しくは航空機による海賊行為

前条に規定する海賊行為であって、乗組員が反乱を起こして支配している軍艦又は政府の船舶若しくは航空機が行うものは、私有の船舶又は航空機が行う行為とみなされる。

第百三条　海賊船舶又は海賊航空機の定義

船舶又は航空機であって、これを実効的に支配している者が第百一条に規定するいずれかの行為を行うために使用することを意図しているものについては、海賊船舶又は海賊航空機とする。当該いずれかの行為を行うために使用された船舶又は航空機であって、当該行為につき有罪とされる者により引き続き支配されているものについても、同様とする。

第百四条　海賊船舶又は海賊航空機の国籍の保持又は喪失

船舶又は航空機は、海賊船舶又は海賊航空機となった場合にも、その国籍を保持することができる。国籍の保持又は喪失は、当該国籍を与えた国の法律によって決定される。

第百五条　海賊船舶又は海賊航空機の拿捕

いずれの国も、公海その他いずれの国の管轄権にも服さない場所において、海賊船舶、海賊航空機又は海賊行為によって奪取され、かつ、海賊の支配下にある船舶又は航空機を拿捕し及び当該船舶又は航空機内の人を逮捕し又は財産を押収することができる。拿捕を行った国の裁判所は、科すべき刑罰を決定することができるものとし、また、善意の第三者の権利を尊重することを条件として、当該船舶、航空機又は財産についてとるべき措置を決定することができる。

第百六条　十分な根拠なしに拿捕が行われた場合の責任

海賊行為の疑いに基づく船舶又は航空機の拿捕が十分な根拠なしに行われた場合には、拿捕を行った国は、その船舶又は航空機がその国籍を有する国に対し、その拿捕によって生じたいかなる損失又は損害についても責任を負う。

第百七条　海賊行為を理由とする拿捕を行うことが認められる船舶及び航空機

海賊行為を理由とする拿捕は、軍艦、軍用航空機その他政府の公務に使用されていることが明らかに表示されておりかつ識別されることのできる船舶又は航空機でそのための権限を与えられているものによってのみ行うことができる。

第百八条　麻薬又は向精神薬の不正取引

1　すべての国は、公海上の船舶が国際条約に違反して麻薬及び向精神薬の不正取引を行うことを防止するために協力する。

2　いずれの国も、自国を旗国とする船舶が麻薬又は向精神薬の不正取引を行っていると信ずるに足りる合理的な理由がある場合には、その取引を防止するため他の国の協力を要請することができる。

第百九条　公海からの許可を得ていない放送

1　すべての国は、公海からの許可を得ていない放送の防止に協力する。

2　この条約の適用上、「許可を得ていない放送」とは、国際的な規則に違反して公海上の船舶又は施設から行われる音響放送又はテレビジョン放送のための送信であって、一般公衆による受信を意図するものをいう。ただし、遭難呼出しの送信を除く。

3　許可を得ていない放送を行う者については、次の国の裁判所に訴追することができる。

(a)　船舶の旗国

(b) 施設の登録国

(c) 当該者が国民である国

(d) 放送を受信することができる国

(e) 許可を得ている無線通信が妨害される国

4 3の規定により管轄権を有する国は、公海において、次条の規定に従い、許可を得ていない放送を行う者を逮捕し又はそのような船舶を拿捕することができるものとし、また、放送機器を押収することができる。

第百十条 臨検の権利

1 条約上の権限に基づいて行われる干渉行為によるものを除くほか、公海において第九十五条及び第九十六条の規定に基づいて完全な免除を与えられている船舶以外の外国船舶に遭遇した軍艦が当該外国船舶を臨検することは、次のいずれかのことを疑うに足りる十分な根拠がない限り、正当と認められない。

(a) 当該外国船舶が海賊行為を行っていること。

(b) 当該外国船舶が奴隷取引に従事していること。

(c) 当該外国船舶が許可を得ていない放送を行っており、かつ、当該軍艦の旗国が前条の規定に基づく管轄権を有すること。

(d) 当該外国船舶が国籍を有していないこと。

(e) 当該外国船舶が、他の国の旗を掲げているか又は当該外国船舶の旗を示すことを拒否したが、実際には当該軍艦と同一の国籍を有すること。

2 軍艦は、1に規定する場合において、当該外国船舶がその旗を掲げる権利を確認することができる。このため、当該軍艦は、疑いがある当該外国船舶に対し士官の指揮の下にボートを派遣することができる。文書を検閲した後もなお疑いがあるときは、軍艦は、その船舶内において更に検査を行うことができるが、その検査は、できる限り慎重に行わなければならない。

3 疑いに根拠がないことが証明され、かつ、臨検を受けた外国船舶が疑いを正当とするいかなる行為も行っていなかった場合には、当該外国船舶は、被った損失又は損害に対する補償を受ける。

4 1から3までの規定は、軍用航空機について準用する。

5 1から3までの規定は、政府の公務に使用されていることが明らかに表示されておりかつ識別されることのできるその他の船舶又は航空機で正当な権限を有するものについても準用する。

第百十一条 追跡権

1 沿岸国の権限のある当局は、外国船舶が自国の法令に違反したと信ずるに足りる十分な理由があるときは、当該外国船舶の追跡を行うことができる。この追跡は、外国船舶又はそのボートが追跡国の内水、群島水域、領海又は接続水域にある時に開始しなければならず、また、中断されない限り、領海又は接続水域の外において引き続き行うことができる。領海又は接続水域にある外国船舶が停船命令を受ける時に、その命令を発する船舶も同様に領海又は接続水域にあることは必要でない。外国船舶が第三十三条に定める接続水域にあるときは、追跡は、当該接続水域の設定によって保護しようとする権利の侵害があった場合に限り、行うことができる。

2 追跡権については、排他的経済水域又は大陸棚(大陸棚上の施設の周囲の安全水域を含む。)において、この条約に従いその排他的経済水域又は大陸棚(当該安全水域を含む。)に適用される沿岸国の法令の違反がある場合に準用する。

3 追跡権は、被追跡船舶がその旗国又は第三国の領海に入ると同時に消滅する。

4　追跡は、被追跡船舶又はそのボート若しくは被追跡船舶を母船としてこれと一団となって作業する舟艇が領海又は、場合により、接続水域、排他的経済水域若しくは大陸棚の上部にあることを追跡船舶がその場における実行可能な手段により確認しない限り、開始されたものとされない。追跡は、視角的又は聴覚的停船信号を外国船舶が視認し又は聞くことができる距離から発した後にのみ、開始することができる。

5　追跡権は、軍艦、軍用航空機その他政府の公務に使用されていることが明らかに表示されておりかつ識別されることのできる船舶又は航空機でそのための権限を与えられているものによってのみ行使することができる。

6　追跡航空機によって行われる場合には、

(a)　1から4までの規定を準用する。

(b)　停船命令を発した航空機は、船舶を自ら拿捕することができる場合を除くほか、自己が呼び寄せた沿岸国の船舶又は他の航空機が到着して追跡を引き継ぐまで、当該船舶を自ら積極的に追跡しなければならない。当該船舶が停船命令を受け、かつ、当該航空機又は追跡を中断することなく引き続き行う他の航空機若しくは船舶によって追跡されたのでない限り、当該航空機が当該船舶を違反を犯したもの又は違反の疑いがあるものとして発見しただけでは、領海の外における拿捕を正当とするために十分ではない。

7　いずれかの国の管轄権の及ぶ範囲内で拿捕され、かつ、権限のある当局の審理を受けるためその国の港に護送される船舶は、事情により護送の途中において排他的経済水域又は公海の一部を航行することが必要である場合に、その航行のみを理由として釈放を要求することができない。

8　追跡権の行使が正当とされない状況の下に領海の外において船舶が停止され又は拿捕されたときは、その船舶は、これにより被った損失又は損害に対する補償を受ける。

第百十二条　海底電線及び海底パイプラインを敷設する権利

1　すべての国は、大陸棚を越える公海の海底に海底電線及び海底パイプラインを敷設する権利を有する。

2　第七十九条5の規定は、1の海底電線及び海底パイプラインについて適用する。

第百十三条　海底電線及び海底パイプラインの損壊

　　いずれの国も、自国を旗国とする船舶又は自国の管轄権に服する者が、故意又は過失により、電気通信を中断し又は妨害することとなるような方法で公海にある海底電線を損壊し、及び海底パイプライン又は海底高圧電線を同様に損壊することが処罰すべき犯罪であることを定めるために必要な法令を制定する。この法令の規定は、その損壊をもたらすことを意図し又はその損壊をもたらすおそれのある行為についても適用する。ただし、そのような損壊を避けるために必要なすべての予防措置をとった後に自己の生命又は船舶を守るという正当な目的のみで行動した者による損壊については、適用しない。

第百十四条　海底電線又は海底パイプラインの所有者による他の海底電線又は海底パイプラインの損壊

　　いずれの国も、自国の管轄権に服する者であって公海にある海底電線又は海底パイプラインの所有者であるものが、その海底電線又は海底パイプラインを敷設し又は修理するに際して他の海底電線又は海底パイプラインを損壊したときにその修理の費用を負担すべきであることを定めるために必要な法令を制定する。

第百十五条　海底電線又は海底パイプラインの損壊を避けるための損失に対する補償

　　いずれの国も、海底電線又は海底パイプラインの損壊を避けるためにいかり、網その他の漁具を失ったことを証明することができる船舶の所有者に対し、当該船舶の所有者が事前にあらゆる適当な予防措置をとったことを条件として当該海底電線又は海底パイプラインの所

有者により補償が行われることを確保するために必要な法令を制定する。

　　　第二節　公海における生物資源の保存及び管理

第百十六条　公海における漁獲の権利

　　すべての国は、自国民が公海において次のものに従って漁獲を行う権利を有する。
　(a)　自国の条約上の義務
　(b)　特に第六十三条2及び第六十四条から第六十七条までに規定する沿岸国の権利、義務及び利益
　(c)　この節の規定

第百十七条　公海における生物資源の保存のための措置を自国民についてとる国の義務

　　すべての国は、公海における生物資源の保存のために必要とされる措置を自国民についてとる義務及びその措置をとるに当たって他の国と協力する義務を有する。

第百十八条　生物資源の保存及び管理における国の間の協力

　　いずれの国も、公海における生物資源の保存及び管理について相互に協力する。二以上の国の国民が同種の生物資源を開発し又は同一の水域において異なる種類の生物資源を開発する場合には、これらの国は、これらの生物資源の保存のために必要とされる措置をとるために交渉を行う。このため、これらの国は、適当な場合には、小地域的又は地域的な漁業機関の設立のために協力する。

第百十九条　公海における生物資源の保存

1　いずれの国も、公海における生物資源の漁獲可能量を決定し及び他の保存措置をとるに当たり、次のことを行う。
　(a)　関係国が入手することのできる最良の科学的証拠に基づく措置であって、環境上及び経済上の関連要因（開発途上国の特別の要請を含む。）を勘案し、かつ、漁獲の態様、資源間の相互依存関係及び一般的に勧告された国際的な最低限度の基準（小地域的なもの、地域的なもの又は世界的なもののいずれであるかを問わない。）を考慮して、最大持続生産量を実現することのできる水準に漁獲される種の資源量を維持し又は回復することのできるようなものをとること。
　(b)　漁獲される種に関連し又は依存する種の資源量をその再生産が著しく脅威にさらされることとなるような水準よりも高く維持し又は回復するために、当該関連し又は依存する種に及ぼす影響を考慮すること。
2　入手することのできる科学的情報、漁獲量及び漁獲努力量に関する統計その他魚類の保存に関連するデータは、適当な場合には権限のある国際機関（小地域的なもの、地域的なもの又は世界的なもののいずれであるかを問わない。）を通じて及びすべての関係国の参加を得て、定期的に提供し、及び交換する。
3　関係国は、保存措置及びその実施がいずれの国の漁業者に対しても法律上又は事実上の差別を設けるものではないことを確保する。

第百二十条　海産哺乳動物

　　第六十五条の規定は、公海における海産哺乳動物の保存及び管理についても適用する。

　　　第八部　島の制度

第百二十一条　島の制度

1　島とは、自然に形成された陸地であって、水に囲まれ、高潮時においても水面上にあるものをいう。
2　3に定める場合を除くほか、島の領海、接続水域、排他的経済水域及び大陸棚は、他の領土に適用されるこの条約の規定に従って決定される。
3　人間の居住又は独自の経済的生活を維持することのできない岩は、排他的経済水域又は大

陸棚を有しない。

　　第九部　閉鎖海又は半閉鎖海

第百二十二条　定義

　　この条約の適用上、「閉鎖海又は半閉鎖海」とは、湾、海盆又は海であって、二以上の国によって囲まれ、狭い出口によって他の海若しくは外洋につながっているか又はその全部若しくは大部分が二以上の沿岸国の領海若しくは排他的経済水域から成るものをいう。

第百二十三条　閉鎖海又は半閉鎖海に面した国の間の協力

　　同一の閉鎖海又は半閉鎖海に面した国は、この条約に基づく自国の権利を行使し及び義務を履行するに当たって相互に協力すべきである。このこめ、これらの国は、直接に又は適当な地域的機関を通じて、次のことに努める。

　(a)　海洋生物資源の管理、保存、探査及び開発を調整すること。

　(b)　海洋環境の保護及び保全に関する自国の権利の行使及び義務の履行を調整すること。

　(c)　自国の科学的調査の政策を調整し及び、適当な場合には、当該水域における科学的調査の共同計画を実施すること。

　(d)　適当な場合には、この条の規定の適用の促進について協力することを関係を有する他の国又は国際機関に要請すること。

　　第十部　内陸国の海への出入りの権利及び通過の自由

第百二十四条　用語

1　この条約の適用上、

　(a)　「内陸国」とは、海岸を有しない国をいう。

　(b)　「通過国」とは、内陸国と海との間に位置しており、その領域において通過運送が行われる国（海岸の有無を問わない。）をいう。

　(c)　「通過運送」とは、人、荷物、物品及び輸送手段の一又は二以上の通過国の領域における通過をいう。ただし、その通過が、積換、倉入れ、荷分け又は輸送方法の変更を伴うかどうかを問わず、内陸面の領域内に始まり又は終わる全行程の一部にすぎないときに限る。

　(d)　「輸送手段」とは、次のものをいう。

　　（ⅰ）　鉄道車両並びに海洋用、湖用及び河川用船舶並びに道路走行車両

　　（ⅱ）　現地の状況が必要とする場合には、運搬人及び積載用動物

2　内陸国及び通過国は、相互間の合意により、パイプライン（ガス用輸送管を含む。）及び1(d)に規定するもの以外の輸送の手段を輸送手段に含めることができる。

第百二十五条　海への出入りの権利及び通過の自由

1　内陸面は、公海の自由及び人類の共同の財産に関する権利を含むこの条約に定める権利の行使のために海への出入りの権利を有する。このため、内陸国は、通過国の領域においてすべての輸送手段による通過の自由を享有する。

2　通過の自由を行使する条件及び態様については、関係する内陸国と通過国との間の二国間の、小地域的な又は地域的な協定によって合意する。

3　通過国は、自国の領域における完全な主権の行使として、この部に定める内陸国の権利及び内陸国のための便宜が自国の正当な利益にいかなる害も及ぼさないようすべての必要な措置をとる権利を有する。

第百二十六条　最恵国条項の適用除外

　　内陸国の特別な地理的位置を理由とする権利及び便益を定めるこの条約及び海への出入りの権利の行使に関する特別の協定は、最恵国条項の適用から除外する。

第百二十七条　関税、租税その他の課徴金

1　通過運送に対しては、いかなる関税、租税その他の課徴金も課してはならない。ただし、

当該通過運送に関連して提供された特定の役務の対価として課される課徴金を除く。

2 内陸国に提供され又は内陸国により利用される通過のための輸送手段及び他の便益に対しては、通過国の輸送手段の利用に対して課される租税又は課徴金よりも高い租税又は課徴金を課してはならない。

第百二十八条 自由地帯及び他の通関上の便益

通過運送の便宜のため、通過国と内陸国との間の合意により、通過国の出入港において自由地帯及び他の通関上の便益を設けることができる。

第百二十九条 輸送手段の建設及び改善における協力

通過国において通過の自由を実施するための輸送手段がない場合又は現存の手段（港の施設及び設備を含む。）が何らかの点で不十分な場合には、関係する通過国及び内陸国は、そのような輸送手段又は現存の手段の建設及び改善について協力することができる。

第百三十条 通過輸送における遅延又はその他の困難で技術的性質のものを回避し又は無くすための措置

1 通過国は、通過運送における遅延又はその他の困難で技術的性質のものを回避するためすべての適当な措置をとる。

2 1の遅延又は困難が生じたときは、関係する通過国及び内陸国の権限のある当局は、その遅延又は困難を迅速に無くすため協力する。

第百三十一条 海港における同等の待遇

内陸国を旗国とする船舶は、海港において他の外国船舶に与えられる待遇と同等の待遇を与えられる。

第百三十二条 通過のための一層大きい便益の供与

この条約は、この条約に定める通過のための便益よりも大きい便益であって、締約国間で合意され又は締約国が供与するものの撤回をもたらすものではない。この条約は、また、将来において一層大きい便益が供与されることを排除するものではない。

第十一部 深海底（略）

第十二部 海洋環境の保護及び保全

第一節 総則

第百九十二条 一般的義務

いずれの国も、海洋環境を保護し及び保全する義務を有する。

第百九十三条 天然資源を開発する国の主権的権利

いずれの国も、自国の環境政策に基づき、かつ、海洋環境を保護し及び保全する義務に従い、自国の天然資源を開発する主権的権利を有する。

第百九十四条 海洋環境の汚染を防止し、軽減し及び規制するための措置

1 いずれの国も、あらゆる発生源からの海洋環境の汚染を防止し、軽減し及び規制するため、利用することができる実行可能な最善の手段を用い、かつ、自国の能力に応じ、単独で又は適当なときは共同して、この条約に適合するすべての必要な措置をとるものとし、また、この点に関して政策を調和させるよう努力する。

2 いずれの国も、自国の管轄又は管理の下における活動が他の国及びその環境に対し汚染による損害を生じさせないように行われること並びに自国の管轄又は管理の下における事件又は活動から生ずる汚染がこの条約に従って自国が主権的権利を行使する区域を越えて拡大しないことを確保するためにすべての必要な措置をとる。

3 この部の規定によりとる措置は、海洋環境の汚染のすべての発生源を取り扱う。この措置には、特に、次のことをできる限り最小にするための措置を含める。

(a) 毒性の又は有害な物質（特に持続性のもの）の陸にある発生源からの放出、大気からの

　　　若しくは大気を通ずる放出又は投棄による放出
　(b)　船舶からの汚染（特に、事故を防止し及び緊急事態を処理し、海上における運航の安全
　　　を確保し、意図的な及び意図的でない排出を防止し並びに船舶の設計、構造、設備、運航
　　　及び乗組員の配乗を規制するための措置を含む。）
　(c)　海底及びその下の天然資源の探査又は開発に使用される施設及び機器からの汚染（特に、
　　　事故を防止し及び緊急事態を処理し、海上における運用の安全を確保し並びにこのような
　　　施設又は機器の設計、構造、設備、運用及び人員の配置を規制するための措置を含む。）
　(d)　海洋環境において運用される他の施設及び機器からの汚染（特に、事故を防止し及び緊
　　　急事態を処理し、海上における運用の安全を確保し並びにこのような施設又は機器の設計、
　　　構造、設備、運用及び人員の配置を規制するための措置を含む。）
4　いずれの国も、海洋環境の汚染を防止し、軽減し又は規制するための措置をとるに当たり、
　他の国のこの条約に基づく権利の行使に当たっての活動及び義務の履行に当たっての活動に
　対する不当な干渉を差し控える。
5　この部の規定によりとる措置には、希少又はぜい弱な生態系及び減少しており、脅威にさ
　らされており又は絶滅のおそれのある種その他の海洋生物の生息地を保護し及び保全するた
　めに必要な措置を含める。
第百九十五条　損害若しくは危険を移転させ又は一の類型の汚染を他の類型の汚染に変えない
　　　　　　　義務
　　　いずれの国も、海洋環境の汚染を防止し、軽減し又は規制するための措置をとるに当たり、
　損害若しくは危険を一の区域から他の区域へ直接若しくは間接に移転させないように又は一
　の類型の汚染を他の類型の汚染に変えないように行動する。
第百九十六条　技術の利用又は外来種若しくは新種の導入
1　いずれの国も、自国の管轄又は管理の下における技術の利用に起因する海洋環境の汚染及
　び海洋環境の特定の部分に重大かつ有害な変化をもたらすおそれのある外来種又は新種の当
　該部分への導入（意図的であるか否かを問わない。）を防止し、軽減し及び規制するために
　必要なすべての措置をとる。
2　この条の規定は、海洋環境の汚染の防止、軽減及び規制に関するこの条約の適用に影響を
　及ぼすものではない。
　　　　第二節　世界的及び地域的な協力
第百九十七条　世界的又は地域的基礎における協力
　　　いずれの国も、世界的基礎において及び、適当なときは地域的基礎において、直接に又は
　権限のある国際機関を通じ、地域的特性を考慮した上で、海洋環境を保護し及び保全するた
　め、この条約に適合する国際的な規則及び基準並びに勧告される方式及び手続を作成するた
　めに協力する。
第百九十八条　損害の危険が差し迫った場合又は損害が実際に生じた場合の通報
　　　海洋環境が汚染により損害を受ける差し迫った危険がある場合又は損害を受けた場合にお
　いて、このことを知った国は、その損害により影響を受けるおそれのある他の国及び権限の
　ある国際機関に直ちに通報する。
第百九十九条　汚染に対する緊急時の計画
　　　前条に規定する場合において、影響を受ける地域にある国及び権限のある国際機関は、当
　該国にについてはその能力に応じ、汚染の影響を除去し及び損害を防止し又は最小にするた
　め、できる限り協力する。このため、いずれの国も、海洋環境の汚染をもたらす事件に対応
　するための緊急時の計画を共同して作成し及び促進する。
第二百条　研究、調査の計画並びに情報及びデータの交換

　　いずれの国も、直接に又は権限のある国際機関を通じ、研究を促進し、科学的調査の計画を実施し並びに海洋環境の汚染について取得した情報及びデータの交換を奨励するため協力する。いずれの国も、汚染の性質及び範囲、汚染にさらされたものの状態並びに汚染の経路、危険及び対処の方法を評価するための知識を取得するため、地域的及び世界的な計画に積極的に参加するよう努力する。

第二百一条　規則のための科学的基準

　　前条の規定により取得した情報及びデータに照らし、いずれの国も、直接に又は権限のある国際機関を通じ、海洋環境の汚染の防止、軽減及び規制のための規則及び基準並びに勧告される方式及び手続を作成するための適当な科学的基準を定めるに当たって協力する。

　　　第三節　技術援助

第二百二条　開発途上国に対する科学及び技術の分野における援助

　　いずれの国も、直接に又は権限のある国際機関を通じ、次のことを行う。

(a)　海洋環境を保護し及び保全するため並びに海洋汚染を防止し、軽減し及び規制するため、開発途上国に対する科学、教育、技術その他の分野における援助の計画を推進すること。この援助には、特に次のこと含める。

　　（ⅰ）　科学的及び技術の分野における開発途上国の要員を訓練すること。

　　（ⅱ）　関連する国際的な計画への開発途上国の参加を容易にすること。

　　（ⅲ）　必要な機材及び便宜を開発途上国に供与すること。

　　（ⅳ）　（ⅲ）の機材を製造するための開発途上国の能力を向上させること。

　　（ⅴ）　調査、監視、教育その他の計画について助言し及び施設を整備すること。

(b)　重大な海洋環境の汚染をもたらすおそれのある大規模な事件による影響を最小にするため、特に開発途上国に対し適当な援助を与えること。

(c)　環境評価の作成に関し、特に開発途上国に対し適当な援助を与えること。

第二百三条　開発途上国に対する優先的待遇

　　開発途上国は、海洋環境の汚染の防止、軽減及び規制のため又は汚染の影響を最小にするため、国際機関から次の事項に関し優先的待遇を与えられる。

(a)　適当な資金及び技術援助の配分

(b)　国際機関の専門的役務の利用

　　　第四節　監視及び環境評価

第二百四条　汚染の危険又は影響の監視

1　いずれの国も、他の国の権利と両立する形で、直接に又は権限のある国際機関を通じ、認められた科学的方法によって海洋環境の汚染の危険又は影響を観察し、測定し、評価し及び分析するよう、実行可能な限り努力する。

2　いずれの国も、特に、自国が許可し又は従事する活動が海洋環境を汚染するおそれがあるか否かを決定するため、当該活動の影響を監視する。

第二百五条　報告の公表

　　いずれの国も、前条の規定により得られた結果についての報告を公表し、又は適当な間隔で権限のある国際機関に提供する。当該国際機関は、提供された報告をすべての国の利用に供すべきである。

第二百六条　活動による潜在的な影響の評価

　　いずれの国も、自国の管轄又は管理の下における計画中の活動が実質的な海洋環境の汚染又は海洋環境に対する重大かつ有害な変化をもたらすおそれがあると信ずるに足りる合理的な理由がある場合には、当該活動が海洋環境に及ぼす潜在的な影響を実行可能な限り評価するものとし、前条に規定する方法によりその評価の結果についての報告を公表し又は国際機

関に提供する。

第五節　海洋環境の汚染を防止し、軽減し及び規制するための国際的規則及び国内法

第二百七条　陸にある発生源からの汚染

1　いずれの国も、国際的に合意される規則及び基準並びに勧告される方式及び手続を考慮して、陸にある発生源（河川、三角江、パイプライン及び排水口を含む。）からの海洋環境の汚染を防止し、軽減し及び規制するため法令を制定する。

2　いずれの国も、1に規定する汚染を防止し、軽減し及び規制するために必要な他の措置をとる。

3　いずれの国も、1に規定する汚染に関し、適当な地域的規模において政策を調和させるよう努力する。

4　いずれの国も、地域的特性並びに開発途上国の経済力及び経済開発のニーズを考慮し、特に、権限のある国際機関又は外交会議を通じ、陸にある発生源からの海洋環境の汚染を防止し、軽減し及び規制するため、世界的及び地域的な規則及び基準並びに勧告される方式及び手続を定めるよう努力する。これらの規則、基準並びに勧告される方式及び手続は、必用に応じ随時再検討する。

5　1、2及び4に規定する法令、措置、規則、基準並びに勧告される方式及び手続には、毒性の又は有害な物質（特に持続性のもの）の海洋環境への放出をできる限り最小にするためのものを含める。

第二百八条　国の管轄の下で行う海底における活動からの汚染

1　沿岸国は、自国の管轄の下で行う海底における活動から又はこれに関連して生ずる海洋環境の汚染並びに第六十条及び第八十条の規定により自国の管轄の下にある人工島、施設及び構築物から生ずる海洋環境の汚染を防止し、軽減し及び規制するため法令を制定する。

2　いずれの国も、1に規定する汚染を防止し、軽減し及び規制するために必要な他の措置をとる。

3　1及び2に規定する法令及び措置は、少なくとも国際的な規則及び基準並びに勧告される方式及び手続と同様に効果的なものとする。

4　いずれの国も、1に規定する汚染に関し、適当な地域的規模において政策を調和させるよう努力する。

5　いずれの国も、特に、権限のある国際機関又は外交会議を通じ、1に規定する海洋環境の汚染を防止、軽減し及び規制するため、世界的及び地域的な規則及び基準並びに勧告される方式及び手続を定める。これらの規則、基準並びに勧告される方式及び手続は、必要に応じ随時再検討する。

第二百九条　深海底における活動からの汚染

1　深海底における活動からの海洋環境の汚染を防止し、軽減し及び規制するため、国際的な規則及び手続が、第十一部の規定に従って定められる。これらの規則及び手続は、必要に応じ随時再検討される。

2　いずれの国も、この節の関連する規定に従うことを条件として、自国を旗国とし、自国において登録され又は自国の権限の下で運用される船舶、施設、構築物及び他の機器により行われる深海底における活動からの海洋環境の汚染を防止し、軽減し及び規制するため法令を制定する。この法令の用件は、少なくとも1に規定する国際的な規則及び手続と同様に効果的なものとする。

第二百十条　投棄による汚染

1　いずれの国も、投棄による海洋環境の汚染を防止し、軽減し及び規制するため法令を制定する。

2　いずれの国も、1に規定する汚染を防止し、軽減し及び規制するために必要な他の措置をとる。

3　1及び2に規定する法令及び措置は、国の権限のある当局の許可を得ることなく投棄が行われないことを確保するものとする。

4　いずれの国も、特に、権限のある国際機関又は外交会議を通じ、投棄による海洋環境の汚染を防止し、軽減し及び規制するため、世界的及び地域的な規則及び基準並びに勧告される方式及び手続を定めるよう努力する。これらの規則、基準並びに勧告される方式及び手続は、必要に応じ随時再検討する。

5　領海及び排他的経済水域における投棄又は大陸棚への投棄は、沿岸国の事前の明示の承認なしに行わないものとし、沿岸国は、地理的事情のため投棄により悪影響を受けるおそれのある他の国との問題に妥当な考慮を払った後、投棄を許可し、規制し及び管理する権利を有する。

6　国内法令及び措置は、投棄による海洋環境の汚染を防止し、軽減し及び規制する上で少なくとも世界的な規則及び基準と同様に効果的なものとする。

第二百十一条　船舶からの汚染

1　いずれの国も、権限のある国際機関又は一般的な外交会議を通じ、船舶からの海洋環境の汚染を防止し、軽減し及び規制するため、国際的な規則及び基準を定めるものとし、同様の方法で、適当なときはいつでも、海洋環境（沿岸を含む。）の汚染及び沿岸国の関係利益に対する汚染損害をもたらすおそれのある事故の脅威を最小にするための航路指定の制度の採択を促進する。これらの規則及び基準は、同様の方法で必要に応じ随時再検討する。

2　いずれの国も、自国を旗国とし又は自国において登録された船舶からの海洋環境の汚染を防止し、軽減し及び規制するための法令を制定する。この法令は、権限のある国際機関又は一般的な外交会議を通じて定められる一般的に受け入れられている国際的な規則及び基準と少なくとも同等の効果を有するものとする。

3　いずれの国も、外国船舶が自国の港若しくは内水に入り又は自国の沖合の係留施設に立ち寄るための条件として海洋環境の汚染を防止し、軽減し及び規制するための特別の要件を定める場合には、当該要件を適当に公表するものとし、また、権限のある国際機関に通報する。二以上の沿岸国が政策を調和させるために同一の要件を定める取決めを行う場合には、通報には、当該取決めに参加している国を明示する。いずれの国も、自国を旗国とし又は自国において登録された船舶の船長に対し、このような取決めに参加している国の領海を航行している場合において、当該国の要請を受けたときは、当該取決めに参加している同一の地域の他の国に向かって航行しているか否かについての情報を提供すること及び、当該他の国に向かって航行しているときは、当該船舶がその国の入港要件を満たしているか否かを示すことを要求する。この条の規定は、船舶による無害通航権の継続的な行使又は第二十五条2の規定の適用を妨げるものではない。

4　沿岸国は、自国の領海における主権の行使として、外国船舶（無害通行権を行使している船舶を含む。）からの海洋汚染を防止し、軽減し及び規制するための法令を制定することができる。この法令は、第二部第三節の定めるところにより、外国船舶の無害通航を妨害するものであってはならない。

5　沿岸国は、第六節に規定する執行の目的のため、自国の排他的経済水域について、船舶からの汚染を防止し、軽減し及び規制するための法令であって、権限のある国際機関又は一般的な外交会議を通じて定められる一般的に受け入れられている国際的な規則及び基準に適合し、かつ、これらを実施するための法令を制定することができる。

6 (a)　沿岸国は、1に規定する国際的な規則及び基準が特別の事情に応ずるために不適当であ

り、かつ、自国の排他的経済水域の明確に限定された特定の水域において、海洋学上及び生態学上の条件並びに当該水域の利用又は資源の保護及び交通の特殊性に関する認められた技術上の理由により、船舶からの汚染を防止するための拘束力を有する特別の措置をとることが必要であると信ずるに足りる合理的な理由がある場合には、権限のある国際機関を通じて他のすべての関係国と適当な協議を行った後、当該水域に関し、当該国際機関に通告することができるものとし、その通告に際し、裏付けとなる科学的及び技術的証拠並びに必要な受入施設に関する情報を提供する。当該国際機関は、通告を受領した後十二箇月以内に当該水域における条件が第一段に規定する要件に合致するか否かを決定する。当該国際機関が合致すると決定した場合には、当該沿岸国は、当該水域について、船舶からの汚染の防止、軽減及び規制のための法令であって、当該国際機関が特別の水域に適用し得るとしている国際的な規則及び基準又は航行上の方式を実施するための法令を制定することができる。この法令は、当該国際機関への通告の後十五箇月間は、外国船舶に適用されない。

(b)　沿岸国は、(a)に規定する明確に限定された特定の水域の範囲を公表する。

(c)　沿岸国は、(a)に規定する水域について船舶からの汚染の防止、軽減及び規制のための追加の法令を制定する意図を有する場合には、その旨を(a)の通報と同時に国際機関に通報する。この追加の法令は、排出又は航行上の方式について定めることができるものとし、外国船舶に対し、設計、構造、乗組員の乗組又は設備につき、一般的に受け入れられている国際的な規則及び基準以外の基準の遵守を要求するものであってはならない。この追加の法令は、当該国際機関への通報の後十二箇月以内に当該国際機関が合意することを条件として、通報の後十五箇月で外国船舶に適用される。

7　この条に規定する国際的な規則及び基準には、特に、排出又はその可能性を伴う事件（海難を含む。）により自国の沿岸又は関係利益が影響を受けるおそれのある沿岸国への迅速な通報に関するものを含めるべきである。

第二百十二条　大気からの又は大気を通ずる汚染

1　いずれの国も、国際的に合意される規則及び基準並びに勧告される方式及び手続並びに航空の安全を考慮し、大気からの又は大気を通ずる海洋環境の汚染を防止し、軽減し及び規制するため、自国の主権の下にある空間及び自国を旗国とする船舶又は自国において登録された船舶若しくは航空機について適用のある法令を制定する。

2　いずれの国も、1に規定する汚染を防止し、軽減し及び規制するために必要な他の措置をとる。

3　いずれの国も、特に、権限のある国際機関又は外交会議を通じ、1に規定する汚染を防止し、軽減し及び規制するため、世界的及び地域的な規則及び基準並びに勧告される方式及び手続を定めるよう努力する。

　　　第六節　執行

第二百十三条　陸にある発生源からの汚染に関する執行

　いずれの国も、第二百七条の規定に従って制定する自国の法令を執行するものとし、陸にある発生源からの海洋環境の汚染を防止し、軽減し及び規制するため、権限のある国際機関又は外交会議を通じて定められる適用のある国際的な規則及び基準を実施するために必要な法令を制定し及び他の措置をとる。

第二百十四条　海底における活動からの汚染に関する執行

　いずれの国も、第二百八条の規定に従って制定する自国の法令を執行するものとし、自国の管轄の下で行う海底における活動から又はこれに関連して生ずる海洋環境の汚染並びに第六十条及び第八十条の規定により自国の管轄の下にある人工島、施設及び構築物から生ずる

海洋環境の汚染を防止し、軽減し及び規制するため、権限のある国際機関又は外交会議を通じて定められる適用のある国際的な規則及び基準を実施するために必要な法令を制定し及び他の措置をとる。

第二百十五条 深海底における活動からの汚染に関する執行

深海底における活動からの海洋環境の汚染を防止し、軽減し及び規制するため第十一部の規定に従って定められる国際的な規則及び手続の執行は、同部の規定により規律される。

第二百十六条 投棄による汚染に関する執行

1 この条約に従って制定する法令並びに権限のある国際機関又は外交会議を通じて定められる適用のある国際的な規則及び基準であって、投棄による海洋環境の汚染を防止し、軽減し及び規制するためのものについては、次の国が執行する。

 (a) 沿岸国の領海若しくは排他的経済水域における投棄又は大陸棚への投棄については当該沿岸国

 (b) 自国を旗国とする船舶については当該旗国又は自国において登録された船舶若しくは航空機についてはその登録国

 (c) 国の領土又は沖合の係留施設において廃棄物その他の物を積み込む行為については当該国

2 いずれの国も、他の国がこの条の規定に従って既に手続を開始している場合には、この条の規定により手続を開始する義務を負うものではない。

第二百十七条 旗国による執行

1 いずれの国も、自国を旗国とし又は自国において登録された船舶が、船舶からの海洋環境の汚染の防止、軽減及び規制のため、権限のある国際機関又は一般的な外交会議を通じて定められる適用のある国際的な規則及び基準に従うこと並びにこの条約に従って制定する自国の法令を遵守することを確保するものとし、これらの規則、基準及び法令を実施するために必要な法令を制定し及び他の措置をとる。旗国は、違反が生ずる場所のいかんを問わず、これらの規則、基準及び法令が効果的に執行されるよう必要な手段を講ずる。

2 いずれの国も、特に、自国を旗国とし又は自国において登録された船舶が1に規定する国際的な規則及び基準の要件（船舶の設計、構造、設備及び乗組員の配乗に関する要件を含む。）に従って航行することができるようになるまで、その航行を禁止されることを確保するために適当な措置をとる。

3 いずれの国も、自国を旗国とし又は自国において登録された船舶が1に規定する国際的な規則及び基準により要求され、かつ、これらに従って発給される証書を船内に備えることを確保する。いずれの国も、当該証書が船舶の実際の状態と合致しているか否かを確認するため自国を旗国とする船舶が定期的に検査されることを確保する。当該証書は、他の国により船舶の状態を示す証拠として認容されるものとし、かつ、当該他の国が発給する証書と同一の効力を有するものとみなされる。ただし、船舶の状態が実質的に証書の記載事項どおりでないと信ずるに足りる明白な理由がある場合は、この限りでない。

4 船舶が権限のある国際機関又は一般的な外交会議を通じて定められる規則及び基準に違反する場合には、旗国は、違反が生じた場所又は当該違反により引き起こされる汚染が発生し若しくは発見された場所のいかんを問わず、当該違反について、調査を直ちに行うために必要な措置をとるものとし、適当なときは手続を開始する。ただし、次条、第二百二十条及び第二百二十八条の規定の適用を妨げるものではない。

5 旗国は、違反の調査を実施するに当たり、事件の状況を明らかにするために他の国の協力が有用である場合には、当該他の国の援助を要請することができる。いずれの国も、旗国の適当な要請に応ずるよう努力する。

6　いずれの国も、他の国の書面による要請により、自国を旗国とする船舶によるすべての違反を調査する。旗国は、違反につき手続をとることを可能にするような十分な証拠が存在すると認める場合には、遅滞なく自国の法律に従って手続を開始する。

7　旗国は、とった措置及びその結果を要請国及び権限のある国際機関に速やかに通報する。このような情報は、すべての国が利用し得るものとする。

8　国の法令が自国を旗国とする船舶に関して定める罰は、場所のいかんを問わず違反を防止するため十分に厳格なものとする。

第二百十八条　寄港国による執行

1　いずれの国も、船舶が自国の港又は沖合の係留施設に任意にとどまる場合には、権限のある国際機関又は一般的な外交会議を通じて定められる適用のある国際的な規則及び基準に違反する当該船舶からの排出であって、当該国の内水、領海又は排他的経済水域の外で生じたものについて、調査を実施することができるものとし、証拠により正当化される場合には、手続を開始することができる。

2　1に規定するいかなる手続も、他の国の内水、領海又は排他的経済水域における排出の違反については、開始してはならない。ただし、当該他の国、旗国若しくは排出の違反により損害若しくは脅威を受けた国が要請する場合又は排出の違反が手続を開始する国の内水、領海若しくは排他的経済水域において汚染をもたらし若しくはもたらすおそれがある場合は、この限りでない。

3　いずれの国も、船舶が自国の港又は沖合の係留施設に任意にとどまる場合には、1に規定する排出の違反であって、他の国の内水、領海若しくは排他的経済水域において生じたもの又はこれらの水域に損害をもたらし若しくはもたらすおそれがあると認めるものについて、当該他の国からの調査の要請に実行可能な限り応ずる。いずれの国も、船舶が自国の港又は沖合の係留施設に任意にとどまる場合には、1に規定する排出の違反について、違反が生じた場所のいかんを問わず、旗国からの調査の要請に同様に実行可能な限り応ずる。

4　この条の規定に従い寄港国により実施された調査の記録は、要請により、旗国又は沿岸国に送付する。違反が、沿岸国の内水、領海又は排他的経済水域において生じた場合には、当該調査に基づいて寄港国により開始された手続は、第七節の規定に従うことを条件として、当該沿岸国の要請により停止することができる。停止する場合には、事件の証拠及び記録並びに寄港国の当局に支払われた保証金又は提供された他の金銭上の保証は、沿岸国に送付する。寄港国における手続は、その送付が行われた場合には、継続することができない。

第二百十九条　汚染を回避するための船舶の堪航性に関する措置

　いずれの国も、第七節の規定に従うことを条件として、要請により又は自己の発意により、自国の港の一又は沖合の係留施設の一にある船舶が船舶の堪航性に関する適用のある国際的な規則及び基準に違反し、かつ、その違反が海洋環境に損害をもたらすおそれがあることを確認した場合には、実行可能な限り当該船舶を航行させないようにするための行政上の措置をとる。当該国は、船舶に対し最寄りの修繕のための適当な場所までに限り航行を許可することができるものとし、当該違反の原因が除去された場合には、直ちに当該船舶の航行の継続を許可する。

第二百二十条　沿岸国による執行

1　いずれの国も、船舶が自国の港又は沖合の係留施設に任意にとどまる場合において、この条約に従って制定する自国の法令又は適用のある国際的な規則及び基準であって、船舶からの汚染の防止、軽減及び規制のためのものに対する違反が自国の領海又は排他的経済水域において生じたときは、第七節の規定に従うことを条件として、当該違反について手続を開始することができる。

2　いずれの国も、自国の領海を航行する船舶が当該領海の通航中にこの条約に従って制定する自国の法令又は適用のある国際的な規則及び基準であって、船舶からの汚染の防止、軽減及び規制のためのものに違反したと信ずるに足りる明白な理由がある場合には、第二部第二節の関連する規定の適用を妨げることなく、その違反について当該船舶の物理的な検査を実施することができ、また、証拠により正当化されるときは、第七節の規定に従うことを条件として、自国の法律に従って手続（船舶の抑留を含む。）を開始することができる。

3　いずれの国も、自国の排他的経済水域又は領海を航行する船舶が当該排他的経済水域において船舶からの汚染の防止、軽減及び規制のための適用のある国際的な規則及び基準又はこれらに適合し、かつ、これらを実施するための自国の法令に違反したと信ずるに足りる明白な理由がある場合には、当該船舶に対しその識別及び船籍港に関する情報、直前及び次の寄港地に関する情報並びに違反が生じたか否かを確定するために必要とされる他の関連する情報を提供するよう要請することができる。

4　いずれの国も、自国を旗国とする船舶が3に規定する情報に関する要請に従うように法令を制定し及び他の措置をとる。

5　いずれの国も、自国の排他的経済水域又は領海を航行する船舶が当該排他的経済水域において3に規定する規則及び基準又は法令に違反し、その違反により著しい海洋環境の汚染をもたらし又はもたらすおそれのある実質的な排出が生じたと信ずるに足りる明白な理由がある場合において、船舶が情報の提供を拒否したとき又は船舶が提供した情報が明白な実際の状況と明らかに相違しており、かつ、事件の状況により検査を行うことが正当と認められるときは、当該違反に関連する事項について当該船舶の物理的な検査を実施することができる。

6　いずれの国も、自国の排他的経済水域又は領海を航行する船舶が当該排他的経済水域において3に規定する規則及び基準又は法令に違反し、その違反により自国の沿岸若しくは関係利益又は自国の領海若しくは排他的経済水域の資源に対し著しい損害をもたらし又はもたらすおそれのある排出が生じたとの明白かつ客観的な証拠がある場合には、第七節の規定に従うこと及び証拠により正当化されることを条件として、自国の法律に従って手続（船舶の抑留を含む。）を開始することができる。

7　6の規定にかかわらず、6に規定する国は、保証金又は他の適当な金銭上の保証に係る要求に従うことを確保する適当な手続が、権限のある国際機関を通じ又は他の方法により合意されているところに従って定められる場合において、当該国が当該手続に拘束されるときは、船舶の航行を認めるものとする。

8　3から7までの規定は、第二百一条6の規定に従って制定される国内法令にも適用する。

第二百二十一条　海難から生ずる汚染を回避するための措置

1　この部のいずれの規定も、著しく有害な結果をもたらすことが合理的に予測される海難又はこれに関連する行為の結果としての汚染又はそのおそれから自国の沿岸又は関係利益（漁業を含む。）を保護するため実際に被った又は被るおそれのある損害に比例する措置を領海を越えて慣習上及び条約上の国際法に従ってとり及び執行する国の権利を害するものではない。

2　この条の規定の適用上、「海難」とは、船舶の衝突、座礁その他の航行上の事故又は船舶内若しくは船舶外のその他の出来事であって、船舶又は積荷に対し実質的な損害を与え又は与える急迫したおそれがあるものをいう。

第二百二十二条　大気からの又は大気を通ずる汚染に関する執行

　　いずれの国も、自国の主権の下にある空間において又は自国を旗国とする船舶若しくは自国において登録された船舶若しくは航空機について、第二百十二条1の規定及びこの条約の他の規定に従って制定する自国の法令を執行するものとし、航空の安全に関するすべての関連する国際的な規則及び基準に従って、大気からの又は大気を通ずる海洋環境の汚染を防止

し、軽減し及び規制するため、権限のある国際機関又は外交会議を通じて定められる適用の
ある国際的な規則及び基準を実施するために必要な法令を制定し及び他の措置をとる。

第七節　保障措置

第二百二十三条　手続を容易にするための措置

いずれの国も、この部の規定に従って開始する手続において、証人尋問及び他の国の当局
又は権限のある国際機関から提出される証拠の認容を容易にするための措置をとるものとし、
権限のある国際的機関、旗国又は違反から生ずる汚染により影響を受けた国の公式の代表の
手続への出席を容易にする。手続に出席する公式の代表は、国内法令又は国際法に定める権
利及び義務を有する。

第二百二十四条　執行の権限の行使

この部の規定に基づく外国船舶に対する執行の権限は、公務員又は軍艦、軍用航空機その
他政府の公務に使用されていることが明らかに表示されており、かつ、識別されることので
きる船舶若しくは航空機で当該権限を与えられているものによってのみ行使することができ
る。

第二百二十五条　執行の権限の行使に当たり悪影響を回避する義務

いずれの国も、外国船舶に対する執行の権限をこの条約に基づいて行使するに当たっては、
航行の安全を損ない、その他船舶に危険をもたらし、船舶を安全でない港若しくはびょう地
に航行させ又は海洋環境を不当な危険にさらしてはならない。

第二百二十六条　外国船舶の調査

1 (a)　いずれの国も、第二百十六条、第二百十八条及び第二百二十条に規定する調査の目的の
ために必要とする以上に外国船舶を遅延させてはならない。外国船舶の物理的な検査は、
一般的に受け入れられている国際的な規則及び基準により船舶が備えることを要求されて
いる証書、記録その他の文書又は船舶が備えている類似の文書の審査に制限される。外国
船舶に対するこれ以上の物理的な検査は、その審査の後に限り、かつ、次の場合に限り行
うことができる。
- （ i ）　船舶又はその設備の状態が実質的にこれらの文書の記載事項どおりでないと信ずる
  に足りる明白な理由がある場合
- （ ii ）　これらの文書の内容が疑わしい違反について確認するために不十分である場合
- （iii）　船舶が有効な証書及び記録を備えていない場合

(b)　調査により、海洋環境の保護及び保全のための適用のある法令又は国際的な規則及び基
準に対する違反が明らかとなった場合には、合理的な手続、（例えば、保証金又は他の適
当な金銭上の保証）に従うことを条件として速やかに釈放する。

(c)　海洋環境に対し不当に損害を与えるおそれがある場合には、船舶の堪航性に関する適用
のある国際的な規則及び基準の適用を妨げることなく、船舶の釈放を拒否することができ
又は最寄りの修繕のための適当な場所への航行を釈放の条件とすることができる。釈放が
拒否され又は条件を付された場合には、当該船舶の旗国は、速やかに通報を受けるものと
し、第十五部の規定に従い当該船舶の釈放を求めることができる。

2　いずれの国も、海洋における船舶の不必要な物理的な検査を回避するための手続を作成す
ることに協力する。

第二百二十七条　外国船舶に対する無差別

いずれの国も、この部の規定に基づく権利の行使及び義務の履行に当たって、他の国の船
舶に対して法律上又は事実上の差別を行ってはならない。

第二百二十八条　手続の停止及び手続の開始の制限

1　手続を開始する国の領海を越える水域における外国船舶による船舶からの汚染の防止、軽

減及び規制に関する適用のある当該国の法令又は国際的な規則及び基準に対する違反について罰を科するための手続は、最初の手続の開始の日から六箇月以内に旗国が同一の犯罪事実について罰を科するための手続をとる場合には、停止する。ただし、その手続が沿岸国に対する著しい損害に係る事件に関するものである場合又は当該旗国が自国の船舶による違反について適用のある国際的な規則及び基準を有効に執行する義務を履行しないことが繰り返されている場合は、この限りでない。この条の規定に基づいて当該旗国が手続の停止を要請した場合には、当該沿岸国は、適当な時期に、当該事件の一件書類及び手続の記録を先に手続を開始した国の利用に供する。当該旗国が開始した手続が完了した場合には、停止されていた手続は、終了する。当該手続に関して負担した費用の支払を受けた後、沿岸国は、当該旗国に関して支払われた保証金又は提供された他の金銭上の保証を返還する。

2　違反が生じた日から三年が経過した後は、外国船舶に罰を科するための手続を開始してはならない。いずれの国も、他の国が、1の規定に従うことを条件として、手続を開始している場合には、外国船舶に罰を科するための手続をとってはならない。

3　この条の規定は、他の国による手続のいかんを問わず、旗国が自国の法律に従って措置（罰を科するための手続を含む。）をとる権利を害するものではない。

第二百二十九条　民事上の手続の開始

この条約のいずれの規定も、海洋環境の汚染から生ずる損失又は損害に対する請求に関する民事上の手続の開始に影響を及ぼすものではない。

第二百三十条　金銭罰及び被告人の認められている権利の尊重

1　海洋環境の汚染の防止、軽減及び規制のための国内法令又は適用のある国際的な規則及び基準に対する違反であって、領海を越える水域における外国船舶によるものについては、金銭罰のみを科することができる。

2　海洋環境の汚染の防止、軽減及び規制のための国内法令又は適用のある国際的な規則及び基準に対する違反であって、領海における外国船舶によるものについては、当該領海における故意によるかつ重大な汚染行為の場合を除くほか、金銭罰のみを科することができる。

3　外国船舶による1及び2に規定する違反であって、罰が科される可能性のあるものについての手続の実施に当たっては、被告人の認められている権利を尊重する。

第二百三十一条　旗国その他の関係国に対する通報

いずれの国も、第六節の規定により外国船舶に対してとった措置を旗国その他の関係国に速やかに通報するものとし、旗国に対しては当該措置に関するすべての公の報告書を提供する。ただし、領海における違反については、前段の沿岸国の義務は、手続においてとられた措置にのみ適用する。第六節の規定により外国船舶に対してとられた措置は、旗国の外交官又は領事官及び、可能な場合には、当該旗国の海事当局に直ちに通報する。

第二百三十二条　執行措置から生ずる国の責任

いずれの国も、第六節の規定によりとった措置が違法であった場合又は入手可能な情報に照らして合理的に必要とされる限度を越えた場合には、当該措置に起因する損害又は損失であって自国の責めに帰すべきものについて責任を負う。いずれの国も、このような損害又は損失に関し、自国の裁判所において訴えを提起する手段につき定める。

第二百三十三条　国際航行に使用されている海峡に関する保障措置

第五節からこの節までのいずれの規定も、国際航行に使用されている海峡の法制度に影響を及ぼすものではない。ただし、第十節に規定する船舶以外の外国船舶が第四十二条1の(a)及び(b)に規定する法令に違反し、かつ、海峡の海洋環境に対し著しい損害をもたらし又はもたらすおそれがある場合には、海峡沿岸国は、適当な執行措置をとることができるものとし、この場合には、この節の規定を適用する。

第八節　氷に覆われた水域

第二百三十四条　氷に覆われた水域

　　沿岸国は、自国の排他的経済水域の範囲内における氷に覆われた水域であって、特に厳し
い気象条件及び年間の大部分の期間当該水域を覆う氷の存在が航行に障害又は特別の危険を
もたらし、かつ、海洋環境の汚染が生態学的均衡に著しい害又は回復不可能な障害をもたら
すおそれのある水域において、船舶からの海洋環境汚染の防止、軽減および規制のための無
差別の法令を制定し及び執行する権利を有する。この法令は、航行並びに入手可能な最良の
科学的証拠に基づく海洋環境の保護及び保全に妥当な考慮を払ったものとする。

第九節　責任

第二百三十五条　責任

1　いずれの国も、海洋環境の保護及び保全に関する自国の国際的義務を履行するものとし、
　国際法に基づいて責任を負う。

2　いずれの国も、自国の管轄の下にある自然人又は法人による海洋環境の汚染によって生ず
　る損害に関し、自国の法制度に従って迅速かつ適正な補償その他の救済のための手段が利用
　し得ることを確保する。

3　いずれの国も、海洋環境の汚染によって生ずるすべての損害に関し迅速かつ適正な賠償及
　び補償を確保するため、損害の評価、賠償及び補償並びに関連する紛争の解決について、責
　任に関する現行の国際法を実施し及び国際法を一層発展させるために協力するものとし、適
　当なときは、適正な賠償及び補償の支払に関する基準及び手続（例えば、強制保険又は補償
　基金）を作成するために協力する。

第十節　主権免除

第二百三十六条　主権免除

　　海洋環境の保護及び保全に関するこの条約の規定は、軍艦、軍の支援船又は国が所有し若
しくは運航する他の船舶若しくは航空機で政府の非商業的役務にのみ使用しているものにつ
いては、適用しない。ただし、いずれの国も、自国が所有し又は運航するこれらの排他的経
済水域又は航空機の運航又は運航能力を阻害しないような適当な措置をとることにより、こ
れらの船舶又は航空機が合理的かつ実行可能である限りこの条約を即して行動することを確
保する。

第十一節　海洋環境の保護及び保全に関する他の条約に基づく義務

第二百三十七条　海洋環境の保護及び保全に関する他の条約に基づく義務

1　この部の規定は、海洋環境の保護及び保全に関して既に締結された特別の条約及び協定に
　基づき国が負う特定の義務に影響を与えるものではなく、また、この条約に定める一般原則
　を促進するために締結される協定の適用を妨げるものではない。

2　海洋環境の保護及び保全に関し特別の条約に基づき国が負う特定の義務は、この条約の一
　般原則及び一般的な目的に適合するように履行すべきである。

第十三部　海洋の科学的調査

第一節　総則

第二百三十八条　海洋の科学的調査を実施する権利

　　すべての国（地理的位置のいかんを問わない。）及び権限のある国際機関は、この条約に
規定する他の国の権利及び義務を害さないことを条件として、海洋の科学的調査を実施する
権利を有する。

第二百三十九条　海洋の科学的調査の促進

　　いずれの国及び権限のある国際機関も、この条約に従って海洋の科学的調査の発展及び実
施を促進し及び容易にする。

第二百四十条 海洋の科学的調査の実施のための一般原則

　海洋の科学的調査の実施に当たっては、次の原則を適用する。

(a) 海洋の科学的調査は、専ら平和的目的のために実施する。

(b) 海洋の科学的調査は、この条約に抵触しない適当な科学的方法及び手段を用いて実施する。

(c) 海洋の科学的調査は、この条約に抵触しない他の適法な海洋の利用を不当に妨げないものとし、そのような利用の際に十分に尊重される。

(d) 海洋の科学的調査は、この条約に基づいて制定されるすべての関連する規則（海洋環境の保護及び保全のための規則を含む。）に従って実施する。

第二百四十一条 権利の主張の法的根拠としての海洋の科学的調査の活動の否認

　海洋の科学的調査の活動は、海洋環境又はその資源のいずれの部分に対するいかなる権利の主張の法的根拠も構成するものではない。

　　第二節 国際協力

第二百四十二条 国際協力の促進

1 いずれの国及び権限のある国際機関も、主権及び管轄権の尊重の原則に従い、かつ、相互の利益を基礎として、平和的目的のための海洋の科学的調査に関する国際協力を促進する。

2 このため、いずれの国も、この部の規定の適用上、この条約に基づく国の権利及び義務を害することなく、適当な場合には、人の健康及び安全並びに海洋環境に対する損害を防止し及び抑制するために必要な情報を、自国から又は自国が協力することにより他の国が得るための合理的な機会を提供する。

第二百四十三条 好ましい条件の創出

　いずれの国及び権限のある国際機関も、海洋環境における海洋の科学的調査の実施のための好ましい条件を創出し、かつ、海洋環境において生ずる現象及び過程の本質並びにそれらの相互関係を研究する科学者の努力を統合するため、二国間又は多数国間の協定の締結を通じて協力する。

第二百四十四条 情報及び知識の公表及び頒布

1 いずれの国及び権限のある国際機関も、この条約に従って、主要な計画案及びその目的に関する情報並びに海洋の科学的調査から得られた知識を適当な経路を通じて公表し及び頒布する。

2 このため、いずれの国も、単独で並びに他の国及び権限のある国際機関と協力して、科学的データ及び情報の流れを円滑にし並びに特に開発途上国に対し海洋の科学的調査から得られた知識を移転すること並びに開発途上国が自ら海洋の科学的調査を実施する能力を、特に技術及び科学の分野における開発途上国の要員の適切な教育及び訓練を提供するための計画を通じて強化することを積極的に促進する。

　　第三節 海洋の科学的調査の実施及び促進

第二百四十五条 領海における海洋の科学的調査

　沿岸国は、自国の主権の行使として、自国の領海における海洋の科学的調査を規制し、許可し及び実施する排他的権利を有する。領海における海洋の科学的調査は、沿岸国の明示の同意が得られ、かつ、沿岸国の定める条件に基づく場合に限り、実施する。

第二百四十六条 排他的経済水域および大陸棚における海洋の科学的調査

1 沿岸国は、自国の管轄権の行使として、この条約の関連する規定に従って排他的経済水域及び大陸棚における海洋の科学的調査を規制し、許可し及び実施する権利を有する。

2 排他的経済水域及び大陸棚における海洋の科学的調査は、沿岸国の同意を得て実施する。

3 沿岸国は、自国の排他的経済水域又は大陸棚において他の国又は権限のある国際機関が、

この条約に従って、専ら平和的目的で、かつ、すべての人類の利益のために海洋環境に関する科学的知識を増進させる目的で実施する海洋の科学的調査の計画については、通常の状況においては、同意を与える。このため、沿岸国は、同意が不当に遅滞し又は拒否されないことを確保するための規則及び手続を定める。

4　3の規定の適用上、沿岸国と調査を実施する国との間に外交関係がない場合にも、通常の状況が存在するものとすることができる。

5　沿岸国は、他の国又は権限のある国際機関による自国の排他的経済水域又は大陸棚における海洋の科学的調査の計画の実施について、次の場合には、自国の裁量により同意を与えないことができる。

　(a)　計画が天然資源（生物であるか非生物であるかを問わない。）の探査及び開発に直接影響を及ぼす場合

　(b)　計画が大陸棚の掘削、爆発物の使用又は海洋環境への有害物質の導入を伴う場合

　(c)　計画が第六十条及び第八十条に規定する人工島、施設及び構築物の建設、運用又は利用を伴う場合

　(d)　第二百四十八条の規定により計画の性質及び目的に関し提供される情報が不正確である場合又は調査を実施する国若しくは権限のある国際機関が前に実施した調査の計画について沿岸国に対する義務を履行していない場合

6　5の規定にかかわらず、沿岸国は、領海の幅を測定するための基線から二百海里を超える大陸棚（開発又は詳細な探査の活動が行われており、又は合理的な期間内に行われようとしている区域として自国がいつでも公の指定をすることのできる特定の区域を除く。）においてこの部の規定に従って実施される海洋の科学的調査の計画については、5(a)の規定に基づく同意を与えないとする裁量を行使してはならない。沿岸国は、当該区域の指定及びその変更について合理的な通報を行う。ただし、当該区域における活動の詳細を通報する義務を負わない。

7　6の規定は、第七十七条に定める大陸棚に対する沿岸国の権利を害するものではない。

8　この条の海洋の科学的調査の活動は、沿岸国がこの条約に定める主権的権利及び管轄権を行使して実施する活動を不当に妨げてはならない。

第二百四十七条　国際機関により又は国際機関の主導により実施される海洋の科学的調査の計画

　　国際機関の構成国である沿岸国又は国際機関との間で協定を締結している沿岸国の排他的経済水域又は大陸棚において当該国際機関が海洋の科学的調査の計画を直接に又は自己の主導により実施することを希望する場合において、当該沿岸国が当該国際機関による計画の実施の決定に当たり詳細な計画を承認したとき又は計画に参加する意思を有し、かつ、当該国際機関による計画の通報から四箇月以内に反対を表明しなかったときは、合意された細目により実施される調査について当該沿岸国の許可が与えられたものとする。

第二百四十八条　沿岸国に対し情報を提供する義務

　　沿岸国の排他的経済水域又は大陸棚において海洋の科学的調査を実施する意図を有する国及び権限のある国際機関は、海洋の科学的調査の計画の開始予定日の少なくとも六箇月前に当該沿岸国に対し次の事項についての十分な説明を提供する。

　(a)　計画の性質及び目的

　(b)　使用する方法及び手段（船舶の名称、トン数、種類及び船級並びに科学的機材の説明を含む。）

　(c)　計画が実施される正確な地理的区域

　(d)　調査船の最初の到着予定日及び最終的な出発予定日又は、適当な場合には、機材の設置

及び撤去の予定日

(e) 責任を有する機関の名称及びその代表者の氏名並びに計画の担当者の氏名

(f) 沿岸国が計画に参加し又は代表を派遣することができると考えられる程度

第二百四十九条 一定の条件を遵守する義務

1 いずれの国及び権限のある国際機関も、沿岸国の排他的経済水域又は大陸棚において海洋の科学的調査を実施するに当たり、次の条件を遵守する。

(a) 沿岸国が希望する場合には、沿岸国の科学者に対し報酬を支払うことなく、かつ、沿岸国に対し計画の費用の分担の義務を負わせることなしに、海洋の科学的調査の計画に参加し又は代表を派遣する沿岸国の権利を確保し、特に、実行可能なときは、調査船その他の舟艇又は科学的調査のための施設への同乗の権利を確保すること。

(b) 沿岸国に対し、その要請により、できる限り速やかに暫定的な報告並びに調査の完了の後は最終的な結果及び結論を提供すること。

(c) 沿岸国に対し、その要請により、海洋の科学的調査の計画から得られたすべてのデータ及び試料を利用する機会を提供することを約束し並びに写しを作成することのできるデータについてはその写し及び科学的価値を害することなく分割することのできる試料についてはその部分を提供することを約束すること。

(d) 要請があった場合には、沿岸国に対し、(c)のデータ、試料及び調査の結果の評価を提供し又は沿岸国が当該データ、試料及び調査の結果を評価し若しくは解釈するに当たり援助を提供すること。

(e) 2の規定に従うことを条件として、調査の結果ができる限り速やかに適当な国内の経路又は国際的な経路を通じ国際的な利用に供されることを確保すること。

(f) 調査の計画の主要な変更を直ちに沿岸国に通報すること。

(g) 別段の合意がない限り、調査が完了したときは、科学的調査のための施設又は機材を撤去すること。

2 この条の規定は、第二百四十六条5の規定に基づき同意を与えるか否かの裁量を行使するため沿岸国の法令によって定められる条件(天然資源の探査及び開発に直接影響を及ぼす計画の調査の結果を国際的な利用に供することについて事前の合意を要求することを含む。)を害するものではない。

第二百五十条 海洋の科学的調査の計画に関する通報

別段の合意がない限り、海洋の科学的調査の計画に関する通報は、適当な公の経路を通じて行う。

第二百五十一条 一般的な基準及び指針

いずれの国も、各国が海洋の科学的調査の性質及び意味を確認することに資する一般的な基準及び指針を定めることを権限のある国際機関を通じて促進するよう努力する。

第二百五十二条 黙示の同意

いずれの国又は権限のある国際機関も、第二百四十八条の規定によって要求される情報を沿岸国に対し提供した日から六箇月が経過したときは、海洋の科学的調査の計画を進めることができる。ただし、沿岸国が、この情報を含む通報の受領の後四箇月以内に、調査を実施しようとする国又は権限のある国際機関に対し次のいずれかのことを通報した場合は、この限りでない。

(a) 第二百四十六条の規定に基づいて同意を与えなかったこと。

(b) 計画の性質又は目的について当該国又は国際機関が提供した情報が明白な事実と合致しないこと。

(c) 第二百四十八条及び第二百四十九条に定める条件及び情報に関連する補足的な情報を要

　求すること。

(d)　当該国又は国際機関が前に実施した海洋の科学的調査の計画に関し、第二百四十九条に定める条件についての義務が履行されていないこと。

第二百五十三条　海洋の科学的調査の活動の停止又は終了

1　沿岸国は、次のいずれかの場合には、自国の排他的経済水域又は大陸棚において実施されている海洋の科学的調査の活動の停止を要求する権利を有する。

(a)　活動が、第二百四十八条の規定に基づいて提供された情報であって沿岸国の同意の基礎となったものに従って実施されていない場合

(b)　活動を実施している国又は権限のある国際機関が、海洋の科学的調査の計画についての沿岸国の権限に関する第二百四十九条の規定を遵守していない場合

2　沿岸国は、第二百四十八条の規定の不履行であって海洋の科学的調査の計画又は活動の主要な変更に相当するものであった場合には、当該海洋の科学的調査の活動の終了を要求する権利を有する。

3　沿岸国は、また、1に規定するいずれかの状態が合理的な期間内に是正されない場合には、海洋の科学的調査の活動の終了を要求することができる。

4　海洋の科学的調査の活動の実施を許可された国又は権限のある国際機関は、沿岸国による停止又は終了を命ずる決定の通報に従い、当該通報の対象となっている調査の活動を取りやめる。

5　調査を実施する国又は権限のある国際機関が第二百四十八条及び第二百四十九条の規定により要求される条件を満たした場合には、沿岸国は、1の規定による停止の命令を撤回し、海洋の科学的調査の活動の継続を認めるものとする。

第二百五十四条　沿岸国に隣接する内陸国及び地理的不利国の権利

1　第二百四十六条3に規定する海洋の科学的調査を実施する計画を沿岸国に提出した国及び権限のある国際機関は、提案された調査の計画を沿岸国に隣接する内陸国及び地理的不利国に通報するものとし、また、その旨を沿岸国に通報する。

2　第二百四十六条及びこの条約の他の関連する規定に従って沿岸国が提案された海洋の科学的調査の計画に同意を与えた後は、当該計画を実施する国及び権限のある国際機関は、沿岸国に隣接する内陸国及び地理的不利国に対し、これらの国の要請があり、かつ、適当である場合には、第二百四十八条及び第二百四十九条1(f)の関連する情報を提供する。

3　2の内陸国及び地理的不利国は、自国の要請により、提案された海洋の科学的調査の計画について、沿岸国と海洋の科学的調査を実施する国又は権限のある国際機関との間でこの条約の規定に従って合意された条件に基づき、自国が任命し、かつ、沿岸国の反対がない資格のある専門家の参加を通じ、実行可能な限り、当該計画に参加する機会を与えられる。

4　1に規定する国及び権限のある国際機関は、3の内陸国及び地理的不利国に対し、これらの国の要請により、第二百四十九条2の規定に従うことを条件として、同条1(d)の情報及び援助を提供する。

第二百五十五条　海洋の科学的調査を容易にし及び調査船を援助するための措置

　いずれの国も自国の領海を越える水域においてこの条約に従って実施される海洋の科学的調査を促進し及び容易にするため合理的な規則及び手続を定めるよう努力するものとし、また、適当な場合には、自国の法令に従い、この部の関連する規定を遵守する海洋の科学的調査のため調査船の自国の港への出入りを容易にし及び当該調査船に対する援助を促進する。

第二百五十六条　深海底における海洋の科学的調査

　すべての国（地理的位置のいかんを問わない。）及び権限のある国際機関は、第十一部の規定に従って、深海底における海洋の科学的調査を実施する権利を有する。

第二百五十七条 排他的経済水域を越える水域（海底及びその下を除く。）における海洋の科学的調査

すべての国（地理的位置のいかんを問わない。）及び権限のある国際機関は、この条約に基づいて、排他的経済水域を越える水域（海底及びその下を除く。）における海洋の科学的調査を実施する権利を有する。

第四節 海洋環境における科学的調査のための施設又は機材

第二百五十八条 設置及び利用

海洋環境のいかなる区域においても、科学的調査のためのいかなる種類の施設又は機材の設置及び利用も、当該区域における海洋の科学的調査の実施についてこの条約の定める条件と同一の条件に従う。

第二百五十九条 法的地位

この節に規定する施設又は機材は、島の地位を有しない。これらのものは、それ自体の領海を有せず、また、その存在は、領海、排他的経済水域又は大陸棚の境界画定に影響を及ぼすものではない。

第二百六十条 安全水域

この条約の関連する規定に従って、科学的調査のための施設の周囲に五百メートルを超えない合理的な幅を有する安全水域を設定することができる。すべての国は、自国の船舶が当該安全水域を尊重することを確保する。

第二百六十一条 航路を妨げてはならない義務

科学的調査のためのいかなる種類の施設又は機材の設置及び利用も、確立した国際航路の妨げとなってはならない。

第二百六十二条 識別標識及び注意を喚起するための信号

この節に規定する施設又は機材は、権限のある国際機関が定める規則及び基準を考慮して、登録国又は所属する国際機関を示す識別標識を掲げるものとし、海上における安全及び航空の安全を確保するため、国際的に合意される注意を喚起するための適当な信号を発することができるものとする。

第五節 責任

第二百六十三条 責任

1 いずれの国及び権限のある国際機関も、海洋の科学的調査（自ら実施するものであるか自らに代わって実施されるものであるかを問わない。）がこの条約に従って実施されることを確保する責任を負う。

2 いずれの国及び権限のある国際機関も、他の国、その自然人若しくは法人又は権限のある国際機関が実施する海洋の科学的調査に関し、この条約に違反してとる措置について責任を負い、当該措置から生ずる損害を賠償する。

3 いずれの国及び権限のある国際機関も、自ら実施し又は自らに代わって実施される海洋の科学的調査から生ずる海洋環境の汚染によりもたらされた損害に対し第二百三十五条の規定に基づいて責任を負う。

第六節 紛争の解決及び暫定措置

第二百六十四条 紛争の解決

海洋の科学的調査に関するこの条約の解釈又は適用に関する紛争は、第十五部の第二節及び第三節の規定によって解決する。

第二百六十五条 暫定措置

海洋の科学的調査の計画を実施することを許可された国又は権限のある国際機関は、第十五部の第二節及び第三節の規定により紛争が解決されるまでの間、関係沿岸国の明示の同意

なしに調査の活動を開始し又は継続してはならない。

　　第十四部　海洋技術の発展及び移転（略）

　　第十五部　紛争の解決

　　　第一節　総則

第二百七十九条　平和的手段によって紛争を解決する義務

　　締約国は、国際連合憲章第二条3の規定に従いこの条約の解釈又は適用に関する締約国間の紛争を平和的手段によって解決するものとし、このため、同憲章第三十三条1に規定する手段によって解決を求める。

第二百八十条　紛争当事者が選択する平和的手段による紛争の解決

　　この部のいかなる規定も、この条約の解釈又は適用に関する締約国間の紛争を当該締約国が選択する平和的手段によって解決することにつき当該締約国がいつでも合意する権利を害するものではない。

第二百八十一条　紛争当事者によって解決が得られない場合の手続

1　この条約の解釈又は適用に関する紛争の当事者である締約国が、当該締約国が選択する平和的手段によって紛争の解決を求めることについて合意した場合には、この部に定める手続は、当該平和的手段によって解決が得られず、かつ、当該紛争の当事者間の合意が他の手続の可能性を排除していないときに限り適用される。

2　紛争当事者が期限についても合意した場合には、1の規定は、その期限の満了のときに限り適用される。

第二百八十二条　一般的な地域的な又は二国間の協定に基づく義務

　　この条約の解釈又は適用に関する紛争の当事者である締約国が、一般的な、地域的な又は二国間の協定その他の方法によって、いずれかの紛争当事者の要請により拘束力を有する決定を伴う手続に紛争を付することについて合意した場合には、当該手続は、紛争当事者が別段の合意をしない限り、この部に定める手続の代わりに適用される。

第二百八十三条　意見を交換する義務

1　この条約の解釈又は適用に関して締約国間に紛争が生ずる場合には、紛争当事者は、交渉その他の平和的手段による紛争の解決について速やかに意見の交換を行う。

2　紛争当事者は、紛争の解決のための手続が解決をもたらさずに終了したとき又は解決が得られた場合においてその実施の方法につき更に協議が必要であるときは、速やかに意見の交換を行う。

第二百八十四条　調停

1　この条約の解釈又は適用に関する紛争の当事者である締約国は、他の紛争当事者に対し、附属書Ⅴ第一節に定める手続その他の調停手続に従って紛争を調停に付するよう要請することができる。

2　1の要請が受け入れられ、かつ、適用される調停手続について紛争当事者が合意する場合には、いずれの紛争当事者も、紛争を当該調停手続に付することができる。

3　1の要請が受け入れられない場合又は紛争当事者が手続について合意しない場合には、調停手続は、終了したものとみなされる。

4　紛争が調停に付された場合には、紛争当事者が別段の合意をしない限り、その手続は、合意された調停手続に従ってのみ終了することができる。

第二百八十五条　第十一部の規定によって付託される紛争についてのこの節の規定の適用

　　この節の規定は、第十一部第五節の規定によりこの部に定める手続に従って解決することとされる紛争についても適用する。締約国以外の主体がこのような紛争の当事者である場合には、この節の規定を準用する。

第二節　拘束力を有する決定を伴う義務的手続

第二百八十六条　この節の規定に基づく手続の適用

　　第三節の規定に従うことを条件として、この条約の解釈又は適用に関する紛争であって第一節に定める方法によって解決が得られなかったものは、いずれかの紛争当事者の要請により、この節の規定に基づいて管轄権を有する裁判所に付託される。

第二百八十七条　手続の選択

1　いずれの国も、この条約に署名し、これを批准し若しくはこれに加入する時に又はその後いつでも、書面による宣言を行うことにより、この条約の解釈又は適用に関する紛争の解決のための次の手続のうち一又は二以上の手段を自由に選択することができる。

　(a)　附属書Ⅵによって設立される国際海洋法裁判所

　(b)　国際司法裁判所

　(c)　附属書Ⅶによって組織される仲裁裁判所

　(d)　附属書Ⅷに規定する一又は二以上の種類の紛争のために同附属書によって組織される特別仲裁裁判所

2　1の規定に基づいて行われる宣言は、第十一部第五節に定める範囲及び方法で国際海洋法裁判所の海底紛争裁判部が管轄権を有することを受け入れる締約国の義務に影響を及ぼすものではなく、また、その義務から影響を受けるものでもない。

3　締約国は、その時において効力を有する宣言の対象とならない紛争の当事者である場合には、附属書Ⅶに定める仲裁手続を受け入れているものとみなされる。

4　紛争当事者が紛争の解決のために同一の手続を受け入れている場合には、当該紛争については、紛争当事者が別段の合意をしない限り、当該手続にのみ付することができる。

5　紛争当事者が紛争の解決のために同一の手続を受け入れていない場合には、当該紛争については、紛争当事者が別段の合意をしない限り、附属書Ⅶに従って仲裁にのみ付することができる。

6　1の規定に基づいて行われる宣言は、その撤回の通告が国際連合事務総長に寄託された後三箇月が経過するまでの間、効力を有する。

7　新たな宣言、宣言の撤回の通告又は宣伝の期間の満了は、紛争当事者が別段の合意をしない限り、この条の規定に基づいて管轄権を有する裁判所において進行中の手続に何ら影響を及ぼすものではない。

8　この条に規定する宣言及び通告については、国際連合事務総長に寄託するものとし、同事務総長は、その写しを締約国に送付する。

第二百八十八条　管轄権

1　前条に規定する裁判所は、この条約の解釈又は適用に関する紛争であってこの部の規定に従って付託されるものについて管轄権を有する。

2　前条に規定する裁判所は、また、この条約の目的に関係のある国際協定の解釈又は適用に関する紛争であって当該協定に従って付託されるものについて管轄権を有する。

3　附属書Ⅵによって設置される国際海洋法裁判所の海底紛争裁判部並びに第十一部第五節に規定するその他の裁判部及び仲裁裁判所は、同節の規定に従って付託される事項について管轄権を有する。

4　裁判所が管轄権を有するか否かについて争いがある場合には、当該裁判所の裁判で決定する。

第二百八十九条　専門家

　　科学的又は技術的な事項に係る紛争において、この節の規定に基づいて管轄権を行使する裁判所は、いずれかの紛争当事者の要請により又は自己の発意により、投票権なしで当該裁

判所に出席する二人以上の科学又は技術の分野における専門家を紛争当事者と協議の上選定することができる。これらの専門家は、附属書Ⅷ第二条の規定に従って作成された名簿のうち関連するものから選出することが望ましい。

第二百九十条　暫定措置

1　紛争が裁判所に適正に付託され、当該裁判所がこの部又は第十一部第五節の規定に基づいて管轄権を有すると推定する場合には、当該裁判所は、終局裁判を行うまでの間、紛争当事者のそれぞれの権利を保全し又は海洋環境に対して生ずる重大な害を防止するため、状況に応じて適当と認める暫定措置を定めることができる。

2　暫定措置を正当化する状況が変化し又は消滅した場合には、当該暫定措置を修正し又は取り消すことができる。

3　いずれかの紛争当事者が要請し、かつ、すべての紛争当事者が陳述する機会を与えられた後にのみ、この条の規定に基づき暫定措置を定め、修正し又は取り消すことができる。

4　裁判所は、暫定措置を定め、修正し又は取り消すことにつき、紛争当事者その他裁判所が適当と認める締約国に直ちに通告する。

5　この節の規定に従って紛争の付託される仲裁裁判所が構成されるまでの間、紛争当事者が合意する裁判所又は暫定措置に対する要請が行われた日から二週間以内に紛争当事者が合意しない場合には国際海洋法裁判所若しくは深海底における活動に関しては海底紛争裁判部は、構成される仲裁裁判所が紛争について管轄権を有すると推定し、かつ、事態の緊急性により必要と認める場合には、この条の規定に基づき暫定措置を定め、修正し又は取り消すことができる。紛争が付託された仲裁裁判所が構成された後は、当該仲裁裁判所は、1から4までの規定に従い暫定措置を修正し、取り消し又は維持することができる。

6　紛争当事者は、この条の規定に基づいて定められた暫定措置に速やかに従う。

第二百九十一条　手続の開放

1　この部に定めるすべての紛争解決手続は、締約国に開放する。

2　この部に定める紛争解決手続は、この条約に明示的に定めるところによってのみ、締約国以外の主体に開放する。

第二百九十二条　船舶及び乗組員の速やかな釈放

1　締約国の当局が他の締約国を旗国とする船舶を抑留した場合において、合理的な保証金の支配又は合理的な他の金銭上の保証の提供の後に船舶及びその乗組員を速やかに釈放するというこの条約の規定を抑留した国が遵守しなかったと主張されているときは、釈放の問題については、紛争当事者が合意する裁判所に付託することができる。抑留の時から十日以内に紛争当事者が合意しない場合には、釈放の問題については、紛争当事者が別段の合意をしない限り、抑留した国が第二百八十七条の規定によって受け入れている裁判所又は国際海洋法裁判所に付託することができる。

2　釈放に係る申立てについては、船舶の旗国又はこれに代わるものに限って行うことができる。

3　裁判所は、遅滞なく釈放に係る申立てを取り扱うものとし、釈放の問題のみ取り扱う。ただし、適当な国内の裁判所に係属する船舶又はその所有者若しくは乗組員に対する事件の本案には、影響を及ぼさない。抑留した国の当局は、船舶又はその乗組員をいつでも釈放することができる。

4　裁判所によって決定された保証金が支払われ又は裁判所によって決定された他の金銭上の保証が提供された場合には、抑留した国の当局は、船舶又はその乗組員の釈放についての当該裁判所の決定に速やかに従う。

第二百九十三条　適用のある法

1　この節の規定に基づいて管轄権を有する裁判所は、この条約及びこの条約に反しない国際法の他の規則を適用する。

2　1の規定は、紛争当事者が合意する場合には、この節の規定に基づいて管轄権を有する裁判所が衡平及び善に基づいて裁判する権限を害するものではない。

第二百九十四条　先決的手続

1　第二百八十七条に規定する裁判所に対して第二百九十七条に規定する紛争についての申立てが行われた場合には、当該裁判所は、当該申立てによる権利の主張が法的手続の濫用であるか否か又は当該権利の主張に十分な根拠があると推定されるか否かについて、いずれかの紛争当事者が要請するときに決定するものとし、又は自己の発意により決定することができる。当該裁判所は、当該権利の主張が法的手続の濫用であると決定し又は根拠がないと推定されると決定した場合には、事件について新たな措置をとらない。

2　1の裁判所は、申立てを受領した時に、当該申立てに係る他の紛争当事者に対して直ちに通告するものとし、当該他の紛争当事者が1の規定により裁判所に決定を行うよう要請することができる合理的な期間を定める。

3　この条のいかなる規定も、紛争当事者が、適用のある手続規則に従って先決的抗弁を行う権利に影響を及ぼすものではない。

第二百九十五条　国内的な救済措置を尽くすこと

　　この条約の解釈又は適用に関する締約国間の紛争は、国内的な救済措置を尽くすことが国際法によって要求されている場合には、当該救済措置が尽くされた後でなければこの節に定める手続に付することができない。

第二百九十六条　裁判が最終的なものであること及び裁判の拘束力

1　この節の規定に基づいて管轄権を有する裁判所が行う裁判は、最終的なものとし、すべての紛争当事者は、これに従う。

2　1の裁判は、紛争当事者間において、かつ、当該紛争に関してのみ拘束力を有する。

　　第三節　第二節の規定の適用に係る制限及び除外

第二百九十七条　第二節の規定の適用の制限

1　この条約の解釈又は適用に関する紛争であって、この条約に定める主権的権利又は管轄権の沿岸国による行使に係るものは、次のいずれかの場合には、第二節に定める手続の適用を受ける。

　(a)　沿岸国が、航行、上空飛行若しくは海底電線及び海底パイプラインの敷設の自由若しくは権利又は第五十八条に規定するその他の国際的に適法な海洋の利用について、この条約の規定に違反して行動したと主張されている場合

　(b)　国が、(a)に規定する自由若しくは権利を行使し又は(a)に規定する利用を行うに当たり、この条約の規定に違反して又はこの条約及びこの条約に反しない国際法の他の規則に従って沿岸国の制定する法令に違反して行動したと主張されている場合

　(c)　沿岸国が、当該沿岸国に適用のある海洋環境の保護及び保全のための特定の国際的な規則及び基準であって、この条約によって定められ又はこの条約に従って権限のある国際機関若しくは外交会議を通じて定められたものに違反して行動したと主張されている場合

2(a)　この条約の解釈又は適用に関する紛争であって、海洋の科学的調査に係るものについては、第二節の規定に従って解決する。ただし、沿岸国は、次の事項から生ずるいかなる紛争についても、同節の規定による解決のための手続に付することを受け入れる義務を負うものではない。

　(ⅰ)　第二百四十六条の規定に基づく沿岸国の権利又は裁量の行使

　(ⅱ)　第二百五十三条の規定に基づく海洋の科学的調査の活動の停止又は終了を命ずる沿

　　岸国の決定

(b)　海洋の科学的調査に係る特定の計画に関し沿岸国がこの条約に合致する方法で第二百四十六条又は第二百五十三条の規定に基づく権利を行使していないと調査を実施する国が主張することによって生ずる紛争は、いずれかの紛争当事者の要請により、附属書Ⅴ第二節に定める調停に付される。ただし、調停委員会は、第二百四十六条6に規定する特定の区域を指定する沿岸国の裁量の行使又は同条5の規定に基づいて同意を与えない沿岸国の裁量の行使については取り扱わない。

3(a)　この条約の解釈又は適用に関する紛争であって、漁獲に係るものについては、第二節の規定に従って解決する。ただし、沿岸国は、排他的経済水域における生物資源に関する自国の主権的権利（漁獲可能量、漁獲能力及び他の国に対する余剰分の割当てを決定するための裁量権並びに保存及び管理に関する自国の法令に定める条件を決定するための裁量権を含む。）又はその行使に係るいかなる紛争についても、同節の規定による解決のための手続に付することを受け入れる義務を負うものではない。

(b)　第一節の規定によって解決が得られなかった場合において、次のことが主張されているときは、紛争は、いずれかの紛争当事者の要請により、附属書Ⅴ第二節に定める調停に付される。

　(ⅰ)　沿岸国が、自国の排他的経済水域における生物資源の維持が著しく脅かされないことを適当な保存措置及び管理措置を通じて確保する義務を明らかに遵守しなかったこと。

　(ⅱ)　沿岸国が、他の国が漁獲を行うことに関心を有する資源について、当該他の国の要請にもかかわらず、漁獲可能量及び生物資源についての自国の漁獲能力を決定することを恣意的に拒否したこと。

　(ⅲ)　沿岸国が、自国が存在すると宣言した余剰分の全部又は一部を、第六十二条、第六十九条及び第七十条の規定により、かつ、この条約に適合する条件であって自国が定めるものに従って、他の国に割り当てることを恣意的に拒否したこと。

(c)　調停委員会は、いかなる場合にも、調停委員会の裁量を沿岸国の裁量に代わるものとしない。

(d)　調停委員会の報告については、適当な国際機関に送付する。

(e)　第六十九条及び第七十条の規定により協定を交渉するに当たって、締約国は、別段の合意をしない限り、当該協定の解釈又は適用に係る意見の相違の可能性を最小にするために当該締約国がとる措置に関する条項及び当該措置にもかかわらず意見の相違が生じた場合に当該締約国がとるべき手続に関する条項を当該協定に含める。

第二百九十八条　第二節の規定の適用からの選択的除外

1　第一節の規定に従って生ずる義務に影響を及ぼすことなく、いずれの国も、この条約に署名し、これを批准し若しくはこれに加入する時に又はその後いつでも、次の種類の紛争のうち一又は二以上の紛争について、第二節に定める手続のうち一又は二以上の手続を受け入れないことを書面によって宣言することができる。

(a)(ⅰ)　海洋の境界画定に関する第十五条、第七十四条及び第八十三条の規定の解釈若しくは適用に関する紛争又は歴史的湾若しくは歴史的権原に関する紛争。ただし、宣言を行った国は、このような紛争がこの条約の効力発生の後に生じ、かつ、紛争当事者間の交渉によって合理的な期間内に合意が得られない場合には、いずれかの紛争当事者の要請により、この問題を附属書Ⅴ第二節に定める調停に付することを受け入れる。もっとも、大陸棚又は島の領土に対する主権その他の権利に関する未解決の紛争についての検討が必要となる紛争については、当該調停に付さない。

（ii）　調整委員会が報告（その基礎となる理由を付したもの）を提出した後、紛争当事者は、当該報告に基づき合意の達成のために交渉する。交渉によって合意に達しない場合には、紛争当事者は、別段の合意をしない限り、この問題を第二節に定める手続のうちいずれかの手続に相互の同意によって付する。

（iii）　この(a)の規定は、海洋の境界に係る紛争であって、紛争当事者間の取決めによって最終的に解決されているもの又は紛争当事者を拘束する二国間若しくは多数国間の協定によって解決することとされているものについては、適用しない。

(b)　軍事的活動（非商業的役務に従事する政府の船舶及び航空機による軍事的活動を含む。）に関する紛争並びに法の執行活動であって前条の2及び3の規定により裁判所の管轄権の範囲から除外される主権的権利又は管轄権の行使に係るものに関する紛争

(c)　国際連合安全保障理事会が国際連合憲章によって与えられた任務を紛争について遂行している場合の当該紛争。ただし、同理事会が、当該紛争をその審議事項としないことを決定する場合又は紛争当事者に対し当該紛争をこの条約に定める手段によって解決するよう要請する場合は、この限りでない。

2　1の規定に基づく宣言を行った締約国は、いつでも、当該宣言を撤回することができ、又は当該宣言によって除外された紛争をこの条約に定める手続に付することに同意することができる。

3　1の規定に基づく宣言を行った締約国は、除外された種類の紛争に該当する紛争であって他の締約国を当事者とするものを、当該他の締約国の同意なしには、この条約に定めるいずれの手続にも付することができない。

4　締約国が1(a)の規定に基づく宣言を行った場合には、他の締約国は、除外された種類の紛争に該当する紛争であって当該宣言を行った締約国を当事者とするものを、当該宣言において特定される手続に付することができる。

5　新たな宣言又は宣言の撤回は、紛争当事者が別段の合意をしない限り、この条の規定により裁判所において進行中の手続に何ら影響を及ぼすものではない。

6　この条の規定に基づく宣言及び宣言の撤回の通告については、国際連合事務総長に寄託するものとし、同事務総長は、その写しを締約国に送付する。

第二百九十九条　紛争当事者が手続について合意する権利

1　第二百九十七条の規定により第二節に定める紛争解決手続から除外された紛争又は前条の規定に基づいて行われた宣言により当該手続から除外された紛争については、当該紛争の当事者間の合意によってのみ、当該手続に付することができる。

2　この節のいかなる規定も、紛争当事者が紛争の解決のための他の手続について合意する権利又は紛争当事者が紛争の友好的な解決を図る権利を害するものではない。

　　第十六部　一般規定（略）

　　第十七部　最終規定（略）

千九百八十二年十二月十日にモンテゴ・ベイで作成した。

附属書Ⅰ　高度回遊性の種（略）
附属書Ⅱ　大陸棚の限界に関する委員会（略）
附属書Ⅲ　概要調査、探査及び開発の基本的な条件（略）
附属書Ⅳ　事業体規程（略）
附属書Ⅴ　調停（略）
附属書Ⅵ　国際海洋法裁判所規程（略）
附属書Ⅶ　仲裁（略）
附属書Ⅷ　特別仲裁（略）
附属書Ⅸ　国際機関による参加（略）

2　海港ノ国際制度ニ関スル条約及規程

　　署　　名　一九二三年一二月九日（ジュネーヴ）
　　効力発生　一九二六年七月二六日
　　日 本 国　一九二六年一二月二九日
　　　　　　　（同年八月四日批准、九月三〇日批准書寄託、一〇月二八日公布、条
　　　　　　　約五号）
　　当 事 国　三二

独逸国（以下締約国名略）ハ、

其ノ主権又ハ権力ノ下ニ在ル海港ニ於テ、国際貿易ノ為ニ一切ノ締約国ノ船舶、其ノ積荷及旅客ノ間ニ均等ナル待遇ヲ保障スルコトニ依リ、国際聯盟規約第二十三条㊑ニ掲クル交通ノ自由ヲ成ルヘク完全ニ確保セムコトヲ希望シ、

右目的ヲ達成スルノ最良方法ハ、成ルヘク多数ノ国カ後日加入シ得ヘキ一般ノ条約ニ依ルニ在ルコトヲ思ヒ、

又千九百二十二年四月十日「ジェノア」ニ於テ開催セラレタル会議ハ、国際聯盟ノ理事会及総会ノ承認ヲ経テ該聯盟ノ権限アル機関ニ送付セラレタル決議ニ於テ、平和条約中ニ規定セラルル交通制度ニ関スル国際条約カ成ルヘク速ニ締結セラレ且実施セラルヘキコトヲ要求シタルニ依リ、又「ヴェルサイユ」条約第三百七十九条及其ノ他ノ条約中ノ対当条項ハ、港ノ国際制度ニ関スル一般的ノ条約ノ作成ニ関シ規定スルニ依リ、

千九百二十三年十一月十五日「ジュネーヴ」ニ於テ開催セラレタル会議ニ参加スルコトニ関スル国際聯盟ノ招請ヲ受諾シ、

右会議ニ於テ採択セラレタル港ノ国際制度ニ関スル規程ノ条項ヲ実施シ、且此ノ目的ノ為ニ一般的ノ条約ヲ締結スルコトヲ希望シ、締約国ハ、左ノ如ク其ノ全権委員ヲ任命セリ。

　　（全権委員名略）

右各員ハ其ノ全権委任状ヲ示シ、之カ良好妥当ナルヲ認メタル後、左ノ如ク協定セリ。

第一条【附属規程の受諾】締結国ハ、千九百二十三年年十一月十五日「ジュネーヴ」ニ於テ開催セラレタル交通及通過ニ関スル第二回総会ニ依リ採択セラレタル本条約附属ノ海港ノ国際制度ニ関スル規程ヲ受諾スルコトヲ宣言ス。

　右規程ハ、本条約ノ一部ヲ構成スルモノト認メラルヘシ。

　従テ締約国ハ、同規程中ニ定ムル条項及条件ニ従ヒ、同規定ノ義務及約定ヲ受諾スルコトヲ茲ニ宣言ス。

第二条【平和諸条約に対する影響】本条約ハ、千九百十九年六月二十八日「ヴェルサイユ」ニ於テ署名セラレタル平和条約又ハ其ノ他ノ同種ノ諸条約ノ署名国又ハ受益国ニ関スル限リ、右諸条約ノ規定ヨリ生スル権利及義務ニ何等ノ影響ヲ及ホスコトナシ。

第三条【正文】本条約ハ、仏蘭西語及英吉利語ノ本文ヲ持テ共ニ正文トシ、本日ノ日附ヲ有スヘク、且「ジュネーヴ」会議ニ其ノ代表者ヲ出セル国、国際聯盟ノ聯盟国及署名ノ為国際聯盟理事会ヨリ条約ノ謄本ヲ送付セラレタル国ハ、何レモ千九百二十四年十月三十一日迄之ニ署名スルコトヲ得ヘシ。

第四条【批准】本条約ハ、批准ヲ要ス。批准書ハ、国際聯盟事務総長ニ之ヲ寄託スヘク、事務総長ハ、之カ受領ヲ本条約ニ署名シ又ハ加入シタル一切ノ国ニ通知スヘシ。

第五条【加入】第一条ニ掲ケタル会議ニ代表者ヲ出セル国、国際聯盟ノ聯盟国又ハ加入ノ為国際聯盟理事会ヨリ条約ノ謄本ヲ送付セラレタル国ハ、何レモ千九百二十四年十一月一日以後

本条約ニ加入スルコトヲ得。

加入ハ、国際聯盟事務局ノ記録ニ寄託スル為事務総長ニ送付スル文書ニ依リ之ヲ為スヘシ。

事務総長ハ、直ニ該寄託ヲ本条約ニ署名又ハ加入シタル一切ノ国ニ通知スヘシ。

第六条【実施と登録】 本条約ハ、五国ノ名ニ於テ批准セラルル迄実施セラレサルヘシ。其ノ実施ノ日ハ、国際聯盟事務総長カ第五ノ批准書ヲ受領シタル後九十日目トス。爾後本条約ハ、其ノ批准書又ハ加入ノ通告ノ受領ノ後九十日ニシテ各当該国ニ関シ効力ヲ生スヘシ。

事務総長ハ、国際聯盟規約第十八条ノ規定ニ従ヒ、本条約ノ実施ノ日ニ於テ本条約ヲ登録スヘシ。

第七条【記録】 国際聯盟事務総長ハ、本条約ニ署名シ、之ヲ批准シ、之ニ加入シ又ハ之ヲ廃棄シタル当事国ヲ、第九条ノ規定参酌ノ上、表示スル特別ノ記録ヲ保存スヘシ。右記録ハ、聯盟国ヲシテ何時ニテモ之ヲ閲覧スルコトヲ得シムヘク、又聯盟理事会ノ指示ニ従ヒ成ルヘク屢之ヲ公表スヘシ。

第八条【廃棄】 前記第二条ノ規定ハ、之ヲ留保シ、各当事国ハ、自国ニ関シ本条約ノ実施セラレタル日ヨリ五年ヲ経タル後之ヲ廃棄スルコトヲ得。廃棄ハ、国際聯盟事務総長ニ宛テタル書面ノ通告ニ依リ之ヲ為スヘシ。事務総長ハ、直ニ他ノ一切ノ当事国ニ右通告ノ謄本ヲ送付シ、右通告受領ノ日ヲ通知スヘシ。

廃棄ハ、事務総長カ其ノ通告ヲ受領シタル日ノ後一年ニシテ其ノ効力ヲ生シ、且通告ヲ為シタル国ニ関シテノミ効力アルモノトス。

第九条【殖民地等の除外】 本条約ニ署名シ又ハ加入スル国ハ、其ノ本条約ノ受諾カ其ノ主権又ハ権力ノ下ニ在ル殖民地、海外属地、保護領又ハ海外地域ノ何レカ又ハ全部ヲ含マサル旨ヲ其ノ署名、批准又ハ加入ノ際ニ宣言スルコトヲ得ヘク、且右宣言ニ依リ除外セラルル右殖民地、海外属地、保護領又ハ地域ノ為ニ其ノ後ニ於テ第五条ノ規定ニ従ヒ加入スルコトヲ得ヘシ。

廃棄ハ、亦右殖民地、海外属地、保護領又ハ地域ニ付各別ニ之ヲ為スコトヲ得ヘク、第八条ノ規定ハ、右廃棄ニ適用セラルヘシ。

第一〇条【改正】 本条約ノ改正ハ、締約国ノ三分ノ一ニ依リ何時ニテモ之ヲ請求スルコトヲ得ヘシ。

右証拠トシテ前記各全権委員ハ本条約ニ署名セリ。

（以下全権委員署名等略）

　規　程

第一条【海港の定義】 航海船ノ平常出入シ、且外国貿易ノ為使用セラルル一切ノ港ハ、本規程ノ意味ニ於テ海港ト認メラルヘシ。

第二条【船舶等の均等待遇】 相互主義ノ原則ニ従ヒ、且第八条第一項ニ掲クル留保ノ下ニ、各締約国ハ、其ノ主権又ハ権力ノ下ニ在ル海港ニ於テ、該海港ヘノ出入ノ自由及該海港ノ使用ニ関シ、並船舶、其ノ積荷及旅客ニ右締約国カ許与スル航海上及商業経営上ノ便益ノ完全ナル享有ニ関シ、他ノ各締約国ノ船舶ニ対シ、自国船舶又ハ他ノ何レカノ船舶ニ許与スルト均等ナル待遇ヲ許与スヘキコトヲ約ス。

斯ク確立セラレタル均等待遇ハ、碇泊地点ノ振当、荷積上及荷卸上ノ便益ノ如キ一切ノ種類ノ便益並政府、官公署、特許事業者若ハ各種企業ノ名ニ於テ又ハ其ノ計算ニ於テ課セラルル一切ノ種類ノ税金及料金ニ及フヘシ。

第三条【港務処理の措置】 前条ノ規定ハ、権限アル港ノ官憲カ港務ノ適当ナル処理ノ為ニ便宜ナリト認ムル措置ヲ執ルノ自由ヲ何等制限スルモノニ非ス。但シ右措置ハ、同条ニ規定セラルル均等待遇ノ原則ニ適合スルモノタルヘシ。

第四条【税金と料金】 海港ノ使用ニ対シ課セラルル一切ノ税金及料金ハ、其ノ実施前適当ニ之

ヲ公表スヘシ。

前項ノ規定ハ、港ノ内規及規則ニ之ヲ適用スヘシ。

各海港ニ於テハ、港ノ官憲ハ、現行ノ税金及料金ノ表並内規及規則ノ写ヲ備ヘテ一切ノ利害関係者ノ閲覧ニ供スヘシ。

第五条【関税上の差別待遇禁止】 締約国ノ主権又ハ権力ノ下ニ在ル海港ニ依ル貨物ノ輸入又ハ輸出ニ対シ課セラルヘキ関税及其ノ他ノ類似ノ税、地方ニ市税若ハ消費税又ハ附帯的ノ課金ノ決定及適用ヲ為スニ付テハ、船舶ノ国籍ハ、之ヲ考慮ニ入ルヘカラス。従テ締約国中ノ何レカノ国ノ船舶ノ不利益トヲ為ルヘキ何等ノ差別ハ、右船舶ト港ノ上ニ主権若ハ権力ヲ有スル国ノ船舶又ハ其ノ他ノ何レカノ国ノ船舶トノ間ニ於テ、之ヲ設クルコトヲ得ス。

第六条【鉄道の国際制度に関する規定の適用】 第二条ニ規定スル海港ニ於ケル均等待遇ノ原則カ海港ヲ使用スル締約国ノ船舶ニ対スル他ノ差別方法ノ採用ニ依リテ実際上無効ナラシメラルルコトナカラシムル為、各締約国ハ、其ノ千九百二十三年十二月九日「ジュネーヴ」ニ於テ署名セラレタル鉄道ノ国際制度ニ関スル条約ノ当事国タルト否トヲ問ハス、該条約附属規程ノ第四条、第二十条、第二十一条及第二十二条ニ規定カ海港ニ到リ又ハ之ヨリ発スル運輸ニ適用セラレ得ル限リ、之ヲ適用スヘキコトヲ約ス。前記諸条ハ、右条約ノ署名議定書ノ規定ニ従ヒ之ヲ解釈スヘシ（附属書参照）。

第七条【陸境関税】 特別ナル地理上、経済上又ハ技術上ノ特殊状態ニ基ク理由ノ如キ例外ヲ設クルノ正当ナル特別理由アル場合ヲ除クノ外、締約国ノ主権又ハ権力ノ下ニ在ル海港ニ於テ課セラルル関税ハ、同国ノ他ノ関税境界ニ於テ同一種類ニ属シ同一発送地ヨリ来リ又ハ同一到達地ニ到ル貨物ニ課セラルル関税ヲ超ユルコトヲ得ス。

締約国ノ一カ貨物ノ輸入シ又ハ輸出スル他ノ通路ニ於テ前記ノ特別理由ニ依リ関税上ノ特別便益ヲ許与スルトキハ、同国ハ、其ノ主権又ハ権力ノ下ニ在ル海港ニ依ル輸入又ハ輸出ニ対スル不公正ナル差別ノ手段トシテ該便益ヲ使用スルコトヲ得ス。

第八条【報復規定】 締約国ノ各ハ該締約国ノ船舶、其ノ積荷及旅客ニ対シ本規程ノ条項ヲ自己ノ主権又ハ権力ノ下ニ在ル海港ニ於テ有効ニ適用セサル国ノ船舶ニ対シ、外交手続ニ依リ通告ヲ為シタル後、均等待遇ノ便益ヲ停止スルノ権ヲ留保ス。

前項ニ規定セル措置ノ執ラレタル場合ニ於テハ、措置ヲ執リタル国及措置ヲ受ケタル国ハ、何レモ常設国際司法裁判所ニ、書記宛ノ請求ニ依リ、出訴スルノ権利ヲ有スヘシ。同裁判所ハ、簡易手続ノ規則ニ従ヒ右事件ヲ解決スヘシ。

尤モ各締約国ハ、本条第一項ニ規定スル処置ヲ執ルノ権利ヲ抛棄スル旨ノ宣言ヲ為スコトアルヘキ他ノ国ニ対シ、右処置ヲ執ルノ権利ヲ抛棄スルコトヲ本条約ノ署名又ハ批准ノ際宣言スルノ権利ヲ有スヘシ。

第九条【沿岸貿易】 本規程ハ、海上沿岸貿易ニ何等適用ナキモノトス。

第一〇条【曳船業務】 各締約国ハ、第二条及第四条ノ規定ニ違反セサル限リ、自国ノ海港ニ於ケル曳船業務ニ関シ、其ノ適当ト認ムル施設ヲ為スノ権利ヲ留保ス。

第一一条【水先案内】 各締約国ハ、水先案内業務ヲ其ノ適当ト認ムル所ニ従ヒ組織シ、且管理スルノ権利ヲ留保ス。水先案内カ強制的ナル場合ニ於テハ、料金及提供セラルル便益ニ付テハ、第二条及第四条ノ規定ニ従フヘキモノトス。尤モ各締約国ハ、必要ナル技術ノ資格ヲ有スル自国民ニ対シ強制的ノ水先案内ノ義務ヲ免除スルコトヲ得。

第一二条【出移民の運送船】 各締約国ハ、自国法規ノ規定ニ従ヒ出移民運送ヲ、右法規ノ要件ヲ充スモノトシテ特別許可ヲ与ヘラレタル船舶ニノミ局限スルノ権利ヲ留保スル旨ヲ本条約ノ署名又ハ批准ノ際宣言スルノ権能ヲ有スヘシ。尤モ右権利ヲ行使スルニ付テハ、締約国ハ、能フ限リ本規程ノ原則ニ従フヘシ。

斬ク出移民ノ運送ヲ許サレタル船舶ハ、本規程ノ一切ノ利益ヲ一切ノ海港ニ於テ享有スヘシ。

第一三条【本規程の適用される船舶】本規程ハ、一切ノ船舶ニ対シ其ノ所有者又ハ管理者ノ公私ヲ問ハス適用ス。

尤モ本規程ハ、軍艦、警察上若ハ行政上ノ職務ヲ執行スル船舶、一般ニ何等カノ公権ヲ行使スル船舶又ハ国ノ海軍、陸軍若ハ空軍ノ為ニ一時専用セラルル其ノ他ノ船舶ニ対シテハ、何等之ヲ適用セサルモノトス。

第一四条【漁船と漁獲物】本規程ハ漁船又ハ其ノ漁獲物ニ何等適用ナキモノトス。

第一五条【無海岸国に関する例外】締約国カ他ノ国ノ領域ニ到リ又ハ之ヨリ来ル貨物又ハ旅客ノ通過ヲ容易ナラシムル為条約、協約又ハ取極ニ基キ自国海港ノ一定区域内ニ於テ該国ニ対シ特殊権利ヲ許与シタル場合ニハ、他ノ締約国ハ、同様ナル特殊権利ヲ要求ス支持スル為本規程ノ条項ヲ援用スルコトヲ得。

締約国タルト否トヲ問ハス他ノ国ノ海港ニ於テ、前記ノ特殊権利ヲ享有スル各締約国ハ、自国ト通商スル船舶、其ノ積荷及旅客ノ待遇ニ関シ本規程ノ条項ニ従フヘシ。

非締約国ニ前記ノ特殊権利ヲ許与スル各締約国ハ、前記権利ヲ享有スルニ到ル国ニ対シ、許与ノ条件ノートシテ該国ト通商スル船舶、其ノ積荷及旅客ノ待遇ニ関シ本規程ノ条項ニ従フノ義務ヲ課スルコトヲ要ス。

第一六条【事変の場合の例外】締約国カ其ノ国ノ安全又ハ緊切ナル利益ニ影響スル事変ノ場合ニ於テ執ルノ已ムナキニ至リタル一般的又ハ特別的性質ノ措置ニ在リテハ、例外トシテ且成ルヘク短期間ニ限リ、第二条乃至第七条ノ規定ニ依ラサルコトヲ得。但シ本規程ノ原則ハ、成ルヘク広キ範囲ニ於テ之ヲ遵守スルコトヲ要スルモノトス。

第一七条【輸出入の禁止に関する例外】何レノ締約国ト雖、公衆衛生若ハ公安ノ為又ハ動植物ノ病疫予防ノ為、其ノ領域内ニ入ルコトヲ禁止セラルル旅行者又ハ其ノ輸入ヲ禁止セラルル種類ノ貨物ニ対シ、通過ヲ許容スルノ義務ヲ本規程ニ依リ負フコトナカルヘシ。通過運輸以外ノ運輸ニ関シテハ、何レノ締約国ト雖、其ノ国法ニ依リ其ノ領域内ニ入ルコトヲ禁止セラルル旅行者又ハ之ニ依リ輸入若ハ輸出ヲ禁止セラルル貨物ノ輸送ヲ許容スルノ義務ヲ本規程ニ依リ負フコトナカルヘシ。

各締約国ハ、危険ナル貨物又ハ之ト類似ノ性質ヲ有スル貨物ノ輸送ニ関シ、必要ナル予防措置及自国領域ニ入リ又ハ之ヨリ出ヅル移民ノ取締ヲモ包含スル一般警察措置ヲ執ルノ権利ヲ有スヘシ。但シ該措置ハ、本規程ノ原則ニ反スル何等ノ差別ヲ齎スコトヲ得サルモノトス。

本規程ハ、締約国ノ一カ其ノ当事国タル又ハ今後締結セラルルコトアルヘキ一般ノ国際条約殊ニ国際聯盟ノ主宰ノ下ニ締結セラルル条約ニシテ、婦人及児童ノ売買ニ関シ又ハ阿片其ノ他ノ有害薬物、武器若ハ漁業産物ノ如キ特殊ノ物品ノ通過、輸出若ハ輸入ニ関スルモノニ従ヒ、或ハ工業所有権、文学的若ハ美術ノ著作権ノ侵害ヲ防止スルコトヲ目的トスル又ハ虚偽ノ標章、虚偽ノ原産地表示若ハ其ノ他ノ不正競争方法ニ関スル一般的条約ニ従ヒ、執ルコトヲ要スル措置又ハ執ルコトヲ要スト思惟スルコトアルヘキ措置ニ何等ノ影響ヲ及ホササルヘシ。

第一八条【戦時における交戦国及び中立国の権利義務】本規程ハ、戦時ニ於ケル交戦国及中立国ノ権利及義務ヲ規定スルモノニ非ス。尤モ本規程ハ、戦時ニ於テ右権利及義務ノ許ス限度ニ於テ其ノ効力ヲ持続スヘシ。

第一九条【本規程に牴触する諸条約の修正】締約国ハ、千九百二十三年十二月九日現行ノ諸条約ニシテ本規程ノ条項ニ牴触スルモノニ対シ、事情ノ許ス限リ速ニ乃如何ナル場合ニ於テモ右条約ノ終了ノ際シ、関係国又ハ関係地方ノ地理的、経済的又ハ技術的事情ノ許ス限リ、該条項ト調和セシムル為ニ必要ナル修正ヲ加フルコトヲ約ス。

右規定ハ、海港ノ全部又ハ一部ノ利用ニ付千九百二十三年十二月九日以前ニ許与セラレタル特許ニ対シ適用セラルヘシ。

第二〇条【本規程所定の便益より大なる便益の許与】本規程ハ、本規程ニ規定セラルルモノヨリモ一層大ナル便益ニシテ海港ノ使用ニ関シ本規程ノ原則ニ合致スル条件ヲ以テ許与セラレタルモノノ撤廃ヲ何等齎スモノニ非ス。本規程ハ、又将来ニ於テ右ノ如キ一層ナル便益ヲ許与スルコトノ禁止ヲ齎スモノニ非ス。

第二一条【本規程の解釈又は適用に関する紛争の解決方法】第八条第二項ノ規定ヲ害スルコトナク、本規程ノ解釈又ハ適用ニ関シ締約国間ニ生スルコトアルヘキ紛争ハ、左ノ方法ニ依リ解決セラルヘシ。

直接ニ当事国間ニ於テ又ハ其ノ他ノ友誼的解決方法ニ依リ右紛争ヲ解決スルコト能ハサルニ至リタルトキハ、紛争当事国ハ、仲裁裁判手続又ハ司法的解決ニ訴フルニ先チ、交通及通過ニ関スル聯盟国ノ諸問及専門機関トシテ国際聯盟ニ依リ設置セラルル機関ニ、勧告的意見ヲ徴スル為、右紛争ヲ付託スルコトヲ得。緊急ノ場合ニ於テハ、仮意見トシテ、紛争ノ原因ト為リシ行為又ハ事実ニ先チ存在シタル国際運輸上ノ便益ヲ恢復スルノ措置ヲ包含スル一時的措置ヲ勧告スルコトヲ得。

前項ニ掲ケタル手続中何レニ依ルモ紛争ヲ解決スルコト能ハサルニ至リタルトキハ、締約国ハ、其ノ相互間ノ協定ニ基キ、右紛争ヲ常設国際司法裁判所ニ付託スルコトニ決シタルカ又ハ決スヘキ場合ヲ除キ、之ヲ仲裁裁判ニ付託スヘシ。

第二二条【裁判】事件ヲ常設国際司法裁判所ニ付託シタル場合ニ於テハ、該事件ハ、同裁判所規程第二十七条ニ規定スル条件ニ依リ之ヲ裁判スヘシ。

仲裁裁判ニ付シタル場合ニ於テ、当事国カ別段ノ決定ヲ為ササル限リ、各当事国ハ、一名ノ仲裁裁判官ヲ任命シ、右仲裁裁判官ハ、仲裁裁判所ノ第三ノ裁判官ヲ選定スヘク、又右仲裁裁判官ノ意見一致セサルトキハ、常設国際司法裁判所規程第二十七条ニ掲クル交通及通過事件補佐員ノ名簿中ヨリ国際聯盟理事会之ヲ選定スヘシ。此ノ後ノ場合ニ於テハ、第三仲裁裁判官ハ、聯盟規約第四条ノ最終ヨリ第二番目ノ項及第五条第一項ノ規定ニ従ヒ之ヲ選定スヘシ。

仲裁裁判所ハ、当事国相互間ニ一致セル付託条件ヲ基礎トシテ事件ヲ裁判スヘシ。当事国間ニ一致ヲ見ルニ至ラサルトキハ、仲裁裁判所ハ、当事国ノ提出ニ係ル要求ヲ考査ノ上其ノ全員ノ一致ヲ以テ自ラ付託条件ヲ作成スヘシ。全員ノ一致ヲ得ルコト能ハサルトキハ、国際聯盟理事会ハ、前項ニ規定スル条件ニ依リ付託条件ヲ決定スヘシ。手続カ付託条件中ニ定メラレサルトキハ、仲裁裁判所之ヲ定ムヘシ。

仲裁裁判所ノ進行中、付託条件中ニ反対ノ規定ナキ限リ、国際法上ノ問題又ハ本規程ノ法律的意義ニ関スル問題ニシテ仲裁裁判所カ当事国中ノ一国ノ請求ニ依リ其ノ解決ヲ以テ紛争解決上必要ナル前提ナリト宣シタルモノハ、当事国ニ於テ之ヲ常設国際司法裁判所ニ付託スルノ義務ヲ有ス。

第二三条【同一主権国の部分間の権利義務】本規定ハ、同一主権国ノ部分ヲ構成シ又ハ其ノ保護ノ下ニ置カルル地域相互間ノ権利ト義務ニ付テハ、此等ノ地域カ各別ニ締約国タルト否トヲ問ハス、何等之ヲ規律シタルモノト解釈スヘカラサルモノトス。

第二四条【聯盟国の権利義務】前諸条ハ、何レモ国際聯盟ノ聯盟国トシテノ締約国ノ権利又ハ義務ニ何等影響ヲ及ホスモノト解スヘカラス。

3　海峡制度ニ関スル条約

　　署　　名　一九三六年七月二〇日（モントルー）
　　効力発生　一九三六年一一月九日
　　日　本　国　一九三七年二月一六日（批准発効）
　　　　　　　　（同年二月一六日批准、二月二五日公布・条約一号。五二年四月二八
　　　　　　　　日〔平和条約第八条ｂにより、平和条約発効の日〕一切ノ権利及び利
　　　　　　　　益を放棄）
　　当　事　国　一〇

「ブルガリア」国皇帝陛下、仏蘭西共和国大統領、「グレート、ブリテン」、「アイルランド」
及「グレート、ブリテン」海外領土皇帝印度皇帝陛下、希臘国皇帝陛下、大日本帝国天皇陛下、
「ルーマニア」国皇帝陛下、「トルコ」共和国大統領、「ソヴィエト」社会主義共和国連邦中央
執行委員会並ニ「ユーゴスラヴィア」国皇帝陛下ハ、
千九百二十三年七月二十四日「ローザンヌ」ニ於テ署名セラレタル平和条約第二十三条ニ依リ
確立セラレタル原則ヲ「トルコ」国ノ安全及黒海ニ於ケル其ノ沿岸諸国ノ安全ノ範囲内ニ於テ
擁護スル様「ダルダネル」海峡、「マルマラ」海及「ボスポロス」（此等ヲ「海峡」ナル一般名
称ヲ以テ包括ス）ニ於ケル通過及航行ヲ規律スル希望ニ促サレ、
千九百二十三年七月二十四日「ローザンヌ」ニ於テ署名セラレタル条約ニ代フルニ本条約ヲ以
テスルコトニ決シ、左ノ如ク其ノ全権委員ヲ任命セリ。
　　（全権委員名略）
右各全権委員ハ、互ニ其ノ全権委任状ヲ示シ、之ガ良好妥当ナルコトヲ認メタル後、左ノ諸規
定ヲ協定セリ。

第一条【通過と航行の自由】締約国ハ、海峡ニ於ケル海路ノ通過及航行の自由ノ原則ヲ承認シ
　且確認ス。
　右自由ノ行使ハ、今後本条約ノ規定ニ依リ之ヲ定ム。
第二条【平時における通過と航行】平時ニ於テハ、商船ハ、後ニ掲ゲラルル第三条ノ規定ノ留
　保ノ下ニ、何等ノ手続ヲモ要スルコトナク、国旗及載荷ノ如何ヲ問ハズ、昼夜ヲ通ジ、海峡
　ニ於ケル通過及航行ノ完全ナル自由ヲ享有スベシ。右船舶ガ海峡ノ港ニ寄ルコトナク通過ス
　ルトキハ、右船舶ニ対シテハ、本条約第一附属書ニ徴収ニ関シ規定アルモノ以外ノ何等ノ税
　金又ハ課金モ、「トルコ」国官憲ニ依リ徴収セラルルコトナカルベシ。
　右ノ税金又ハ課金ノ徴収ヲ容易ナラシムル為、海峡ヲ通過スル商船ハ、第三条ニ掲ゲラルル
　検疫所ノ所員ニ其ノ船名、国籍、トン数、目的地及出発地ヲ通知スベシ。
　水先案内及曳船ハ任意トス。
第三条【検疫】「エーゲ」海又ハ黒海ヲ経テ海峡ニ入ル船舶ハ、国際衛生規定ノ範囲内に於テ
　「トルコ」国ノ規則ニ依リ定メラレタル検疫ノ為海峡ノ入口ニ近キ検疫所ニ停船スベシ。右
　検疫ハ、健康証明書ヲ有スル船舶又ハ本条第二項ノ規定ノ適用ヲ受クベキモノニ非ザルコト
　ヲ証明スル健康申告書ヲ提出スル船舶ニ付テハ、昼夜ヲ通ジ成ルベク迅速ニ行ハルベク、又
　此等ノ船舶ハ、其ノ海峡通過中他ノ何等ノ停船ヲモ強要セラレザルベシ。
　船内ニ「ペスト」、「コレラ」、黄熱、発疹「チフス」若ハ痘瘡ノ患者ヲ有シ又ハ七日以内ニ
　右患者ヲ有シタル船舶及五昼夜ニ達セザル期間内ニ汚染港ヲ去リタル船舶ハ、「トルコ」国
　官憲ノ指定スルコトアルベキ検疫員ヲ乗船セシムル為、前項所定ノ検疫所ニ停船スベシ。右

ヲ名目トシテ何等ノ税金又ハ課金モ徴収セラルルコトナカルベク、且右検疫員ハ、海峡ノ出口ニ於ケル検疫所ニ於テ之ヲ下船セシムルコトヲ要ス。

第四条【戦時における通過と航行】戦時ニ於テ、「トルコ」国ガ交戦状態ニ在ラザルトキハ、商船ハ、国旗及載荷ノ如何ヲ問ハズ、第二条及第三条ニ規定セラルル条件ノ下ニ、海峡ニ於ケル通過及航行ノ自由ヲ享有スベシ。

水先案内及曳船ハ任意トス。

第五条【トルコ国が交戦状態にある場合】戦時ニ於テ、「トルコ」国ガ交戦状態ニ在ルトキハ、「トルコ」国ト戦争中ノ国ニ属セザル商船ハ、何等敵ヲ援助セザルコトヲ条件トシテ、海峡ニ於ケル通過及航行ノ自由ヲ享有スベシ。

右船舶ハ、昼間海峡ニ入ルベク、且通過ハ、各場合ニ於テ「トルコ」国官憲ニ依リ指定セラルル航路ニ依リ行ハルルコトヲ要ス。

第六条【トルコ国が戦争の危険にある場合】「トルコ」国ガ急迫セル戦争ノ危険ニ脅威セラルト思惟スル場合ニ於テモ、仍第二条ノ規定ハ、引続キ適用セラルベシ。但シ、船舶ハ、昼間海峡ニ入ルコトヲ要シ、且通過ハ、各場合ニ於テ「トルコ」国官憲ニ依リ指定セラルル行路ニ依リ行ハルルコトヲ要ス。

右ノ場合ニ於テハ、水先案内ハ、之ヲ義務的ト為シ得ベキモ無料トス。

第七条【商船の意義】「商船」ナル語ハ、本条約第二款ニ掲ゲラレザル一切ノ船舶ニ適用セラル。

第二款　軍艦

第八条【軍艦の意義】本条約ノ適用ニ付テハ、軍艦及其ノ類別並ニトン数計算ニ適用セラルル定義ハ、本条約第二附属書所載ノモノトス。

第九条【燃料輸送用補助艦船】液体タルト否トヲ問ハズ燃料ノ輸送ノ為特ニ設計セラレタル海軍補助艦船ハ、個別的ニ海峡ヲ通過スルノ条件ノ下ニ、第十三条ニ掲ゲラルル予告ヲ強制セラルルコトナカルベク、且第十四条及ビ第十八条ニ依リ制限ヲ受クルトン数ノ計算ニ算入セラルルコトナカルベシ。但シ、右補助艦船ハ、通過ニ関スル他ノ条件ニ付テハ、軍艦ト看做サルベシ。

前項ニ掲ゲラルル補助艦船ハ、其ノ兵装ガ水上目標ニ対スル砲トシテハ最大限百五ミリメートルノ口径ノモノ二門又ハ空中目標ニ対スル砲トシテハ最大限七十五ミリメートルノ口径ノモノ二門ヲ超エザル場合ニ非ザレバ、前項ニ規定セラルル例外的ノ取扱ヲ享有スルコトヲ得ズ。

第一〇条【軽水上艦その他】平時ニ於テハ、黒海沿岸国ニ属スルト又ハ非黒海沿岸国ニ属スルトヲ問ハズ、軽水上艦、戦闘用小艦船及補助艦船ハ、其ノ国旗ノ如何ニ拘ラズ、昼間ニ於テ且第十三条以下ニ規定セラルル条件ノ下ニ海峡ニ入ル場合ニ限リ、何等ノ税金又ハ課金ヲモ要スルコトナク、海峡ニ於ケル通過ノ自由ヲ享有スベシ。

前項ニ掲ゲラルル艦種ニ属スル軍艦以外ノ軍艦ハ、第十一条及第十二条ニ規定セラルル特別条件ノ下ニ於テノミ、通過ノ権利ヲ有スベシ。

第一一条【黒海沿岸国の主力艦】黒海沿岸国ハ、第十四条第一項ニ規定セラルルトン数ヲ超ユルトン数ノ自国ノ主力艦ヲシテ海峡ヲ通過セシムルコトヲ得。但シ、右軍艦ガ二隻以下ノ水雷艇ヲ直衛トシテ一隻ヅツ海峡ヲ通過スルコトヲ条件トス。

第一二条【潜水艦】黒海沿岸国ハ、起工又ハ購入ノ通知ガ「トルコ」国ニ対シ適当ノ時期ニ為サレタルトキハ、黒海外ニ於テ建造セラレ又ハ購入セラレタル自国ノ潜水艦ヲシテ其ノ根拠地ヘノ回航ノ為海峡ヲ通過セシムルノ権利ヲ有スベシ。

右諸国ニ属スル潜水艦ハ、又黒海外ニ在ル船渠ニ於テ修理ヲ受クル為、海峡ヲ通過スルコトヲ得。但シ、右ニ関スル正確ナル通報ヲ「トルコ」国ニ為スコトヲ条件トス。

何レノ場合ニ於テモ、潜水艦ハ昼間水面ヲ航行シ、且個別的ニ海峡ヲ通過スルコトヲ要ス。

第一三条【通過の手続】 軍艦ノ海峡通過ノ為ニハ、外交手続ニ依リ、「トルコ」国政府ニ予告ヲ為スコトヲ要ス。通常ノ予告期間ハ八日トス。但シ、非黒海沿岸国ニ付テハ右期間ガ十五日タランコト望マシ。予告ニハ軍艦ノ目的地、艦名、艦型及隻数並ニ往航及場合ニ依リ復航ノ通過日ヲ示スベシ。日ノ変更ニ付テハ三日ノ予告ヲ要ス。

往航ノ通過ノ為ノ入峡ハ、最初ノ予告ニ示サレタル日ヨリ五日ノ期間内ニ為サルルコトヲ要ス。右期間ノ満了後ハ、最初ノ予告ニ対スルト同一ノ条件ノ下ニ新ナル予告ガ為サルルコトヲ要ス。

通過ニ際シテハ、海軍兵力ノ指揮官ハ、其ノ指揮ノ下ニ在ル兵力ノ正確ナル編成ヲ「ダルダネル」又ハ「ボスポロス」ノ入口ニ在ル信号所ニ対シ停止スルコトナクシテ通知スベシ。

第一四条【外国海軍兵力の最大限】 海峡ニ於テ通過ノ途ニ在ルコトヲ得ベキ一切ノ外国海軍兵力ノ最大限総トン数ハ、第十一条及本条約第三附属書ニ規定セラルル場合ヲ除クノ外、一万五千トンヲ超ユルコトヲ得ズ。

尤モ前項ニ掲ゲラルル兵力ハ、九隻ヲ超ユル軍艦ヲ包含セザルコトヲ要ス。

黒海沿岸国又ハ非黒海沿岸国ニ属スル軍艦ニシテ第十七条ノ規定ニ従ヒ海峡ノ港ヲ訪問スルモノハ、右トン数中ニ包含セラレザルベシ。

通過ニ際シ海難ヲ蒙リタル軍艦モ亦、右トン数中ニ包含セラレザルベシ。右軍艦ハ「トルコ」国ニ依リ制定セラレタル安全ニ関スル特別規定ニ従フベシ。

第一五条【航空機】 海峡通過中ノ軍艦ハ、如何ナル場合ニ於テモ、其ノ搭載スル航空機ヲ使用スルコトヲ得ズ。

第一六条【海峡内の滞在時間】 海峡通過中ノ軍艦ハ、海難又ハ海上罹災ノ場合ヲ除クノ外、其ノ通過ヲ為スニ必要ナル時間以上ニ亘リ、海峡内ニ滞在スルコトヲ得ズ。

第一七条【儀礼的訪問】 前諸条ノ規定ハ、トン数又ハ編成ノ如何ヲ問ハズ、海軍兵力ガ「トルコ」国政府ノ招請ニ基キ海峡ノ港ニ短期間ノ儀礼的訪問ヲ為スコトヲ何等妨グルモノニ非ズ。

右兵力ハ、第十条、第十四条及第十八条ノ規定ニ従ヒ、海峡ヲ通過スルニ必要ナル条件ヲ具ヘザル限リ、入峡ノ際ト同一ノ航路ニ依リ海峡ヲ去ルコトヲ要ス。

第一八条【非黒海沿岸国の平時保有噸数】 一　非黒海沿岸国ガ平時黒海ニ於テ保有シ得ル総トン数ハ、左ノ如ク制限セラル。

(イ) 次ノ(ロ)ニ規定セラルル場合ヲ除クノ外、右諸国ノ総トン数ハ、三万トンヲ超エザルベシ。

(ロ) 何時カニ於テ黒海ノ最強力艦隊ノトン数ガ本条約署名ノ日ニ於ケル黒海内ノ最強力艦隊ノトン数ヲ少クトモ一万トン超過スルニ至ル場合ニハ、(イ)ニ掲ゲラルル総トン数三万トンハ、四万五千トンノ最大限ニ達スル迄ハ、超過トン数ト同一ノトン数ヲ増加セラルベシ。之ガ為、各沿岸国ハ、本条約第四附属書ニ従ヒ、毎年一月一日及七月一日ニ黒海ニ於ケル自国ノ艦隊ノ合計トン数ヲ「トルコ」国政府ニ通知スベク、「トルコ」国政府ハ、右通知ヲ他ノ締約国及国際聯盟事務総長ニ移牒スベシ。

(ハ) 非沿岸国ノ何レカガ黒海ニ於テ保有シ得ベキトン数ハ、前記(イ)及(ロ)ニ掲ゲラルル総トン数ノ三分ノ二ニ制限セラルベシ。

(ニ) 尤モ非黒海沿岸国ノ一又ハ二以上ガ人道上ノ目的ノ為海軍兵力ヲ黒海ニ派遣セント欲スル場合ニ於テハ、右兵力（其ノ全体ハ如何ナル場合ニ於テモ八千トンヲ超エザルコトヲ要ス）ハ、左ノ条件ノ下ニ「トルコ」国政府ヨリ受クル認許ニ依リ、本条約第十三条ニ規定セラルル予告ヲ要セズシテ黒海ニ入航スルコトヲ許サルベシ。

前記(イ)及(ロ)ニ掲ゲラルル総トン数ニ余裕アリ、且派遣ノ要求アリタル兵力ニ依リ右総トン数ノ超過ヲ来サザルトキハ、「トルコ」国政府ハ、自国ニ対シ為サレタル要求ノ受領後成ルベク速ニ認許ヲ与フベシ。

右総トン数ニ既ニ余裕ナキカ、又ハ派遣ノ要求アリタル兵力ニ依リ右総トン数ノ超過ヲ

来スベキトキハ、「トルコ」国政府ハ、他ノ黒海沿岸国ニ認許ノ要求ヲ直ニ通知スベク、且右沿岸国ガ右通知ヲ受ケタル後二十四時間以内ニ之ニ対シ異議ヲ申立テザルトキハ、「トルコ」国政府ハ、関係諸国ニ対シ其ノ要求ニ対シ執ルコトニ一決シタル措置ヲ遅クトモ四十八時間ノ期間内ニ通知スベシ。

非沿岸国ノ海軍兵力ノ爾後ノ黒海入航ハ、総テ前記(イ)及(ロ)ニ掲ゲラルル総トン数ニ余裕アル限度内ニ於テノミ行ハルベシ。

ニ 非沿岸国ノ軍艦ハ、其ノ黒海ニ於ケル存在ノ目的ノ如何ヲ問ハズ、二十一日ヲ超エ黒海ニ留ルコトヲ得ズ。

第一九条【トルコ国が非交戦国の場合の通過と航行】 戦時ニ於テ、「トルコ」国ガ交戦状態ニ在ラザルトキハ、軍艦ハ、第十条乃至第十八条ニ規定セラルル所ト同一ノ条件ノ下ニ海峡ニ於ケル通過及航行ノ完全ナル自由ヲ享有スベシ。

尤モ本条約第二十五条ノ適用ノ範囲内ニ属スル場合及「トルコ」国ヲ拘束スル相互援助条約ニシテ国際聯盟規約ノ範囲内ニ於テ締結セラレ、右規約第十八条ノ規定ニ従ヒ登録セラレ且公表セラレタルモノニ依リ被侵略国ニ与ヘラルル援助ノ場合ヲ除クノ外、何レノ交戦国ノ軍艦ニ対シテモ、海峡ノ通過ハ、禁止セラルベシ。

前項ニ掲ゲラルル例外的場合ニ於テハ、第十条乃至第十八条ニ示サルル制限ハ、適用セラレザルベシ。

前記第二項ニ定メラルル通過禁止ニ拘ラズ、黒海沿岸国タルト非黒海沿岸国タルトヲ問ハズ、交戦国ノ軍艦ニシテ其ノ所属港ヲ離レ居ルモノハ、右港ニ之ヲ回航スルコトヲ得。

交戦国ノ軍艦ハ、海峡ニ於テ拿捕ヲ行ヒ、臨検ノ権利ヲ行使シ、及如何ナル敵対行為モ為スコトヲ禁ゼラルルモノトス。

第二〇条【トルコ国が交戦国の場合の通過】 戦時ニ於テ、「トルコ」国ガ交戦状態ニ在ルトキハ、第十条乃至第十八条ノ規定ハ、適用セラレザルベシ。軍艦ノ通過ハ、全ク「トルコ」国政府ノ裁量ニ委セラルベシ。

第二一条【トルコ国が戦争の危険にある場合】 「トルコ」国ガ急迫セル戦争ノ危険ニ脅威セラルルト思惟スル場合ニ於テハ、同国ハ本条約第二十条ノ規定ヲ適用スルノ権利ヲ有スベシ。「トルコ」国ガ前項ニ依リ与ヘラレタル権能ヲ行使スルニ先チ海峡ヲ通過シテ所属港ヨリ離レ居ル軍艦ハ、右港ニ之ヲ回航スルコトヲ得。但シ、「トルコ」国ハ、国ニシテ其ノ態度ガ本条ノ適用ノ原因ト為レルモノノ軍艦ニシテ右ノ権利ヲ享有セシメザルコトヲ得ルモノトス。

「トルコ」国政府ガ前記第一項ニ依リ与ヘラレタル権能ヲ行使スルトキハ、右政府ハ、其ノ旨ノ通知ヲ締約国及国際聯盟事務総長ニ送付スベシ。

国際聯盟理事会ガ三分ノ二ノ多数ニ依リ「トルコ」国ノ右ノ如ク執リタル措置ガ正当ノ理由ナキモノナルコトヲ決定シ、且本条約ノ署名締約国ノ多数ノ意見モ亦右ノ如クナルトキハ、「トルコ」国政府ハ、右措置及本条約第六条ニ依リ執ラレタル措置ヲ撤回スルコトヲ約ス。

第二二条【防疫措置】 艦内ニ「ベスト」、「コレラ」、黄熱、発疹「チフス」若ハ痘瘡ノ患者ヲ有シ又ハ七日以内右患者ヲ有シタル軍艦及五昼夜ニ達セザル期間内ニ汚染港ヲ去リタル軍艦ハ、検疫状態ニ於テ海峡ヲ通過スベク、且艦内ニ在ル各種ノ手段ニ依リ海峡汚染ノ一切ノ危惧ヲ避クルニ必要ナル防疫措置ヲ執ルベキモノトス。

第三款 航空機

第二三条【非軍用航空機の通過】 地中海黒海間ノ非軍用航空機ノ通過ヲ確保スル為、「トルコ」国政府ハ、右通過ノ用ニ供セラルル航空路ヲ海峡ノ禁止地帯外ニ於テ指定スベシ。非軍用航空機ハ「トルコ」国政府ニ対シ、不定期ノ飛行ニ付テハ三日ノ予告ヲ、又定期業務ノ飛行ニ付テハ通過期日ノ総括的予告ヲ為シ、右航空路ヲ利用スルコトヲ得。

他方、海峡ノ再武装ニ拘ラズ、「トルコ」国政府ハ、「トルコ」国ニ於テ実施中ナル航空規則

ニ従ヒ、「ヨーロッパ」「アジア」間ノ同国領域ノ飛行ヲ許可セラルタル非軍用航空機ノ完全ニ安全ナル通過ノ為ニ必要ナル便益ヲ供与スベシ。飛行許可ガ与ヘラルベキ場合ノ為、海峡地帯ニ於テ依ルベキ航空路ハ、定期ニ指定セラルベシ。

　　　　第四款　一般規定

第二四条【国際委員会】千九百二十三年七月二十四日附ノ海峡制度ニ関スル条約ニ依リ設置セラレタル国際委員会ノ権限ハ、「トルコ」国政府ニ移譲セラル。

　「トルコ」国政府ハ、第十一条、第十二条、第十四条及第十八条ノ適用ニ関スル統計ヲ蒐集シ、及右各条ノ適用ニ関スル情報ヲ供給スルコトヲ約ス。

　「トルコ」国政府ハ、本条約中海峡ニ於ケル軍艦ノ通過ニ関係アル規定ノ履行ヲ監視スベシ。

　「トルコ」国政府ハ、外国海軍兵力ノ海峡内通過ノ予告ヲ受ケタルトキハ、直ニ在「アンカラ」締約国代表者ニ対シ右兵力ノ編成、其ノトン数、其ノ入峡予定日及場合ニ依リ其ノ復航予想日ヲ通知スベシ。

　「トルコ」国政府ハ、海峡ニ於ケル外国軍艦ノ動静ヲ示シ且通商並ニ本条約ニ規定セラルル航海及航空ノ為ニ有益ナル情報ヲ供給スル年報ヲ供給スル年報ヲ国際聯盟事務総長及締約国ニ送付スベシ。

第二五条【聯盟規約との調和】本条約ノ何レノ規定モ、「トルコ」国又ハ国際聯盟ノ聯盟国タル他ノ何レカノ締約国ニ付、国際聯盟規約ヨリ生ズル権利及義務ヲ害スルコトナシ。

　　　　第五款　最終規定

第二六条【批准と実施】本条約ハ、成ルベク短キ期間内ニ批准セラルベシ。

　批准書ハ、在「パリ」仏蘭西共和国政府ノ記録ニ寄託セラルベシ。

　日本国政府ハ、「パリ」ニ於ケル其ノ外交代表者ヲ通ジ、仏蘭西共和国政府ニ対シ、批准済ノ旨ヲ通報スルニ止ムコトヲ得ベク、此ノ場合ニ於テハ成ルベク速ニ批准書ヲ送付スルコトヲ要ス。

　寄託調書ハ、「トルコ」国ノ批准書ヲモ含ミテ六箇ノ批准書ガ寄託セラレタルトキ直ニ作成セラルベシ。右ノ目的ノ為ニハ、前項ニ規定セラルル通告ハ、批准書ノ寄託ト同一価値ヲ有スベシ。

　本条約ハ、右調書ノ日付ノ日ニ於テ実施セラルベシ。

　仏蘭西国政府ハ、前項ニ掲ゲラルル調書及爾後ノ批准書ノ寄託調書ノ認証謄本ヲ一切ノ締約国ニ送付スベシ。

第二七条【加入】本条約ハ、其ノ実施ノ日ヨリ千九百二十三年七月二十四日ノ「ローザンヌ」平和条約ノ著名国ノ加入ノ為開キ置カルベシ。

　加入ハ、外交手続ニ依リ仏蘭西共和国政府ニ及右政府ニ依リ一切ノ締約国ニ通知セラルベシ。

　加入ハ、仏蘭西国政府ヘノ通知ノ日ヨリ効力ヲ発生スベシ。

第二八条【存続期間、廃棄】本条約ハ、其ノ実施ノ日ヨリ二十年ノ存続期間ヲ有スベシ。

　尤モ本条約第一条ニ於テ確認セラレタル通過及航行ノ自由ノ原則ハ、無制限ノ存続期間ヲ有スベシ。前記二十年ノ期間ノ満了ノ二年前ニ何レノ締約国モ仏蘭西国政府ニ対シ廃棄ノ予告ヲ為サザリシトキハ、本条約ハ、廃棄ノ予告ノ発送後二年ヲ経過スルニ至ル迄引続キ効力ヲ有スベシ。右予告ハ、仏蘭西国政府ニ依リ締約国ニ通告セラルベシ。

　本条約ガ本条ノ規定ニ従ヒ廃棄セラルルニ至ルトキハ、締約国ハ、新条約ノ条項ヲ決定スル為会議ニ代表者ヲ出スコトニ同意ス。

第二九条【修正】本条約ノ実施ノ日ヨリ毎五年ノ期間ノ満了ニ当リ、各締約国ハ、本条約ノ一又ハ二以上ノ規定ノ修正ヲ発議スルコトヲ得。

　締約国中ノ一国ニ依リ為サルル改正要求ハ、受理セラレ得ル為ニハ、第十四条又ハ第十八条ノ修正ニ関スルモノナルトキハ、他ノ一締約国ニ依リ、又他ノ何レカノ条項ノ修正ニ関スル

モノナルトキハ、他ノ二締約国ニ依リ支持セラルルコトヲ要ス。

右ノ如ク支持セラレタル改正要求ハ、当該五年ノ期間ノ満了ノ三月前ニ、一切ノ締約国ニ通告セラルルコトヲ要ス。右予告ハ、提案セラルル修正ノ支持及理由ヲ掲グベシ。

外交手続ニ依リ右提案ニ関シ決定ニ達スル能ハザルトキハ、締約国ハ、之ガ為ニ召集セラルル会議ニ代表者ヲ出スベシ。

右会議ハ、全会一致ニ依リテノミ決定ヲ為スコトヲ得。但シ、第十四条及第十八条ニ関スル改正ノ場合ニ於テハ、締約国ノ四分ノ三ノ多数ヲ以テ足ル。

右多数ハ、黒海沿岸国タル締約国ノ四分ノ三（「トルコ」国ヲ含ム）ヲ包含シテ計算セラルベシ。

右証拠トシテ、前記各全権委員ハ、本条約ニ署名セリ。

（全権委員署名略）

留　保

大日本帝国全権委員タル下名ハ、本条約ノ規定ガ、国際聯盟規約ニ関シテモ、又右規約ノ範囲ニ於テ締結セラレタル相互援助条約ニ関シテモ、国際聯盟ノ非聯盟国トシテノ日本国ノ地位ヲ毫モ変更スルモノニ非ザルコト、並ニ日本国ガ第十九条及第二十五条ノ規定ニ於ケル右規約及右条約ニ関スル事項ニ付テハ特ニ判断ノ完全ナル自由ヲ保持スルコトヲ本国政府ノ名ニ於テ宣言ス。

（全権委員名略）

（附属書略）

4　スエズ運河に関する条約（スエズ運河の自由航行に関する条約）

署　　名　一八八八年一〇月二九日（コンスタンティノープル）
効力発生　一八八八年一二月二二日
日　本　国
当 事 国　九

オーストリア皇帝陛下（以下締約国元首名略）は、
　一の条約の締結によりスエズ海水運河の自由な使用をすべての時において且つすべての国に対し確保するための確定的制度を樹立し、もつてエジプト国王殿下の特許を裁可したトルコ帝国皇帝陛下の千八百六十六年二月二十二日付の命令に基く右の運河の航行に関する制度を完成しようと希望し、その全権委員を次のように任命した。
　（全権委員名略）
　よつて各全権委員は、互にその全権委任状を示し、これが良好妥当であることを認めた後、次の諸条を協定した。

第一条【航行の自由】スエズ海水運河は、国旗の区別なくすべての商船及び軍艦に対し、平時においても戦時においても、常に自由であり、且つ開放される。
　　よつて締約国は、平時においても戦時においても、運河の自由な使用をいかなる方法をもつても阻害しないことを約束する。
　　運河は、絶対に封鎖権の行使に服せしめられることはない。
第二条【安全保障】締約国は、淡水運河が海水運河に欠くことができないものであることを認め、淡水運河に関するエジプト国王殿下万国スエズ運河会社に対する約束を了承する。右の約束は千八百六十三年三月十八日付の条約中に規定され、序文及び四箇条からなる。
　　締約国は、その機能がいかなる妨害計画の対象ともされてはならない右の運河及びその支線の安全を、いかなる方法をもつても侵害しないことを約束する。
第三条【諸施設の尊重】締約国はまた、海水運河及び淡水運河の材料、設備、建物及び工事を尊重することを約束する。
第四条【敵対行為の禁止】海水運河は、この条約の第一条の規定により戦時においても自由航路として交戦国の軍艦に対して依然として開放されるので、締約国は、たとえトルコ帝国が交戦国の一となる場合でも、運河及びその出入港並びに出入港から三海里の範囲内で、いかなる交戦権もいかなる敵対行為も又運河の自由航行の妨害を目的とするいかなる行為も行わないことを約束する。
　　交戦国の軍艦は、運河及びその出入港内で、糧食又は需品を補給することができない。但し、厳に必要な範囲内で行うときはこの限りではない。このような軍艦は、現行規則に従い最もすみやかに運河を通過しなければならず、荷役の必要に基く場合の外は、停止することができない。
　　前記の軍艦ポートサイド及びスエズてい泊所内での滞留は、二十四時間をこえることができない。但し、海難の場合にはこの限りではない。この場合でもなるべくすみやかに出発しなければならない。一の出入港からの交戦国の船舶の出発とその敵国に属する船舶の出発との間には、常に二十四時間の間隔を保たなければならない。
第五条【戦時における軍用のための陸揚】戦時においては、交戦国は、運河及びその出入港内で軍隊、武器又は軍用材料を陸揚げ又は搭載することができない。但し、運河内で不時の障

害を生じた場合には、一千名をこえない部隊に分れた軍隊をこれに伴う軍用材料とともに搭載し又は陸揚げすることができる。

第六条【捕獲された船舶の待遇】捕獲された船舶は、すべての関係において交戦国の軍艦と同一の制度に従うものとする。

第七条【軍艦の滞留】各国は、運河の水流（タムサ湖及びビッター湖を含む。）内にいかなる軍艦も止めおくことができない。

　但し、ポートサイド及びスエズの出入港内には、各国二隻をこえない数の軍艦を止めおくことができる。

　右の権利は、交戦国によつて行使されることができない。

第八条【署名国代表者の任務】この条約の署名国のエジプトにある代表者は、この条約の執行を監視する任務を有する。運河の安全又は自由な通航が脅威を受けるすべての場合には、右の代表者は、その中の三名の招集により首席代表者の司会の下に会合して、必要な検証手続を行わなければならない。右の代表者は、その知ることができた危険をエジプト国政府に通知し、同政府をして運河の保護及び自由な使用を確保するのに適当な措置を執らせなければならない。

　右の代表者は、条約の適当な執行を確かめるために、いかなる事情があつても、一年に一回会議を開かなければならない。右の会議は、トルコ帝国政府がそのために任命した特別委員によつて司会される。エジプト国代表者もまた右の会議に参加し、トルコ帝国委員の欠席した場合には、これを司会することができる。

　右の代表者は、特に運河の各岸におけるすべての工事又は会合であつてその目的又は結果が航行の自由及び完全な安全を阻害するものの差止め又は解散を要求しなければならない。

第九条【エジプト国政府の責任】エジプト国政府は、トルコ帝国皇帝陛下の命令に基くその権能の範囲内で、且つこの条約により規定された条件により、この条約の執行を尊重させるために必要な措置を執らなければならない。

　エジプト国政府は、その執るべき充分な方法を有しないときは、トルコ帝国政府に訴えなければならず、トルコ帝国政府は、この訴に応ずるために必要な措置を執り、且つ、千八百八十五年三月十七日のロンドン宣言の他の署名国にこれを通知し、必要に応じこの問題についてそれらの諸国と協議しなければならない。

　第四条、第五条、第七条及び第八条の規定は、この条によつて執らるべき措置を妨げるものではない。

第一〇条【兵力行使の範囲】同様に第四条、第五条、第七条及び第八条の規定は、トルコ帝国皇帝陛下及びエジプト国王殿下が、トルコ帝国皇帝陛下の名において且つトルコ帝国皇帝陛下の命令の範囲内で、各自の兵力により、エジプト国の防衛及び公の秩序の維持を確保するために、必要に応じて執るべき措置を妨げるものではない。

　トルコ帝国皇帝陛下又はエジプト国王殿下がこの条により規定された除外例を用いることを必要と認めた場合には、トルコ帝国政府は、これをロンドン宣言の署名国に通知しなければならない。

　同様に前記四条の規定は、いかなる場合にも、トルコ帝国政府がその紅海の東岸にある他の領地の防衛を自己の兵力により確保するために執ることを必要と信ずる措置を妨げるものではない。

第一一条【兵力行使の制限】この条約の第九条及び第十条により規定された場合に執らるべき措置は、運河の自由な使用を妨げることができない。

　同一の場合において、第八条の規定に反する永久的要さいの建設は、禁止される。

第一二条【特権の禁止】締約国は、この条約の基礎の一をなす主義である運河の自由な使用に

　関する平等主義の適用により、いずれの締約国も、運河に関し将来締結されることがある国
　際協定において、領土上又は商業上の利益若しくは特権を求めないことを約束する。もとよ
　り、領有国としてのトルコ帝国の権利は、留保する。

第一三条【エジプト国の特権】この条約の条項により明定された義務の外は、トルコ帝国皇帝
　陛下の主権及びトルコ帝国皇帝陛下の命令に基くエジプト国王殿下の権利及び特権は、何ら
　の影響をも受けることはない。

第一四条【存続期間】締約国は、この条約に基く約束が万国スエズ運河会社特許条例の存続期
　間によって制限されないことを約束する。

第一五条【衛生措置】この条約の規定は、エジプトにおいて施行中の衛生上の措置を妨げるも
　のではない。

第一六条【加入】締約国は、この条約をこれに署名しなかつた諸国に通知して、その加入を勧
　誘することを約束する。

第一七条【批准】この条約は、批准しなければならず、批准書は、一箇月以内に又はなるべく
　すみやかにコンスタンティノーブルにおいて交換しなければならない。

　　右の証拠として、各全権委員は、ここに署名調印する。

　（全権委員署名略）

5　パナマ運河関連条約

1　パナマ運河の永久中立と運営に関する条約
（パナマ共和国—アメリカ合衆国）

　　署　　名　一九七七年九月七日（ワシントン）
　　発　　効　一九七九年一〇月一日

アメリカ合衆国とパナマ共和国は、以下のとおり合意した。

第一条（運河の永久中立）パナマ共和国は、国際水路として本運河がこの条約の定める制度に従い、永久に中立であることを宣言する。

　　パナマ共和国領域内に今後一部または全部が建設されることのある他の国際水路にも、同じ中立の制度が適用される。

第二条（中立の平等・無差別）パナマ共和国は、平時においても戦時においても、あらゆる国の船舶の平和的通航に対して、完全な平等の条件のもとで、運河が安全に公開されることを確保するために、運河の中立を宣言する。したがつて、いかなる国、その市民あるいは臣民に対しても、また他のいかなる理由によつても、通航の条件あるいは料金に関して、差別はないものとし、また、パナマ運河、したがつてパナマ地峡は、世界の他の国の間のいかなる武力紛争によつても復仇の対象とされてはならない。ただし、次の諸条件に従うものとする。

　(a)　通航とその付随業務に関する通航料その他の料金であつて、第三条(c)に定められたものの支払。

　(b)　第三条の規定によつて適用される規定及び規則の遵守。

　(c)　通航中の船舶は、運河内にある間いかなる敵対行為も行わないという条件。

　(d)　この条約で設定されるその他の条件や制限。

第三条（通航の規則）　1　運河の安全と効率と適正な保守のために、次の規則を適用する。

　(a)　運河は、運河通航の諸条件に従い、また、公正・衡平かつ合理的な規定または規則であつて、運河の安全航行と効率的衛生的運営に不可欠なものに従い、効率的な運営がなされなくてはならない。

　(b)　運河通航に必要な付随業務が提供されなくてはならない。

　(c)　通航とその付随業務のための通航料その他の料金は、公正かつ合理的で国際法の諸原則に合致するものでなくてはならない。

　(d)　通航の前提条件として、船舶に対し、運河通過の際の船舶の作為または不作為から生ずる損害について、国際的な慣行と基準に一致する合理的で充分な損害賠償の支払に対し、財政上の責任と保証を明確にするよう要求することができる。国家が所有し又は運営する船舶あるいは国家が責任を負うことを認めた船舶については、当該船舶の運河通過中の作為または不作為から生ずる損害の賠償支払に関する国際法上の義務のその国による遵守を明らかにする当該国家の証明書をもつて、前記財政上の責任を充分に明確にしたものとみなす。

　(e)　すべての国の軍艦及び補助艦艇は、その艦内の管理、推進の手段、出発地、目的地、装備のいかんにかかわりなく、また、通航の条件として、検査、捜索、監視に服することなく、いつでも運河通航の権利を有する。ただし、これらの艦船に対しては、衛生、保健、検疫に適用されるすべての規則を遵守していることの証明を求めることができる。これらの艦船は、艦内の管理、出発地、装備、載貨、目的地を明らかにすることを拒否する権利を有する。ただし、補助艦艇に対しては、これらの艦艇が免除を要求する国の政府によつ

て所有または管理され、かつ、具体的場合において政府の非商業的業務にもつぱら使用されていることの、当該国政府の高級官憲の証明する書面の保証の提示を求めることができる。

2　この条約の目的上、「運河」、「軍艦」、「補助艦艇」、「内部の管理」、「装備」、「検査」の語は、この条約の付属書Aに示される意義を有するものとする。

第四条（永久中立の維持）アメリカ合衆国とパナマ共和国は、この条約の設定する中立制度の維持に合意する。この中立制度は運河を永久に中立とするために維持されるものとし、両締約国間に有効な他のいかなる条約の失効によつても影響を受けない。

第五条（運河条約失効後の運河運営）パナマ運河条約の失効後は、パナマ共和国のみが運河を運営し、その領域内にある軍事力、防衛基地、軍事施設を維持する。

第六条（両当事国軍艦その他の通航）1　アメリカ合衆国とパナマ共和国の軍艦と補助艦艇は、運河の建設・管理・維持・保護と防衛に対し、この両国が重要な貢献をしていることを認め、この条約の他の規定にかかわることなく、艦内管理・推進手段・出発地・目的地・装備・搭載貨物のいかんと関係なく、運河通航の権利を有する。これらの軍艦と補助艦艇は運河を迅速に通航することができる。

2　アメリカ合衆国は、自国が運河の管理の責任を有する期間中、コロンビア共和国に対し、その軍隊、船舶、軍用物資の無料の通航を引続いて認めることができる。右の期間以後は、パナマ共和国が、コロンビア共和国とコスタ・リカ共和国に対し、無料通航の権利を認めることができる。

第七条（付属議定書）1　アメリカ合衆国とパナマ共和国は、この条約に付属する議定書を世界のすべての国の加入に開放する旨の決議を米州機構（OAS）において共同で提案する。これによつて、すべての署名国は、この条約の目的に賛同し、そこに規定される中立制度の尊重に同意することになる。

2　米州機構は、この条約とその関連文書の寄託機関として行動する。

第八条（批准と発効）この条約は、両当事国の憲法上の手続により批准されなくてはならない。この条約の批准書は、同じこの日に署名された「パナマ運河条約」と同時にパナマで交換される。この条約は、批准書交換の日から六カ月後に「パナマ運河条約」と同時に発効する。

（末文と署名略）

付属書A及び付属書B（略）

（アメリカ合衆国の修正・条件・留保・了解及びパナマ共和国の留保・宣言略）

2　パナマ運河の永久中立と運営に関する条約の付属議定書

日　本　国
当　事　国　三四

パナマ運河の中立の維持は、アメリカ合衆国とパナマ共和国の通商と安全に対してのみならず、西半球の平和と安全ならびに世界の通商の利益に対しても、重要性をもつので、

アメリカ合衆国とパナマ共和国がその維持を合意した中立制度は、完全な平等の基礎においてすべての国の船舶による運河の永久の利用を確保するものであるので、かつ、

この実効的な中立の制度は、運河の最善の保護を意味し、また、運河に対する敵対的行動の絶無を確保するものであるので、

この議定書の締約国は次のとおり協定した。

第一条　締約国は、「パナマ運河の永久中立と運営に関する条約」により設立された運河の永久中立の制度を承認し、その目的に賛同する。

第二条 締約国は、戦時及び平時のいずれにおいても、運河の永久中立の制度を遵守尊重し、自国登録の船舶による適用法規の忠実な遵守を確保することに同意する。

第三条 この議定書は、世界のすべての国の加入のために開放され、加入書を米州機構（OAS）事務総長に寄託した時に、当該国について効力を生ずる。

6　船舶登録要件に関する国際連合条約（仮訳）

一九八六年二月九日（ジュネーブ）効力発生（未発効）

この条約の締約国は、

世界海運全体の秩序ある発展を促進する必要を認識し、

一九八〇年一二月五日の総会決議三五／五六、特に第一二八節において発展途上国による国際取引の世界的輸送への参加の増大を要求している第三次国際連合開発の一〇年のための国際開発戦略を含むその附属書を想起し、

一九五八年の公海に関するジュネーブ条約及び一九八二年の国際連合海洋法条約に従って、船舶と旗国との間には、真正な関係が存在しなければならず、また、その真正な関係の原則に従って、自国の旗を掲げる船舶に対して、その管轄権及び監督権を有効に行使する旗国の義務の意識が存在しなければならないことをも想起し、

この目的のため、旗国が、権限ある適切な国家海事行政機関を有すべきことを確信し、

その監督機能を有効に行使するために、旗国は、その登録船舶の管理と運航に責任を有する者が容易に識別され、かつ、責任をとり得ることを確保すべきことをも確信し、

さらに、船舶につき責任を有する者を、より容易に識別し、かつ、責任をとり得るようにするための措置が、海事不正行為との戦いの作業に役立ち得ることを確信し、

本条約を害することなく、各国は、船舶に対する自国の国籍の許与、自国の領土内における船舶の登録及び自国の旗を掲げる権利について、その要件を定めなければならないことを再確認し、

主権国家間の要望により、船舶に対する国籍の許与及び船舶の登録についての要件に関するすべての争点を、相互理解及び協力の精神で解決することを促進し、

本条約は、本条約に含まれている条項を超え〔て定められ〕る本条約の締約国の国内法令の如何なる規定をも害するものとは看做されないことを考慮し、

国際連合組織の専門機関その他の機構の当該各設立文書に従った権限を認め、特定の分野において、国際連合とそれらの機関の間及び各機関・機構の間で締結され得る取極を考慮して、次のとおり協定した。

第一条（**目的**）国とその国の旗を掲げる船舶との間の真正な関係を確保し、場合によりその関係を強化するために、かつ、船舶所有者及び運航者の識別及び責任に関し、また、行政上、技術上、経済上及び社会上の事項に関して、かかる船舶上に、その管轄権及び監督権を有効に行使するために、旗国は、本条約の規定を適用しなければならない。

第二条（**定義**）本条約の適用上、「船舶」とは、登録トン数五〇〇総トン未満の船舶を除く、貨物、旅客又は貨客の輸送についての国際的海上取引に使用されるすべての自己推進性のある海上航行船舶をいう。

「旗国」とは、船舶が掲げており、かつ、掲げることができる旗の属する国をいう。

「所有者」又は「船舶所有者」とは、別段の明示がされない限り、登録国の船舶登録簿に船舶の所有者として記録されているすべての自然人又は法人をいう。

「運航者」とは、所有者もしくは裸用船者、又は所有者もしくは裸用船者の責任を適式に委任されているその他の自然人又は法人をいう。

「登録国」とは、船舶が登録されている船舶登録簿の属する国をいう。

「船舶登録簿」とは、本条約第一一条に規定されている事項が記録されている公式の登録簿をいう。

「国家海事行政機関」とは、登録国によって、その国の法制度に従って設立され、かつ、当該法制度に基づき、特に、海上輸送に関する国際的合意の履行並びに当該国の管轄権及び監督権に服する船舶に関する規則及び基準の適用について責任を有する国の当局又はその機関をいう。

「裸用船」とは、船舶の賃借人が、賃借期間中、船長及び乗組員を任命する権利を含む船舶の完全な占有権及び管理権を有する形の一定期間にわたる船舶の賃貸借契約をいう。

「労働供給国」とは、他国の旗を掲げる船舶上における役務のために船員を供給する国をいう。

第三条（適用範囲） 本条約は、第二条に定義するすべての船舶に適用しなければならない。

第四条（総則） 1　すべての国は、沿岸国であると内陸国であるとを問わず、公海において、自国の旗を掲げる船舶を航行させる権利を有する。

2　船舶は、掲げる権利を認められた旗の属する国の国籍を有する。

3　船舶は、一の国の旗のみを掲げて航行しなければならない。

4　いずれの船舶も、第一一条第四項及び第五項並びに第一二条の規定を条件として、同時に、二以上の国の船舶登録簿に登録されてはならない。

5　船舶は、所有の現実の移転又は登録の変更の場合を除いて、航海中又は寄港港に在る間、その旗を変更することができない。

第五条（国家海事行政機関） 1　旗国は、その管轄権及び監督権に服すべき、権限のある、かつ、適切な国家海事行政機関を有しなければならない。

2　旗国は、適用しうる国際的な規則及び基準、特に、船舶及び船舶上に在る者の安全並びに海洋環境の汚染の防止に関するものを履行しなければならない。

3　旗国の海事行政機関は、次のことを確保しなければならない。

(a)　自国の旗を掲げる船舶が、船舶登録に関する自国の法令並びに、特に、船舶と船舶上に在る者の安全及び海洋環境の汚染の防止に関する適用しうる国際的な規則及び基準に従うこと

(b)　自国の旗を掲げる船舶が、適用しうる国際的な規則及び基準に従うことを確保するために、旗国の権限のある検査官によって、定期的に検査されること

(c)　自国の旗を掲げる船舶が、文書、特に当該国の旗を掲げる権利を証する文書及び登録国が当事国である国際条約により要求されている文書を含むその他の有効で適切な文書を船舶に備え置くこと

(d)　自国の旗を掲げる船舶の所有者が、当該国の法令及び本条約の規定に従い船舶登録の原則に従うこと

4　登録国、自国の旗を掲げる船舶に関して、十分な識別及び責任につき必要なすべての適当な情報を要求しなければならない。

第六条（識別及び責任） 1　登録国は、船舶登録簿に、特に、船舶及びその所有者に関する情報を記載しなければならない。運航者が所有者でない場合における運航者に関する情報は、登録国の法令に従い、船舶登録簿に記入されるか、又は登録官事務所に備え置かれる若しくは登録官が容易に入手しうる運航者に関する公式記録に記入されるものとする。登録国は、船舶の登録を証する証書を発給しなければならない。

2　登録国は、船舶所有者、運航者又は自国の旗を掲げる船舶の管理及び運航につき責任をとり得るその他の者が、そのような情報を得ることにつき正当な利益を有する者によって容易に識別され得ることを確保するために必要な措置を執らなければならない。

3　船舶登録簿は、旗国の法令に従って、その中に含まれる情報を得ることにつき正当な利益を有する者が利用できるものとする。

4 国は、自国の旗を掲げる船舶が船舶所有者、運航者又は当該船舶の運航につき責任をとり得る者の識別についての情報を含む証書を備え置くこと、及びそのような情報が入港国の当局にとって利用できるものとすることを確保するものとする。

5 航海日誌は、旗国の法令に従って、すべての船舶上に保持され、かつ、船名が変更された場合であっても、最後の記載の日から合理的な期間内保存されるものとし、また、そのような情報を得ることにつき正当な利益を有する者による閲覧及び複写のために利用されうるものとする。船舶が売却され、かつ、その登録が他の国に変更された場合には、その売却以前の期間に関する航海日誌は、売却前の旗国の法令に従って、保存され、そのような情報を得ることにつき正当な利益を有する者による閲覧及び複写のために利用されうるものとする。

6 国は、その船舶登録簿に登録されている船舶が、所有者又は運航者の十分な責任を確保する目的で適切に識別できる所有者又は運航者を有することを確保するために必要な措置を執らなければならない。

7 国は、自国の旗を掲げる船舶の所有者と当該国の政府当局との直接の接触が制限されないことを確保するものとする。

第七条（船舶の所有における自国民の参加及び／又は船員配乗） 第八条第一項及び第二項並びに第九条第一項から第三項までに規定される船員配乗及び船舶の所有に関する規定のそれぞれに関して、かつ、本条約の他の如何なる規定の適用をも害することなしに、登録国は、第八条第一項及び第二項の規定又は第九条第一項から第三項までの規定のいずれかに従うべきであり、双方の規定に従うこともできる。

第八条（船舶の所有） 1 第七条の規定を条件として、旗国は、自国の法令において、自国の旗を掲げる船舶の所有について規定しなければならない。

2 第七条の規定を条件として、旗国は、かかる法令において、自国の旗を掲げる船舶の所有者としての、又はその所有における、自国及び自国民の参加、並びにその参加の水準についての適当な規定を含まなければならない。これらの法令は、旗国に対して、自国の旗を掲げる船舶に対するその管轄権及び監督権を有効に行使することを認めるに十分なものであるものとする。

第九条（船員配乗） 1 第七条の規定を条件として、本条約を履行する場合において、登録国は、自国民の旗を掲げる船舶の職員及び部員から成る定員のうち十分な部分は自国民又は自国に定住している者もしくは自国に合法的永住所を有する者とする旨の原則を尊重しなければならない。

2 第七条の規定を条件として、本条第一項に定める目的の遂行及びこの目的のために必要な措置を執るに当たり、登録国は、次の事項を考慮しなければならない。

(a) 登録国内における有資格船員の調達可能性

(b) 多数国間協定もしくは二国間協定、又は登録国の法制に従って有効かつ実施可能なその他の型の取極

(c) 健全な、かつ、経済的に実行可能な自国船舶の運航

3 登録国は、一船舶、一会社、又は船隊を基準として本条第一項の規定を履行するものとする。

4 登録国は、自国の法令に従い、他の国の国籍を有する者に対して、本条約の関連条項に従って自国の旗を掲げる船舶上において勤務することを許可することができる。

5 本条第一項に規定する目的の遂行に当たり、登録国は、船舶所有者と協力して、自国民又は自国の領土内に定住している者もしくは合法的に永住所を有する者の教育及び訓練を促進するものとする。

6 登録国は、次の条項を確保しなければならない。

(a) 自国の旗を掲げる船舶の船員配乗が、適用しうる国際的な規則及び基準、特に海上の安全に関するものに従うことを確保しうるような水準及び能力のものであること

(b) 自国の旗を掲げる船舶上における雇用の契約及び条件が、適用しうる国際的な規則及び基準に適合していること

(c) 自国の旗を掲げる船舶に雇用されている船員とその使用者との間における民事的紛争の解決のために適切な法的手続が存在すること

(d) 自国民及び外国人船員が、使用者との関係における、その契約上の権利を保障するための適当な法的手続に対する平等の近接権を有すること

第一〇条（船舶所有会社及び船舶の管理に関する旗国の役割） 1　登録国は、船舶をその登録簿に登録するに先ち、その国の法令に従って、自国の領土内において船舶所有会社又は船舶所有会社の子会社が設立され、及び／又は当該会社がその主たる営業所を有することを確保しなければならない。

2　船舶所有会社及び船舶所有会社の子会社が旗国内で設立されず、かつ、船舶所有会社の主たる営業所が旗国内に設けられていない場合には、旗国は、船舶をその船舶登録簿に登録するに先ち、自国民又は自国に定住している者である代理人又は管理担当者が存在することを確保しなければならない。かかる代理人又は管理担当者は、自然人又は旗国の法令に従って適法に旗国で設立もしくは組織された法人であって、船舶所有者のために、その責任において行動する権限を正当に与えられたものであり得る。特に、この代理人又は管理担当者は、登録国の法令に従って、すべての法的手続について有用であり、かつ、船舶所有者の責任を果たすことができるものとする。

3　登録国は、自国の旗を掲げる船舶の管理及び運航について責任をとり得る者が、当該船舶の運航から生じることあるべき金銭的債務であって国際的な海上輸送において第三者損害に関して通常付保される危険に対応するものを弁済することができる立場にあることを確保するものとする。このため、登録国は、自国の旗を掲げる船舶が、適当な保険又は他の同等な手続の如き適切な保証の手配されていることを証する書類を、常時、備え置くことができる状態にあることを確保するものとする。さらに、登録国は、船員の使用者による支払不履行の場合において、自国の旗を掲げる船舶に雇用されている船員に支払われるべき賃金及び関連する支払を補償するため、海上先取権、相互基金、失業保険、社会保障制度の如き、又は責任をとり得る者が所有者であるか運航者であるかを問わず、当該責任をとり得る者の属する国の適当な機関が提供する政府保証の如き適当な機構が存在することを確保するものとする。登録国は、自国の法令において、この趣旨の他の然るべき機構を整備することもできる。

第一一条（船舶登録簿） 1　登録国は、自国の旗を掲げる船舶の登録簿を設定しなければならず、その登録簿は、登録国により決定された方法で、かつ、本条約の関連条項に適合して維持されなければならない。国の法令により当該国の旗を掲げる権利を有する船舶は、所有者の名において、又は国内法令が定めている場合には裸用船者の名において、この登録簿に登録されなければならない。

2　そのような登録簿には、特に、次の事項を記録しなければならない。

(a) 船舶の名称並びに、若しあらば、直前の名称及び登録

(b) 登録場所もしくは登録港又は母港及び船舶の識別のための公式番号又は標識

(c) 付与されている場合には、船舶の国際信号符字

(d) 船舶の建造者の名称、建造場所及び建造年

(e) 船舶の主要な技術的特性の記述

(f) 所有者又は各共有者の名称、住所及び適当な場合にはその国籍

　　並びに、旗国の登録官が容易に入手しうる他の公的文書に記録されている場合を除き、

 (g) 船舶の直前の登録の抹消又は停止の日付

 (h) 国内法令が、裸用船した船舶の登録につき定めている場合には、裸用船者の名称、住所及び適当な場合にはその国籍

 (i) 国内法令に規定されている船舶上のモーゲージその他これと類似の負担（担保権）に関する事項

3 さらに、かかる登録簿は、次の事項をも記録するものとする。

 (a) 二人以上の所有者が在る場合には、各人の所有に属する船舶の持分

 (b) 運航者が所有者又は裸用船者でない場合には、運航者の名称、住所及び適当な場合にはその国籍

4 船舶登録簿に船舶を登録するに先ち、国は、若しあらば、従前の登録が抹消されていることを確認するものとする。

5 裸用船した船舶の場合には、国は、従前の旗国の旗を掲げる権利が停止されていることを確認するものとする。かかる登録は、従前の旗国の下における船舶の国籍に関する従前の登録の停止を示し、かつ、登録済の負担に関する事項を示す証拠の提示に基づいてなされなければならない。

第一二条（裸用船） 1 第一一条の規定を条件として、かつ、自国の法令に従い、国は、自国の用船者が裸用船した船舶に対して、その用船期間中、登録及び自国の旗を掲げる権利を許与することができる。

2 船舶所有者又は用船者が、本条約の当事国においてこのような裸用船活動に入る場合には、本条約に規定されている登録要件は全面的に従われるものとする。

3 そのように裸用船した船舶の場合において、本条約の要件に従う目的を達成し、その要件を適用するために、用船者は所有者と看做される。但し、本条約は、特定の裸用船契約書に定めるところ以外に、用船船舶の所有権について規定する効果を有するものではない。

4 国は、本条第一項から第三項までに従い、裸用船した船舶であって、自国の旗を掲げるものが、自国の全面的な管轄権及び監督権の対象となることを確保するものとする。

5 裸用船した船舶が登録されている国は、従前の登録国が裸用船船舶の登録の抹消につき通報を受けることを確保しなければならない。

6 本条において特に定められているものを除き、裸用船当事者の関係に関するすべての条件は、当事者の契約上の処分に委ねられる。

第一三条（合弁事業） 1 本条約の締約国は、自国の政策、法制度及び本条約に規定されている船舶の登録要件に従って、異なる国の船舶所有者間における合弁事業を促進するものとし、また、このため、特に合弁事業の当事者の契約上の権利の保護により、自国海運業の発展のために、そのような合弁事業の設立を進めるための適当な取極を採用するものとする。

2 地域的及び国際的な金融機関及び援助機関は、発展途上国、特に後発発展途上国の海運業における合弁事業の設立及び／又は強化に、適当な貢献をするよう要請されるものとする。

第一四条（労働供給国の利益保護措置） 1 労働供給国の利益の保護、並びに、本条約の採択の結果としての、これらの国、特に発展途上国における失業及び、若しあらば、その結果としての経済的な混乱を最小限にするために、緊急性は、特に、本条約に附属する決議一に含まれる措置の実施に与えられるものとする。

2 船舶所有者又は運航者と船員労働組合又はその他の船員団体の代表との間で締結される契約又は取極につき優遇的条件を創り出すために、労働供給国の船員の雇用に関して、旗国と労働供給国との間において、二国間協定を締結することができる。

第一五条（不利益な経済的効果を最小限にするための措置）　本条約により設定された要件に応ずるための条件の適応及び実施の過程において、発展途上国において生ずるであろう不利益

な経済的効果を最小限にするために、緊急性は、特に、本条約に附属する決議二に含まれる措置の実施に与えられるものとする。

第一六条（寄託者）「本条約の寄託」先は国連事務総長である。

第一七条（実施）　1　各締約国は、本条約の実施に必要な法律にまたはその他の措置を講じなければならない。

2　各締約国は、適当な期間内に本条約の実施のために講じる法律上またはその他の措置の原文を、寄託者に通知しなければならない。

3　寄託者は、本条第二項に従って通知された法律上またはその他の措置の原文を、全ての締約国に回章しなければならない。

第一八条（署名、批准、受諾、承認及び加入）　1　全ての国は、つぎにより本条約の締約国となる。

2 (a)　批准、受諾または承認を条件としない署名または

　(b)　批准、受諾または承認を条件とした署名または

　(c)　加入

第一九条（効力発生）　1　本条約は、第一八条に従って四〇ヵ国以上が締約国となり、かつそれらの国が本条約附属書Ⅲの世界総船腹トン数の二五％以上となった日から一二ヵ月後に発効する。

2　本条約発効後に本条約の締約国となる各国は、その国が締約国となった後一二ヵ月で発効する。

第二〇条（見直し及び改正）　1　本条約が発効後八年を通過した後、締約国は国際事務総長あて書面をもって本条約の改正を申し入れ、その改正を検討するための、再検討会議の開催を要求することができる。事務総長はこれら締約国に通報しなければならない。その後一二ヵ月以内に締約国の五分の二以上がこの要求に賛成すれば、事務総長は再検討会議を開催しなければならない。

2　国連事務総長は、改正に関しての申し入れと見解を再検討会議開催日の少なくとも六ヵ月前に、総ての締約国に通知しなければならない。

第二一条（改正の効果）　1　再検討会議の決定は、全員の同意により、または要請により出席し、投票した締約国の三分の二の多数決によって行われる。

この会議で採択された改正は、国連事務総長により締約国に対して批准、受諾または承認のため、また署名国に対しては情報のために通知するものとする。

2　再検討会議で採択された改正は、批准、受諾、又は承認の正式文書が寄託先に寄託されて有効となる。

3　再検討会議で採択された改正はそれを批准、受諾又は承認した締約国に対してのみ、締約国の三分の二による受諾後一年を経過した次の月の第一日から発効する。

締約国の三分の二による批准、受諾又は承認した国に対しては、当該改正は、当該国の批准、受諾又は承認した一年後に効力を発生する。

4　この改正が発効した後この条約の締約国となる国は、別段の意図を表明しない限り

　(a)　改正された条約の加盟国とみなされ

　(b)　その改正に拘束されない本条約の締約国との関係においては、改正されない条約の締約国とみなされる。

第二二条（廃棄）　1　いずれの締約国も、寄託者にあてた書面通知により、いつでも本条約からの脱退を通告することができる。

2　かかる脱退通告は、当該書面通知が寄託者により受理された日から一年を経過した時点で有効となる。ただし、その通知がそれより遅い期間を指定している場合は、この限りでない。

附属書Ｉ
　決議一
　　労働供給国の利益保護措置
船舶登録要件に関する国際連合会議は、船舶登録要件に関する国際連合条約を採択して、次のとおり勧告する。
1　労働供給国は、他国の旗を掲げる船舶に船員を供給する機関により提示される契約条件が、酷使を防止し、かつ、船員の福祉に寄与することを確保するために、自国の管轄権内にあるこれらの機関の活動を規制するものとする。労働供給国は、自国船員の保護のために、自国船員を雇用する船舶の所有者もしくは運航者又はその他の適切な団体に対して、特に、第一〇条に定める種類の適当な保障を要求することができる。
2　労働供給発展途上諸国は、これらの原則に従って、労働力の供給についての条件に関するこれらの国の政策をできる限り調和させるために、相互に協議することができ、また、必要な場合には、この点についてのこれらの国の法制度を調和させることができる。
3　UNCTAD（国際貿易開発会議）、UNDP（国連開発計画）その他の適当な国際機関は、要請に応じ、この条約を考慮して、労働供給発展途上国に対し、船舶の登録のための適当な法制度の設定及びそれらの国の登録簿への船舶の誘致のための援助を提供するものとする。
4　ILO（国際労働機関）は、要請に応じ、労働供給国に対し、本条約の採択の結果として生じるであろう労働供給国における失業及び、若しあらば、その結果としての経済的な混乱を最小限にするための措置の採用のための援助を提供するものとする。
5　国連組織内の適当な国際機関は、要請に応じ、労働供給国に対し、訓練及び施設の提供を含む、労働供給国の船員の教育及び訓練のための援助を提供するものとする。

附属書Ⅱ
　決議二
　　不利益な経済的効果を最小限にするための措置
船舶登録要件に関する国際連合会議は、船舶登録要件に関する国際連合条約を採択して、次のとおり勧告する。
1　UNCTAD、UNDP、IMOその他の適当な国際機関は、要請に応じ、本条約により影響を受ける国に対し、本条約の条項に従って、これらの国の商船隊の発展のための近代的かつ効果的な法制度を法式化し、実施するために、技術的及び資金の援助を提供するものとする。
2　ILOその他の適当な国際機関は、要請に応じ、これらの国に対し、その船員の教育計画及び訓練計画の準備及び実施のために、必要とされる援助を提供するものとする。
3　UNDP、世界銀行その他の適当な国際機関は、要請に応じ、これらの国に対し、本条約の採択の結果生じるであろう経済的混乱を克服するための選択的な国家開発計画（プラン、プログラム及びプロジェクト）の実施のために技術的及び資金的援助を提供するものとする。

附属書Ⅲ
　世界の商船隊
　　一九八五年七月一日現在の五〇〇総トン以上の船舶
　（略）

7　領海及び接続水域に関する法律

$$\left(\begin{array}{c}\text{昭和五十二年五月二日}\\\text{法 律 第 三 十 号}\end{array}\right)$$

改正　平成　八年　六月一四日法律第七三号

　　囲　題名改正（平八法七三）

（領海の範囲）
第一条　我が国の領海は、基線からその外側十二海里の線（その線が基線から測定して中間線を超えているときは、その超えている部分については、中間線（我が国と外国との間で合意した中間線に代わる線があるときは、その線）とする。）までの海域とする。
2　前項の中間線は、いずれの点をとつても、基線上の最も近い点からの距離と、我が国の海岸と向かい合つている外国の海岸に係るその外国の領海の幅を測定するための基線上の最も近い点からの距離とが等しい線とする。
（基線）
第二条　基線は、低潮線、直線基線及び湾口若しくは湾内又は河口に引かれる直線とする。ただし、内水である瀬戸内海については、他の海域との境界として政令で定める線を基線とする。
2　前項の直線基線は、海洋法に関する国際連合条約（以下「国連海洋法条約」という。）第七条に定めるところに従い、政令で定める。
3　前項に定めるもののほか、第一項に規定する線を基線として用いる場合の基準その他基線を定めるに当たつて必要な事項は、政令で定める。
　　　　囲　①一部改正・②追加・旧②一部改正繰下（平八法七三）
（内水又は領海からの追跡に関する我が国の法令の適用）
第三条　我が国の内水又は領海から行われる国連海洋法条約第百十一条に定めるところによる追跡に係る我が国の公務員の職務の執行及びこれを妨げる行為については、我が国の法令（罰則を含む。第五条において同じ。）を適用する。
　　　　囲　本条追加（平八法七三）
（接続水域）
第四条　我が国が国連海洋法条約第三十三条1に定めるところにより我が国の領域における通関、財政、出入国管理及び衛生に関する法令に違反する行為の防止及び処罰のために必要な措置を執る水域として、接続水域を設ける。
2　前項の接続水域（以下単に「接続水域」という。）は、基線からその外側二十四海里の線（その線が基線から測定して中間線（第一条第二項に規定する中間線をいう。以下同じ。）を超えているときは、その超えている部分については、中間線（我が国と外国との間で合意した中間線に代わる線があるときは、その線）とする。）までの海域（領海を除く。）とする。
3　外国との間で相互に中間線を超えて国連海洋法条約第三十三条1に定める措置を執ることが適当と認められる海域の部分においては、接続水域は、前項の規定にかかわらず、政令で定めるところにより、基線からその外側二十四海里の線までの海域（外国の領海である海域を除く。）とすることができる。
　　　　囲　本条追加（平八法七三）
（接続水域における我が国の法令の適用）
第五条　前条第一項に規定する措置に係る接続水域における我が国の公務員の職務の執行（当

該職務の執行に関して接続水域から行われる国連海洋法条約第百十一条に定めるところによる追跡に係る職務の執行を含む。）及びこれを妨げる行為については、我が国の法令を適用する。

　　　囲　本条追加（平八法七三）

　　　附　則

（施行期日）

1　この法律は、公布の日から起算して二月を超えない範囲内において政令で定める日から施行する。

（特定海域に係る領海の範囲）

2　当分の間、宗谷海峡、津軽海峡、対馬海峡東水道、対馬海峡西水道及び大隅海峡（これらの海域にそれぞれ隣接し、かつ、船舶が通常航行する経路からみてこれらの海域とそれぞれ一体をなすと認められる海域を含む。以下「特定海域」という。）については、第一条の規定は適用せず、特定海域に係る領海は、それぞれ、基線からその外側三海里の線及びこれと接続して引かれる線までの海域とする。

3　特定海域の範囲及び前項に規定する線については、政令で定める。

　　　附　則（平成八年六月一四日法律第七三号）

この法律は、海洋法に関する国際連合条約が日本国について効力を生ずる日から施行する。

　　　蔘　「効力を生ずる日」―平成八年七月二〇日

8　排他的経済水域及び大陸棚に関する法律

（平成八年六月十四日
法律第七十四号）

（排他的経済水域）

第一条　我が国が海洋法に関する国際連合条約（以下「国連海洋法条約」という。）に定める
ところにより国連海洋法条約第五部に規定する沿岸国の主権的権利その他の権利を行使する
水域として、排他的経済水域を設ける。

2　前項の排他的経済水域（以下単に「排他的経済水域」という。）は、我が国の基線（領海
及び接続水域に関する法律（昭和五十二年法律第三十号）第二条第一項に規定する基線をい
う。以下同じ。）から、いずれの点をとっても我が国の基線上の最も近い点からの距離が二
百海里である線（その線が我が国の基線から測定して中間線（いずれの点をとっても、我が
国の基線上の最も近い点からの距離と、我が国の海岸と向かい合っている外国の海岸に係る
その外国の領海の幅を測定するための基線上の最も近い点からの距離とが等しい線をいう。
以下同じ。）を超えているときは、その超えている部分については、中間線（我が国と外国
との間で合意した中間線に代わる線があるときは、その線）とする。）までの海域（領海を
除く。）並びにその海底及びその下とする。

（大陸棚）

第二条　我が国が国連海洋法条約に定めるところにより沿岸国の主権的権利その他の権利を行
使する大陸棚（以下単に「大陸棚」という。）は、次に掲げる海域の海底及びその下とする。

一　我が国の基線から、いずれの点をとっても我が国の基線上の最も近い点からの距離が二
百海里である線（その線が我が国の基線から測定して中間線を超えているときは、その超
えている部分については、中間線（我が国と外国との間で合意した中間線に代わる線があ
るときは、その線及びこれと接続して引かれる政令で定める線）とする。）までの海域（領
海を除く。）

二　前号の海域（いずれの点をとっても我が国の基線上の最も近い点からの距離が二百海里
である線によってその限界が画される部分に限る。）の外側に接する海域であって、国連
海洋法条約第七十六条に定めるところに従い、政令で定めるもの

（我が国の法令の適用）

第三条　次に掲げる事項については、我が国の法令（罰則を含む。以下同じ。）を適用する。

一　排他的経済水域又は大陸棚における天然資源の探査、開発、保存及び管理、人工島、施
設及び構築物の設置、建設、運用及び利用、海洋環境の保護及び保全並びに海洋の科学的
調査

二　排他的経済水域における経済的な目的で行われる探査及び開発のための活動（前号に掲
げるものを除く。）

三　大陸棚の掘削（第一号に掲げるものを除く。）

四　前三号に掲げる事項に関する排他的経済水域又は大陸棚に係る水域における我が国の公
務員の職務の執行（当該職務の執行に関してこれらの水域から行われる国連海洋法条約第
百十一条に定めるところによる追跡に係る職務の執行を含む。）及びこれを妨げる行為

2　前項に定めるもののほか、同項第一号の人工島、施設及び構築物については、国内に在る
ものとみなして、我が国の法令を適用する。

3　前二項の規定による我が国の法令の適用に関しては、当該法令が適用される水域が我が国
の領域外であることその他当該水域における特別の事情を考慮して合理的に必要と認められ

る範囲内において、政令で、当該法令の適用関係の整理又は調整のための必要な事項を定めることができる。

（条約の効力）

第四条　この法律に規定する事項に関して条約に別段の定めがあるときは、その定めるところによる。

　　　附　則

（施行期日）

第一条　この法律は、国連海洋法条約が日本国について効力を生ずる日から施行する。

　　㊟　「効力を生ずる日」―平成八年七月二〇日

9　海洋基本法

（平成十九年四月二十七日）
（法 律 第 三 十 三 号）

目次

　第一章　総則
　（目的）
第一条　この法律は、地球の広範な部分を占める海洋が人類をはじめとする生物の生命を維持する上で不可欠な要素であるとともに、海に囲まれた我が国において、海洋法に関する国際連合条約その他の国際約束に基づき、並びに海洋の持続可能な開発及び利用を実現するための国際的な取組の中で、我が国が国際的協調の下に、海洋の平和的かつ積極的な開発及び利用と海洋環境の保全との調和を図る新たな海洋立国を実現することが重要であることにかんがみ、海洋に関し、基本理念を定め、国、地方公共団体、事業者及び国民の責務を明らかにし、並びに海洋に関する基本的な計画の策定その他海洋に関する施策の基本となる事項を定めるとともに、総合海洋政策本部を設置することにより、海洋に関する施策を総合的かつ計画的に推進し、もって我が国の経済社会の健全な発展及び国民生活の安定向上を図るとともに、海洋と人類の共生に貢献することを目的とする。
　（海洋の開発及び利用と海洋環境の保全との調和）
第二条　海洋については、海洋の開発及び利用が我が国の経済社会の存立の基盤であるとともに、海洋の生物の多様性が確保されることその他の良好な海洋環境が保全されることが人類の存続の基盤であり、かつ、豊かで潤いのある国民生活に不可欠であることにかんがみ、将来にわたり海洋の恵沢を享受できるよう、海洋環境の保全を図りつつ海洋の持続的な開発及び利用を可能とすることを旨として、その積極的な開発及び利用が行われなければならない。
　（海洋の安全の確保）
第三条　海洋については、海に囲まれた我が国にとって海洋の安全の確保が重要であることにかんがみ、その安全の確保のための取組が積極的に推進されなければならない。
　（海洋に関する科学的知見の充実）
第四条　海洋の開発及び利用、海洋環境の保全等が適切に行われるためには海洋に関する科学的知見が不可欠である一方で、海洋については科学的に解明されていない分野が多いことにかんがみ、海洋に関する科学的知見の充実が図られなければならない。
　（海洋産業の健全な発展）
第五条　海洋の開発、利用、保全等を担う産業（以下「海洋産業」という。）については、我が国の経済社会の健全な発展及び国民生活の安定向上の基盤であることにかんがみ、その健全な発展が図られなければならない。
　（海洋の総合的管理）
第六条　海洋の管理は、海洋資源、海洋環境、海上交通、海洋の安全等の海洋に関する諸問題が相互に密接な関連を有し、及び全体として検討される必要があることにかんがみ、海洋の

開発、利用、保全等について総合的かつ一体的に行われるものでなければならない。

（海洋に関する国際的協調）

第七条　海洋が人類共通の財産であり、かつ、我が国の経済社会が国際的な密接な相互依存関係の中で営まれていることにかんがみ、海洋に関する施策の推進は、海洋に関する国際的な秩序の形成及び発展のために先導的な役割を担うことを旨として、国際的協調の下に行われなければならない。

（国の責務）

第八条　国は、第二条から前条までに定める基本理念（以下「基本理念」という。）にのっとり、海洋に関する施策を総合的かつ計画的に策定し、及び実施する責務を有する。

（地方公共団体の責務）

第九条　地方公共団体は、基本理念にのっとり、海洋に関し、国との適切な役割分担を踏まえて、その地方公共団体の区域の自然的社会的条件に応じた施策を策定し、及び実施する責務を有する。

（事業者の責務）

第十条　海洋産業の事業者は、基本理念にのっとりその事業活動を行うとともに、国又は地方公共団体が実施する海洋に関する施策に協力するよう努めなければならない。

（国民の責務）

第十一条　国民は、海洋の恵沢を認識するとともに、国又は地方公共団体が実施する海洋に関する施策に協力するよう努めなければならない。

（関係者相互の連携及び協力）

第十二条　国、地方公共団体、海洋産業の事業者、海洋に関する活動を行う団体その他の関係者は、基本理念の実現を図るため、相互に連携を図りながら協力するよう努めなければならない。

（海の日の行事）

第十三条　国及び地方公共団体は、国民の祝日に関する法律（昭和二十三年法律第百七十八号）第二条に規定する海の日において、国民の間に広く海洋についての理解と関心を深めるような行事が実施されるよう努めなければならない。

（法制上の措置等）

第十四条　政府は、海洋に関する施策を実施するために必要な法制上、財政上又は金融上の措置その他の措置を講じなければならない。

（資料の作成及び公表）

第十五条　政府は、海洋の状況及び政府が海洋に関して講じた施策に関する資料を作成し、適切な方法により随時公表しなければならない。

　　第二章　海洋基本計画

第十六条　政府は、海洋に関する施策の総合的かつ計画的な推進を図るため、海洋に関する基本的な計画（以下「海洋基本計画」という。）を定めなければならない。

2　海洋基本計画は、次に掲げる事項について定めるものとする。

　一　海洋に関する施策についての基本的な方針

　二　海洋に関する施策に関し、政府が総合的かつ計画的に講ずべき施策

　三　前二号に掲げるもののほか、海洋に関する施策を総合的かつ計画的に推進するために必要な事項

3　内閣総理大臣は、海洋基本計画の案につき閣議の決定を求めなければならない。

4　内閣総理大臣は、前項の規定による閣議の決定があったときは、遅滞なく、海洋基本計画を公表しなければならない。

5　政府は、海洋に関する情勢の変化を勘案し、及び海洋に関する施策の効果に関する評価を踏まえ、おおむね五年ごとに、海洋基本計画の見直しを行い、必要な変更を加えるものとする。

6　第三項及び第四項の規定は、海洋基本計画の変更について準用する。

7　政府は、海洋基本計画について、その実施に要する経費に関し必要な資金の確保を図るため、毎年度、国の財政の許す範囲内で、これを予算に計上する等その円滑な実施に必要な措置を講ずるよう努めなければならない。

第三章　基本的施策

（海洋資源の開発及び利用の推進）

第十七条　国は、海洋環境の保全並びに海洋資源の将来にわたる持続的な開発及び利用を可能とすることに配慮しつつ海洋資源の積極的な開発及び利用を推進するため、水産資源の保存及び管理、水産動植物の生育環境の保全及び改善、漁場の生産力の増進、海底又はその下に存在する石油、可燃性天然ガス、マンガン鉱、コバルト鉱等の鉱物資源の開発及び利用の推進並びにそのための体制の整備その他の必要な措置を講ずるものとする。

（海洋環境の保全等）

第十八条　国は、海洋が地球温暖化の防止等の地球環境の保全に大きな影響を与えること等にかんがみ、生育環境の保全及び改善等による海洋の生物の多様性の確保、海洋に流入する水による汚濁の負荷の低減、海洋への廃棄物の排出の防止、船舶の事故等により流出した油等の迅速な防除、海洋の自然景観の保全その他の海洋環境の保全を図るために必要な措置を講ずるものとする。

2　国は、前項の措置については、科学的知見を踏まえつつ、海洋環境に対する悪影響を未然に防止する観点から、これを実施するとともに、その適切な見直しを行うよう努めるものとする。

（排他的経済水域等の開発等の推進）

第十九条　国は、排他的経済水域等（排他的経済水域及び大陸棚に関する法律（平成八年法律第七十四号）第一条第一項の排他的経済水域及び同法第二条の大陸棚をいう。以下同じ。）の開発、利用、保全等（以下「排他的経済水域等の開発等」という。）に関する取組の強化を図ることの重要性にかんがみ、海域の特性に応じた排他的経済水域等の開発等の推進、排他的経済水域等における我が国の主権的権利を侵害する行為の防止その他の排他的経済水域等の開発等の推進のために必要な措置を講ずるものとする。

（海上輸送の確保）

第二十条　国は、効率的かつ安定的な海上輸送の確保を図るため、日本船舶の確保、船員の育成及び確保、国際海上輸送網の拠点となる港湾の整備その他の必要な措置を講ずるものとする。

（海洋の安全の確保）

第二十一条　国は、海に囲まれ、かつ、主要な資源の大部分を輸入に依存する我が国の経済社会にとって、海洋資源の開発及び利用、海上輸送等の安全が確保され、並びに海洋における秩序が維持されることが不可欠であることにかんがみ、海洋について、我が国の平和及び安全の確保並びに海上の安全及び治安の確保のために必要な措置を講ずるものとする。

2　国は、津波、高潮等による災害から国土並びに国民の生命、身体及び財産を保護するため、災害の未然の防止、災害が発生した場合における被害の拡大の防止及び災害の復旧（以下「防災」という。）に関し必要な措置を講ずるものとする。

（海洋調査の推進）

第二十二条　国は、海洋に関する施策を適正に策定し、及び実施するため、海洋の状況の把

握、海洋環境の変化の予測その他の海洋に関する施策の策定及び実施に必要な調査（以下
「海洋調査」という。）の実施並びに海洋調査に必要な監視、観測、測定等の体制の整備に努
めるものとする。

2　国は、地方公共団体の海洋に関する施策の策定及び実施並びに事業者その他の者の活動に
資するため、海洋調査により得られた情報の提供に努めるものとする。

（海洋科学技術に関する研究開発の推進等）

第二十三条　国は、海洋に関する科学技術（以下「海洋科学技術」という。）に関する研究開
発の推進及びその成果の普及を図るため、海洋科学技術に関し、研究体制の整備、研究開発
の推進、研究者及び技術者の育成、国、独立行政法人（独立行政法人通則法（平成十一年法
律第百三号）第二条第一項に規定する独立行政法人をいう。以下同じ。）、都道府県及び地
方独立行政法人（地方独立行政法人法（平成十五年法律第百十八号）第二条第一項に規定す
る地方独立行政法人をいう。以下同じ。）の試験研究機関、大学、民間等の連携の強化その
他の必要な措置を講ずるものとする。

（海洋産業の振興及び国際競争力の強化）

第二十四条　国は、海洋産業の振興及びその国際競争力の強化を図るため、海洋産業に関し、
先端的な研究開発の推進、技術の高度化、人材の育成及び確保、競争条件の整備等による経
営基盤の強化及び新たな事業の開拓その他の必要な措置を講ずるものとする。

（沿岸域の総合的管理）

第二十五条　国は、沿岸の海域の諸問題がその陸域の諸活動等に起因し、沿岸の海域について
施策を講ずることのみでは、沿岸の海域の資源、自然環境等がもたらす恵沢を将来にわたり
享受できるようにすることが困難であることにかんがみ、自然的社会的条件からみて一体的
に施策が講ぜられることが相当と認められる沿岸の海域及び陸域について、その諸活動に対
する規制その他の措置が総合的に講ぜられることにより適切に管理されるよう必要な措置を
講ずるものとする。

2　国は、前項の措置を講ずるに当たっては、沿岸の海域及び陸域のうち特に海岸が、厳しい
自然条件の下にあるとともに、多様な生物が生息し、生育する場であり、かつ、独特の景観
を有していること等にかんがみ、津波、高潮、波浪その他海水又は地盤の変動による被害か
らの海岸の防護、海岸環境の整備及び保全並びに海岸の適正な利用の確保に十分留意するも
のとする。

（離島の保全等）

第二十六条　国は、離島が我が国の領海及び排他的経済水域等の保全、海上交通の安全の確
保、海洋資源の開発及び利用、海洋環境の保全等に重要な役割を担っていることにかんが
み、離島に関し、海岸等の保全、海上交通の安全の確保並びに海洋資源の開発及び利用のた
めの施設の整備、周辺の海域の自然環境の保全、住民の生活基盤の整備その他の必要な措置
を講ずるものとする。

（国際的な連携の確保及び国際協力の推進）

第二十七条　国は、海洋に関する国際約束等の策定に主体的に参画することその他の海洋に関
する国際的な連携の確保のために必要な措置を講ずるものとする。

2　国は、海洋に関し、我が国の国際社会における役割を積極的に果たすため、海洋資源、海
洋環境、海洋調査、海洋科学技術、海上における犯罪の取締り、防災、海難救助等に係る国
際協力の推進のために必要な措置を講ずるものとする。

（海洋に関する国民の理解の増進等）

第二十八条　国は、国民が海洋についての理解と関心を深めることができるよう、学校教育及
び社会教育における海洋に関する教育の推進、海洋法に関する国際連合条約その他の国際約

束並びに海洋の持続可能な開発及び利用を実現するための国際的な取組に関する普及啓発、海洋に関するレクリエーションの普及等のために必要な措置を講ずるものとする。

2 国は、海洋に関する政策課題に的確に対応するために必要な知識及び能力を有する人材の育成を図るため、大学等において学際的な教育及び研究が推進されるよう必要な措置を講ずるよう努めるものとする。

第四章 総合海洋政策本部

（設置）

第二十九条 海洋に関する施策を集中的かつ総合的に推進するため、内閣に、総合海洋政策本部（以下「本部」という。）を置く。

（所掌事務）

第三十条 本部は、次に掲げる事務をつかさどる。

一 海洋基本計画の案の作成及び実施の推進に関すること。

二 関係行政機関が海洋基本計画に基づいて実施する施策の総合調整に関すること。

三 前二号に掲げるもののほか、海洋に関する施策で重要なものの企画及び立案並びに総合調整に関すること。

（組織）

第三十一条 本部は、総合海洋政策本部長、総合海洋政策副本部長及び総合海洋政策本部員をもって組織する。

（総合海洋政策本部長）

第三十二条 本部の長は、総合海洋政策本部長（以下「本部長」という。）とし、内閣総理大臣をもって充てる。

2 本部長は、本部の事務を総括し、所部の職員を指揮監督する。

（総合海洋政策副本部長）

第三十三条 本部に、総合海洋政策副本部長（以下「副本部長」という。）を置き、内閣官房長官及び海洋政策担当大臣（内閣総理大臣の命を受けて、海洋に関する施策の集中的かつ総合的な推進に関し内閣総理大臣を助けることをその職務とする国務大臣をいう。）をもって充てる。

2 副本部長は、本部長の職務を助ける。

（総合海洋政策本部員）

第三十四条 本部に、総合海洋政策本部員（以下「本部員」という。）を置く。

2 本部員は、本部長及び副本部長以外のすべての国務大臣をもって充てる。

（資料の提出その他の協力）

第三十五条 本部は、その所掌事務を遂行するため必要があると認めるときは、関係行政機関、地方公共団体、独立行政法人及び地方独立行政法人の長並びに特殊法人（法律により直接に設立された法人又は特別の法律により特別の設立行為をもって設立された法人であって、総務省設置法（平成十一年法律第九十一号）第四条第十五号の規定の適用を受けるものをいう。）の代表者に対して、資料の提出、意見の表明、説明その他必要な協力を求めることができる。

2 本部は、その所掌事務を遂行するために特に必要があると認めるときは、前項に規定する者以外の者に対しても、必要な協力を依頼することができる。

（事務）

第三十六条 本部に関する事務は、内閣官房において処理し、命を受けて内閣官房副長官補が掌理する。

（主任の大臣）

第三十七条　本部に係る事項については、内閣法（昭和二十二年法律第五号）にいう主任の大臣は、内閣総理大臣とする。

（政令への委任）

第三十八条　この法律に定めるもののほか、本部に関し必要な事項は、政令で定める。

　　附　則

（施行期日）

1　この法律は、公布の日から起算して三月を超えない範囲内において政令で定める日から施行する。

　　　圏　「政令で定める日」─平成十九年七月二十日

（検討）

2　本部については、この法律の施行後五年を目途として総合的な検討が加えられ、その結果に基づいて必要な措置が講ぜられるものとする。

10 海洋基本計画の概要

1 第3期海洋基本計画の概要

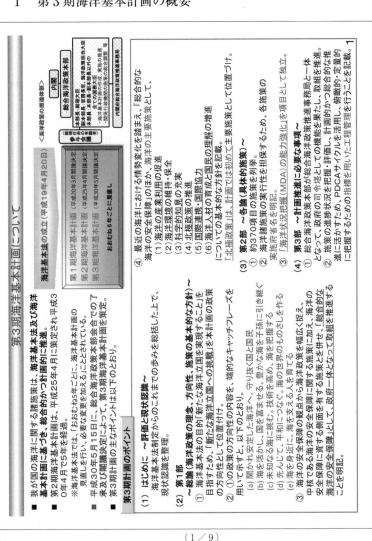

(1／9)

出典：内閣府 web サイト（国立国会図書館アーカイブ）https://warp.ndl.go.jp/info:ndljp/pid/12891408/www8.cao.go.jp/ocean/policies/plan/plan03/pdf/plan03_gaiyou_1.pdf 及び https://warp.ndl.go.jp/info:ndljp/pid/12891408/www8.cao.go.jp/ocean/policies/plan/plan03/pdf/plan03_gaiyou_2.pdf

第3期海洋基本計画　概要（その1）

□ これまでの海洋政策の評価と最近の情勢

1. 海洋基本法施行後10年の総括

○海洋基本法に基づき、第1期・第2期計画を閣議決定し、同計画に掲げる諸施策を推進
○各省にまたがる横断的分野においても、関係法令の制定や施策を総合海洋政策本部等で推進
【具体例】海洋脱出対処法（平成21年）、低潮線保全法（平成22年）、国境離島の名称付与（平成26年）、無主の国境離島の国有財産化（平成29年）、再エネ海域利用法案の閣議決定（平成30年）

○施策の進捗状況の評価等を着実に推進・活用していくための工程管理の強化が必要
○海洋政策を国民に広く知ってもらうための発信力に改善の余地あり

2. 最近の情勢を踏まえた現状認識

○人口減少・少子高齢化、グローバル化の進展、IT分野における技術革新の加速化
○海洋の安全保障や海洋の産業利用などを取り巻く情勢の変化（※）に対応して、様々な状況に対応できる体制整備や海洋資源開発に係る取組の推進を実施
（※）【情勢変化の具体例】外国公船による領海侵入、外国漁船の違法操業・漂流・漂着、外国調査船の同意を得ない調査、我が国EEZ内への弾道ミサイル発射、一方的な現状変更の試み等

我が国の領海及び排他的経済水域等（EEZ）
（注）上図の赤色の範囲は、領海を概略を示す。

□ 海洋政策のあり方

1. 今後の10年を見据えた海洋政策の理念と方向性

■ 政策の理念

海洋基本法に定める基本理念（「海洋の開発及び利用と海洋環境の保全との調和」、「海洋の安全の確保」、「海洋に関する科学的知見の充実」、「海洋産業の健全な発展」、「海洋の総合的管理」及び「海洋に関する国際的協調」）を踏まえ、次の事項を認識して政策を進める。
①我が国にとり、好ましい情勢や環境の能動的な創出
②国力の持続的な維持のため、海洋の豊かさや潜在力の最大限の利活用
③健全な海洋産業による開発・利用と環境保全とのWin-Win関係での発展
④世界最先端の革新的な研究開発と観測・調査の充実
⑤海洋に関する国民の理解の増進

■ 政策の方向性

《新たな海洋立国への挑戦》

(a) 開かれ安定した海洋へ、守り抜く国と国民
(b) 海を活かし、国を富ませる、豊かな海を子孫に引き継ぐ
(c) 未知なる海に挑む、技術を高め、海を把握する
(d) 先んじて、平和につなぐ、海の世界のさきを作る
(e) 海を身近に、海を支える人を育てる

2

第3期海洋基本計画　概要（その2）

□ 海洋政策のあり方

2．「総合的な海洋の安全保障」の基本的な方針

2－1．「総合的な海洋の安全保障」の基本的な方針

- 海洋をめぐる安全保障上の情勢を踏まえ、様々な分野に横断的にまたがる海洋政策を幅広く捉える
- 国家安全保障戦略における海洋の安全保障を含む安全保障に関連する幅広い施策を海洋の安全保障に関する施策と整理する。それに加え、海洋の安全保障に資する側面を有する施策を、海洋の安全保障に貢献する基盤となる施策と位置づける。両者を包含して「総合的な海洋の安全保障」として政府一体となって取り組みを推進
- 関係各国と連携・協力しながら「自由で開かれたインド太平洋戦略」を推進
- 防衛・海上保安体制の強化とともに、海洋状況把握（MDA）体制の確立、国境離島の保全・管理については、重点的に整備を進める
- 海洋状況把握（MDA）は、海洋に関する施策に活用するため、海洋関連の多様な情報を収集・共有を図るものである。その能力強化に向けた取組を一層強化
- 排他的経済水域等における海域管理のあり方については、第2期計画以降の議論も踏まえ、法体系の整備を進める

2－2．海洋の主要施策の基本的な方針

（1）海洋の産業利用の促進

- メタンハイドレート、海底熱水鉱床、レアアース泥等の海洋由来のエネルギー・資源の開発推進
- 洋上風力発電に関し、海域利用ルール等の制度整備を加速
- 高付加価値化・生産性の向上を通じて、海洋産業の国際競争力を強化
- SIP「次世代海洋資源調査技術」の成果を活用
- 「海洋資源開発技術プラットフォーム」を通じ、企業間交流の活動を支援
- クルーズの寄港地拡大や大学発ベンチャー等、新しい活力を海洋産業に取り込み、市場を開拓
- 外航及び内航海運における安定的な海上輸送の確保（トン数標準税制の活用、「内航未来創造プラン」に沿った施策の推進）
- 海上輸送拠点の適切な管理（国際コンテナ・バルク戦略港湾政策の推進）
- 水産資源の適切な管理（資源調査の抜本的な拡大、漁業取締能力の強化）
- 水産業の成長産業化（「浜プラン」の実施による所得向上、流通構造の改革と水産物輸出の促進、担い手の育成・確保）
- 収益性の高い漁業実現と国際競争力のある国際競争力による...

総合的な海洋の安全保障

①海洋の安全保障
防衛、法執行、外交、海上交通における安全対策、海洋由来の自然災害への対応

②海洋の安全保障の強化に貢献する基盤

（a）基盤となる施策
- 海洋状況把握（MDA）体制の確立
- 国境離島の保全・管理　海洋調査、海洋観測
- 科学技術、研究開発　人材育成、理解増進

（b）横断的な施策
- 経済安全保障
- 海洋環境の保全等

海上保安体制の強化

国境離島の保全・管理　艦艇・巡視船艇、航空機、衛星や観測船等からの効果的に収集し「集約」・共有

メタンハイドレートの開発推進

海域利用ルールの整備

資源評価の精度向上

3

第3期海洋基本計画 概要（その3）

□ 海洋政策のあり方

(2) 海洋環境の維持・保全

- □ 持続可能な開発目標（SDGs）等国際枠組を活かした海洋環境保全の推進
  （適切な海洋保護区の設定、マイクロプラスチックを含む海洋ごみの削減、サンゴ礁等の保全等）
- □ 高い生産性と生物多様性が維持されている「里海」の経験を活かしつつ、沿岸域の総合的管理を推進
- □ 高質内海での「きれいで豊かな海」の実現に向けた総合的取組の推進と調査・研究等の加速化

海洋保護区の設定

海洋ごみへの対応

ニーオルスン基地 完成予想図

(3) 科学的知見の充実

- □ 海洋科学技術に関する研究開発の推進
- □ 海洋調査・観測・モニタリング等の維持・強化
- □ 海洋と宇宙の連携
- □ Society5.0の実現に向けた研究開発の推進
  （次期SIP「革新的深海資源調査技術」により世界に先駆けた技術開発）

衛星情報について
の研究・検討

次期SIPの実施

(4) 北極政策の推進

- □ 我が国民間企業における北極海航路を利用する動き（例.ヤマルLNGプロジェクト）や諸外国における取組の活発化等を踏まえ、研究開発・国際協力・持続的な利用に係る諸施策を重点的に推進
- □ 我が国の強みである観測・研究開発に関しては、北極域研究推進プロジェクト（ArCS）等により、北極圏国における国際連携拠点（例.ノルウェー・ニーオルスン基地）の整備や、海氷下でも自律航行や観測が可能な自律型無人探査機（AUV）の開発・運用を実施。また、砕氷機能を有する北極域研究船の建造等に向けた検討を進める

海氷下を含む北極海観測
のイメージ

(5) 国際連携・国際協力

- □ 「法の支配」「科学的知見」に基づく政策の実施を原則に、国際社会全体の普遍的な基準として浸透させるべく活動し、これらの取組を通じて我が国国益を実現

(6) 海洋人材の育成と国民の理解の増進

- □ 海洋教育の推進（2025年までに全市町村での海洋教育の実施を目指し、「ニッポン学びの海プラットフォーム」の下、取組を強化）
- □ 海洋立国を支える専門人材の育成と確保（海洋開発技術者の育成を目指し、「日本財団オーシャンイノベーションコンソーシアム」の取組を強化促進）
- □ 外向きの海洋国家観の浸透、「海の日」の活用・充実

第20回海の日特別行事
総合開会式 安倍総理スピーチ

（参考）第3期海洋基本計画における具体的施策

目次

5

1. **海洋の安全保障**
   (1) 我が国の領海等における国益の確保
   (2) 我が国の重要なシーレーンの安定的利用の確保
   (3) 国際的な海洋秩序の強化

2. **海洋の産業利用の促進**
   (1) 海洋資源の開発及び利用の推進
   (2) 海洋産業の振興及び国際競争力の強化
   (3) 海上輸送の確保
   (4) 水産資源の適切な管理と水産業の成長産業化

3. **海洋環境の維持・保全**
   (1) 海洋環境の保全等
   (2) 沿岸域の総合的管理

4. **海洋状況把握（MDA）の能力強化**
   (1) 情報収集体制
   (2) 情報の集約・共有体制
   (3) 国際連携・国際協力

5. **海洋調査及び海洋科学技術に関する研究開発の推進等**
   (1) 海洋調査の推進
   (2) 海洋科学技術に関する研究開発の推進等

6. **離島の保全等及び排他的経済水域等の開発等の推進**
   (1) 離島の保全等
   (2) 排他的経済水域等の開発等の推進

7. **北極政策の推進**
   (1) 研究開発
   (2) 国際協力
   (3) 持続的な利用

8. **国際的な連携の確保及び国際協力の推進**
   (1) 海洋の秩序形成・発展
   (2) 海洋に関する国際的な連携
   (3) 海洋に関する国際協力

9. **海洋人材の育成と国民の理解の増進**
   (1) 海洋立国を支える専門人材の育成と確保
   (2) 子どもや若者に対する海洋に関する教育の推進
   (3) 海洋に関する国民の理解の増進

（参考）第3期海洋基本計画における具体的施策（その1）

1. 海洋の安全保障

(1) 我が国の領海等における国益の確保

a. 防衛計画の大綱及び中期防衛力整備計画に基づき防衛力整備を着実に実施
b. 「海上保安体制強化に関する方針」に基づき、海上法執行能力を強化
c. 漁業取締り体制を整備し、漁業取締能力を強化
d. 領海・接続水域における不審船・工作船等への迅速な対応・監視体制を整備
e. 不審船対応能力を継続的に実施し、船舶の不審な動きへのシームレスな対応が可能となるよう、防衛省・自衛隊と海上保安庁との連携を一層強化
f. 外国漁船による違法操業等の悪質な操業活動に対する、退去警告・立入検査・拿捕等の措置や海上保安庁による厳正な対処や巡視船艇・航空機による監視警戒を適切に実施
g. 領海・周辺海域の監視・警戒等を適切に実施し、海洋権益の確保のための外交努力を積み重ねる
h. 周辺国との間で境界が確定していない海域である大陸棚・排他的経済水域について、海洋の安全保障の観点からも我が国の権益の確保に努めるとともに、友好関係の構築に努める
i. 海洋監視技術の高度化を図るため、衛星による情報収集の取組の推進、無人化を含めた技術の実用化を図る
j. 防災・環境保全等のための海洋観測やシステムの整備
k. 平和かつ安定した周辺海域・海上交通の確保・維持を図る
l. 重大事故等発生時の緊急対応、情報提供体制の強化
m. 大規模自然災害に対しての防止・応急対策等、緊急輸送体制の強化
n. 海洋由来の自然災害に対して、大規模自然災害等への対応が可能な体制の整備・防止・軽減を図る対策、緊急輸送を行うための体制の強化を実施

(2) 主要な海上交通路（シーレーン）の安定的な利用の確保

a. シーレーン沿岸国に対する能力構築支援、国際機関・海賊対処関連会議への参画促進、海賊対処のための国際協力の推進
b. 海洋国家間の連携・協力の強化、様々な機会を捉えた各種訓練の実施
c. ASEAN全域の能力向上に資する協力の推進
d. 「アジア海上保安機関長官級会合」の主導

(3) 国際協調・国際海洋秩序の強化

a. 「法の支配」の貫徹に向けた外交的取組の強化として、G7、東アジア首脳会議（EAS）、ASEAN地域フォーラム（ARF）、拡大ASEAN国防相会議（ADMMプラス）といった国際的な枠組みへの参加等を通じた関係国との連携推進
b. 我が国の海洋政策の形成に積極的に関与するとの観点から、海洋関連の国際機関における各種会合・幹部ポストへの積極的な人材の送り出す
c. 日本海呼称に対する正しい理解と主張が国際社会の立場へと広がるべく、情報発信の強化を戦略的に推進
d. 防衛協力・交流を通じた海洋秩序の維持・強化への取組を引き続き推進
e. 防衛当局間における各種取組の推進や、海洋の安全保障に関する多国間の枠組みを活用し、基本的価値観の共有を戦略的に形成

2. 海洋の産業利用の促進

(1) 海洋資源の開発及び利用の推進

a. メタンハイドレートについては、平成30年代後半に民間企業が主導する商業化に向けたプロジェクトが開始されることを目指し、技術開発を実施
b. 長期的な見通し等は、海洋エネルギー・鉱物資源開発計画を改定し明示
c. 表層型メタンハイドレートについては、回収・生産技術の調査研究を引き続き実施
d. 石油・天然ガスに関し、基礎物理探査（年6万5千km²/10年）を機動的に実施
e. 海底熱水鉱床については、平成30年代後半以降に民間企業が参画する商業化を目指し、技術開発等を実施
f. 各種プロセスが解明されるよう、資源量把握を実施
g. レアアース泥については、将来の開発・生産を念頭に、各種調査等を実施
h. SIP等革新的深海資源調査技術において、広く海洋鉱物資源に活用可能な水深2000m以深の海洋資源調査技術、生産技術の開発・実証の中で技術移転を進める
i. 洋上風力発電の導入を促進するため、必要な制度を整備
j. 海洋再生可能エネルギーに関し、実証試験による技術の実証、風力発電等の設計等を支援し、海上技術等の実証
k. 波力・潮流・海流等の海洋エネルギーに取り組む離島振興策研究等を実施
l. 環境影響評価データベースの更なる拡充

(2) 海洋産業の振興及び国際競争力の強化

a. 造船の関連企業拡大、海運の効率化、自動運航船の実現、海洋開発市場の獲得を目指し、「i-Shipping」「j-Ocean」を強力に推進
b. 港湾・海上輸送拠点となる港湾の整備及び海外港湾の運営参画等の推進を図るよう、案件発掘体制を強化
c. 港湾工事における建設現場の生産性向上に向け、「i-Construction」、「AIターミナル」の実現を推進
d. SIP次世代海洋資源調査技術の長期的な技術移転を完了し、国内資源探査等が実施できるよう、民間企業等への体制を構築
e. 海洋調査機器技術ブラットフォームの日本発の技術に取り組むため、離島振興策
f. クルーズ船寄港を2020年に500万人の目標実現に向け、クルーズの受入れ環境整備、地域産業の情報拡充等を推進
g. マリン産業の振興に大事のため、海洋レジャーに関する事情発信を支援
h. 一般社団法人日本マリーナ・ビーチ協会（CCS）の技術開発・実証等を支援

(3) 海上輸送の確保

a. 安定的な国際輸送の確保のため、トン数標準税制の実施等を通じ日本船舶・日本人船員を中核とする海上輸送体制の確保及び、日本商船隊の国際競争力を強化
b. 「内航未来創造プラン」に基づき、内航海運事業者の事業基盤の強化と、生産性向上、船員の確保・育成等を推進、先進船舶の普及促進、カボタージュ制度等の堅持を推進
c. 海上輸送拠点の整備のため、ハード・ソフト一体の国際コンテナ・バルク戦略港湾政策を推進するとともに、アジアにおけるLNGバンカリング拠点を戦略的に形成

（参考）第3期海洋基本計画における具体的施策（その2）

2. 海洋の産業利用の促進

（4）水産資源の適切な管理と水産業の成長産業化

a. 水産資源の適切な管理のため、資源調査を抜本的に拡充するとともに、沖合・沿岸漁業について操業実態や資源の特性に見合った形で可能な限りIQ方式を活用
b. 漁業補助の早期再開を目指すため、国際捕鯨委員会を脱退し、国際海洋法に関する議論を踏まえながら、鯨類捕獲調査を実施
c. 多様化する消費者ニーズに応じた水産物の供給や持続可能で収益性の高い漁場・漁業を実現する観点から、漁場の集積・再編等を推進し、国際競争力の高い産地の形成を図る
d. 漁獲証明制度等を活用し、流通・加工・輸出入の各段階において透明性を確保するとともに、IUU漁業対策を強化
e. 漁業者が必要とする技術・ノウハウ・資本・人材等に対する企業等の連携、参入を円滑にするための方策を検討
f. 漁場・衛生管理の強化、情報通信技術の活用、保健休養等を進める地域における高速インターネット環境の整備
g. 品質・衛生管理の向上、漁村の環境を総合的に整備
h. 遠洋漁業等における高速インターネット大容量通信環境を整備し、トレーサビリティの取組など、水産物の取引の在り方を総合的に検討

3. 海洋環境の保全

（1）海洋環境の保全等

a. 2020年までに管轄権内水域の10%を適切に保全・管理することを目的に、海洋保護区の設定を推進するとともに、管理の実効性や効果に関する調査を実施し、保護区間の連携・ネットワーク化等の検討等も推進
b. サンゴ礁、藻場等から形成される脆弱な生態系の保全・再生
c. 国家管轄権外区域の海洋生物多様性（BBNJ）の保全及び持続可能な利用を目指し国際的な交渉に貢献
d. 海洋環境及び水質の把握、赤潮・貧栄養化の継続観測、漁場の保全等による生態系の保全
e. 海洋プラスチックごみ対策のため、2019年までの国内外における実態の把握を目指し、削減に向けた取組を推進
f. マイクロプラスチックを始めとする海洋ごみの削減に向け、実態把握、回収処理等を推進
g. 生物多様性の把握等に基づく海洋保護区の適切な設定・管理の推進等の取組を推進
h. 船舶等による海洋汚染の防止のため、廃油処理施設の確保、バラスト水処理装置の確実な搭載を推進したMARPOL条約等の的確な履行
i. 東京電力福島第一原子力発電所に係る総合モニタリング計画に基づく、海水、海底土、海洋生物に係る放射性モニタリングの実施
j. 今後の沖合や深海における海洋の開発・利用に関して、環境への影響を評価する上で必要となるデータの収集及び評価の在り方を検討

4. 海洋状況把握（MDA）の能力強化

（1）情報収集体制

a. 艦艇、巡視船艇、測量船、航空機、各種レーダー等の沿岸部設置のレーダー等の整備・更新に入れ、同盟・友好国等との連携を確立し、情報収集体制を確立してMDA能力を強化
b. 海洋調査に用いるセンサー等自立型無人探査機（AUV）等の活用や海技技術の開発を推進
c. 船舶自動識別装置（AIS）等を活用した経済データー等の収集・再活用

（2）情報の集約・共有体制

a. 防衛省・自衛隊と海上保安庁間の情報共有システムの整備や海洋関連情報を集約
b. 利用者の海洋状況表示システムの構築
c. MDAに関する各国間、友好国等の協力体制を構築し各国との連携・協力を強化
d. 海洋情報クリアリングハウス及び沿岸海洋情報の収集・共有を引き続き運用

（3）国際連携・国際協力

a. 諸外国や国際機関等が保有する海洋情報について、主要ルートを通じた情報収集を推進
b. 沿岸国の海洋状況把握に係る能力向上に資する協力を通じた、MDA体制を構築
c. 国際社会全体の連携に活用可能な表示システムの多言語化に向けた対応

（2）沿岸域の総合的管理

a. 沿岸域の総合的管理に当たっては、より良い海をつくって豊かな恵みを得るという理念の下、積極的な海づくりの取組に入れつつ、自然災害等への対応・備えを推進
b. 多様な生物の保全や海・水辺との触れ合い等を整備するため、砂防施設による流出土砂の調整等、ダム等における土砂分対策など総合的な土砂管理の推進
c. 災害からの防護に加え、地域社会・生活の利便性や快適性の向上に係る取組等と調和した海洋空間の保全の推進
d. 陸域から流入する汚水処理施設等の整備を進めるため、下水道等汚水処理施設の整備等を進めるとともに、漁業集落排水処理施設において必要な海域に対した整備を推進
e. 瀬戸内海において豊かな海の観点から、湾灘及び干潟の保全・再生や底質改善等を組み合わせた地域の多様な主体が連携した総合的な取組を推進する
f. 藻場・干潟の保全・再生、栄養塩類の調査・研究等を加速化

（参考）第3期海洋基本計画における具体的施策（その3）

6. 離島の保全等及び排他的経済水域等の開発等の推進

（1）離島の保全等

【国境離島の保全・管理】

a. 国境離島等の保全・管理、巡視の実施及び保全に係る施策の実施
b. 低潮線保全区域における行為規制等の所有者の行為規制及び低潮線保全等による低潮線保全区域における所有権の状況の把握
c. 衛星画像等による国境離島等の状況を継続して把握
d. 沖ノ鳥島の護岸等の保全のための護岸等の維持・整備及び観測・監視設備の更新、海岸保全施設の維持・整備など管理
e. 「低潮線保全・拠点施設整備計画」に基づき、低潮線保全区域に関する各種情報を一元的に管理
f. 沖ノ鳥島及び南鳥島において、低潮線保全区域の施設の整備、利活用を図る
g. 有人国境離島地域に対して、特定有人国境離島地域の社会の維持に資する施策を実施
h. 備蓄保全等の観点から国境離島等の土地の有効活用状況把握、土地利用等の在り方等地域の2027年に向けて空港、港湾など有効活用かつ適正な状況把握を実施

【離島の保全等】

a. 離島の航路標識、気象・海象観測施設、海洋プレート観測に寄与する離島の保全等の整備の改善等
b. 灯台等の自然エネルギー活用推進等の整備を継続実施
c. 離島の重要な生態系等を適切に保全、管理、再生することとともに、生物多様性の観点から
d. 漁業環境の保全・再生する漁場の整備、水産動植物の生息・生育環境施設の整備推進を図る
e. 海岸・湖沼等ゴミ等の堆積及び島嶼への輸送等に関する取組、通信
f. 離島に住む妊婦、高齢者等設置の高度化への経済的負担の軽減

（2）排他的経済水域等の開発等の推進

【大陸棚の延長に向けた今後の取組方針】（平成26年7月4日、総合海洋政策本部決定）に沿って取組を推進

a. 我が国の主権的権利が存在する海域を確保することについて、国際法に基づいた解決を目指す
b. 漁場の整備を推進するための各種システム運用を目指す
c. 海洋資源の開発等に向けた技術開発を推進
d. 海洋情報の一元化のあり方について、第2期海洋基本計画以降の議論を踏まえ、法体系の整備を検討する

5. 海洋調査及び海洋科学技術に関する研究開発等の推進

（1）海洋調査の推進

a. 海洋調査を通じた海洋権益保全の観点から、「海上保安体制強化に関する方針」に基づき、海洋調査を実施
b. 海洋調査を行う船舶等の運航、効率的な観測に資する海洋の自動化技術の向上等を実施
c. 漂流ブイ、係留系及び人工衛星による海中・海底探査システムによる観測を組み合わせた統合的観測網を構築
d. 海洋情報の確保及び分析となる基礎情報を整備するため、海底地形、地殻構造、地磁気等の調査・観測を計画的に実施
e. 国際的な海洋科学委員会（UNESCO/IOC）等の活動を積極的に推進
f. 東日本大震災等の影響を把握のため海域における放射性物質のモニタリング等を実施
g. プレート境界における海溝型巨大地震の発生メカニズム解明や地震・津波発生を予測に資する基礎情報を整備するため、海底地殻変動観測等を充実・強化
h. 船舶・沿岸の安全を確保するため、気象・水象観測を実施

（2）海洋科学技術に関する研究開発の推進

a. 気候変動等のリスク評価の基盤となる情報を収集・整備するとともに、予測情報の高精度化のための研究開発を推進
b. 海洋の広域をカバーする研究開発のための情報基盤の整備
c. 平成30年度立ち上げの新たな深海調査研究船の建造技術を立ち上げ、これまで培った海洋調査技術・有人探査技術を発展させ、水深2000m以深の同技術の発展及び深海探査機に向けた取組を推進
d. 海洋生態系の構造とその変動の様子を総合的に理解するための研究開発を推進
e. 統合国際深海掘削計画（IODP）による大陸地震観測（S-net及びDONET）を実現
f. 海底・津波等の予兆検知、津波警報、海洋環境情報の高度化等に関する研究を実施
g. 独創的で多様な基礎研究を促進するための取組を強化
h. 国際深海科学掘削計画（IODP）を推進し、「ちきゅう」等による各種調査研究を実施するとともに、全地球的海洋ダイナミクスモデルの構築とその理解を図る
i. 専門的な能力を持った海洋科学技術に携わる人材の質を向上
j. 大学及び大学院において、学際的な教育及び研究が促進されるようなカリキュラムの充実を図るとともに、インターンシップ実施の推進や社会人再教育等の実践的な取組を推進
k. 深海生物の領域を効果的に探査するためのシステムの運用等を推進
l. AUV、遠隔操作型無人機（ROV）、有人探査機、試験・試用を活用した取組を推進
m. 大容量の海洋データの安定的な運用を行うための衛星を活用した高速通信技術の強化を図るなど、先端的な研究開発を推進
n. ビッグデータ、AI等の情報技術を活用した基盤情報技術の強化を図るなど、先端的な融合情報科学を推進

（参考）　第3期海洋基本計画における具体的施策（その4）

7. 北極政策の推進

(1)研究開発
a. ArCS（北極域研究推進プロジェクト）等とともに、自然科学分野と人文・社会科学分野の連携による国際共同研究を推進
b. 極域観測用のAUV（自立型無人探査機）等の先進的な技術開発を進める
c. 砕氷機能を有する北極域研究船の建造等に向けた検討を進める
d. 北極圏国における研究立地研究の確保と研究者の派遣等により、北極に関する国際共同研究を実施
e. 北極の広大な研究課題解決に向けた国際的な連携を主導できる人材の育成を実施

(2)国際協力
a. 国連海洋法条約に基づき、「北極の自由な往来」を各々に国際航行上の原則が尊重されるよう、これに努める
b. 我が国独自の観測・研究に基づく科学的知見を各国及び国際的な枠組みを活用して積極的に発信
c. 北極圏国を始めとする北極に携わる各国への意義ある交流の意見を更に一層強化
d. 北極評議会の活動における貢献に対する貢献を一層強化

(3)持続的な利用
a. 我が国海運企業等の北極海航路の利活用に向けた環境整備等を進める
b. 北極海航路における船舶の航行安全のための海氷速報図の作成に係る利用環境を引き続き行う
c. 我が国独自の気象変動対策に貢献するべく、パリ協定やSDGsの適切な国内実施に取り組む
d. 我が国官民の活用に向けた科学技術の活用研究を進め、最先端の科学技術の活用成果を図し、予防・対応策の検討に一層の貢献をする
e. 我が国経済界に対し、北極経済評議会等を中心とした北極フォーラムへの積極的な参加を働きかける

8. 国際的な連携の確保及び国際協力の推進

(1)海洋の技術形成・発展
a. IMOを始めとする国際的な議論や国際的な航通・協力に主体的に参画
b. 国際海洋法裁判所等の海洋分野における国際法機関の活動を積極的に支援
c. 「海における力の支配」に基づく科学的知見の実施」の原則を国際社会へ浸透

(2)国際に関する国際の連携
a. 航行の自由の安全を確保するため、東アジア首脳会議等を活用した関係国との協力関係の強化や、ASEAN地域訓練センターにおけるVTS業務の育成成果を推進
b. アジア海洋安全機関基幹要員会合等の多国間協力を通じ、関係国との連携を深化
c. IUU漁業に対する安全確保及び環境保全を図るため、関係国と水産主導によるアジアリサイクルにおける安全確保及び環境保全を図るため、船舶再資源化香港条約の早期批准に向けて環境整備等を推進
d. 大量破壊兵器の拡散防止に関し、「海洋航行不法行為防止条約」に来約2005年正式議定書」等を早期批准に締結

9. 海洋人材の育成と専門人材の確保

(1)海洋立国を支える専門人材の育成と確保
a. 「日本財団−シャンバーションコンソーシアム」の取組強化の促進
b. J-Ocean等した、海洋開発に必要な海洋産業をまとめた専門教育を整備
c. 造船業・船用工業に関わる人材の育成のため、高度な専門人材の育成、造船等に関する教育の質の向上、地域連携体制の強化
d. 船員の育成・確保のため、（他）海洋技術教育における教育の高度化、職員方策に関わる高度な活用促進・造機員・造機員の育成果の実践成果向上と若手技術に女性活用促進、女性育成の活用促進
e. 海洋土木の担い手の育成・確保のため、潜水土等に対する高度な活用方向のための育成を促進
f. 水産業の育成・確保（国の担い手育成・確保）のため、新規漁業者の定着率向上、海洋土壌の育成の整備、水産業に対する研究教育体制、研究教育機関大産業大学校等の実践的な人材教育の整備・強化し、研究ニーズを踏まえた教育高度化
g. 子ども若者に対する海洋に関する教育の推進
   「ニッポン学び海プラットフォーム」の下、関係者の連携を一層強化
h. 学校現場で活用できる副読本の開発、教員がアクセスできるデータ利用・教材化を推進
i. 学校教育における海洋の出前授業、研究機関、各団体との有機的な連携を促進

(3)海洋に関する国民の理解の増進
a. 「海の日の機会を通じ、海洋に関する国民の理解と関心を喚起
b. 「世界の津波の日」のシンポジウムを通じて、普及啓発活動を推進
c. 海に関する興味・関心の喚起により一層高めるためにSea2プロジェクトを推進
d. 海に関する多様な情報の分かりやすい発信のより、ネットメディアやSNS、バーチャルリアリティ等の利活用を促進

9

2　第4期海洋基本計画の概要

第4期　海洋基本計画　の　概要
（令和5年4月28日　閣議決定）

～ 総合的な海洋の安全保障 と 持続可能な海洋の構築 ～

出典：内閣府 web サイト（国立国会図書館アーカイブ）　https://warp.ndl.go.jp/info:ndljp/pid/12891408/www8.cao.go.jp/ocean/policies/plan/plan04/pdf/keikaku_gaiyou.pdf

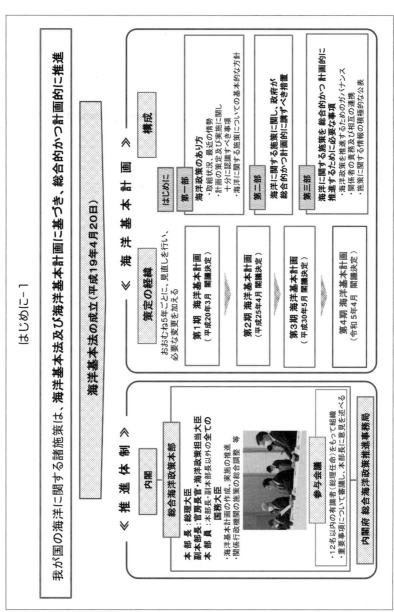

はじめに－1

我が国の海洋に関する諸施策は、海洋基本法及び海洋基本計画に基づき、総合的かつ計画的に推進

海洋基本法の成立（平成19年4月20日）

《　海　洋　基　本　計　画　》

策定の経緯

おおむね5年ごとに、見直しを行い、必要な変更を加える

第1期 海洋基本計画
（平成20年3月 閣議決定）

第2期 海洋基本計画
（平成25年4月 閣議決定）

第3期 海洋基本計画
（平成30年5月 閣議決定）

第4期 海洋基本計画
（令和5年4月 閣議決定）

構成

はじめに

第一部　海洋政策のあり方
・取組状況、最近の情勢
・計画の策定及び実施に関し十分に認識すべき事項
・海洋に関する施策についての基本的な方針

第二部　海洋に関する施策に関し、政府が総合的かつ計画的に講ずべき措置

第三部　海洋に関する施策を総合的かつ計画的に推進するために必要な事項
・海洋政策を推進するためのガバナンス
・関係機関の責務及び相互の連携
・施策に関する情報の積極的な公表

《　推　進　体　制　》

内閣

総合海洋政策本部

本部長：総理大臣
副本部長：官房長官・海洋政策担当大臣
本部員：本部長・副本部長以外の全ての国務大臣
・海洋基本計画の作成、実施の推進
・関係行政機関の施策の総合調整　等

参与会議
・12名以内の有識者（総理任命）をもって組織
・重要事項について審議し、本部長に意見を述べる

内閣府 総合海洋政策推進事務局

（2／10）

はじめに-2

海洋政策を巡る状況の変化への対応

我が国周辺海域を取り巻く情勢は一層厳しさを増し、我が国の海洋に関する国益は、これまでにない深刻な脅威・リスクにさらされている。

カーボンニュートラルの実現、ロシアのウクライナ侵略を発端としたエネルギーの転換等、産業構造の確保、世界全体の経済構造や競争環境に大きな影響を与える変化が生じている。

海洋政策の大きな変革・オーシャントランスフォーメーションOX(Ocean Transformation)を推進すべき時と認識

海洋の安全保障の強化、海洋資源開発等新たな産業の育成や既存産業の更なる発展、環境関連技術開発、持続可能な開発目標(SDGs)に係る国際的な取組に向けた積極的な貢献等により、対応を実現。

基本的な方針 ～ 2つの主柱(海洋政策の方向性) と7つの主要施策 ～

I 総合的な海洋の安全保障

国家安全保障戦略等との整合を図りつつ、「海洋の安全保障」に関する施策と「海洋の安全保障に資する施策」との両者を包含して、政府全体として一体となった取組を引き続き進める。

II 持続可能な海洋の構築

脱炭素社会の実現に向けた取組に向けた取組を進め、その取組を通じて海洋産業の成長につなげる。
国際的な取組を通じて我が国の海洋環境の保全・再生・維持と海洋の持続的な利用・開発を図る。

III 着実に推進すべき主要施策

(1) 海洋の産業利用の促進
(2) 科学的知見の充実
(3) 海洋におけるDXの推進
(4) 北極政策の推進
(5) 国際連携・国際協力
(6) 海洋人材の育成・確保と国民の理解の増進
(7) 感染症対策

第1部　海洋政策のあり方―1

計画の策定及び実施に関して十分に認識すべき事項（海洋政策上の喫緊の課題）

（1）我が国周辺海域をめぐる情勢への対応

○国際関係において対立と協力の様相が複雑に絡み合う時代において、我が国及びその周辺における有事、一方的な現状変更の試みの発生を抑止し、法の支配に基づく「開かれ安定した海洋」を確保することが必要。

○関係機関が連携して防衛力や海上法執行能力等の向上に取り組み、ハード面及びソフト面から、まず我が国自身の努力により、抑止力・対処力を不断に強化することが必要。

（2）気候変動や自然災害への対応

○地球規模の環境変動、気象災害、巨大地震等不可逆的な地球環境悪化の懸念や生命・身体・財産への自然災害の脅威が増大。

○事象の予測及び防災・減災の機能の強化並びに脱炭素社会の実現に向けた取組を推進し、国民の安全・安心に貢献することが重要。

（3）国際競争力の強化

○世界規模での社会経済情勢・国際関係が急激に変化し、デジタル技術の進歩により社会制度や組織文化等が大幅に変化。

○我が国は海洋立国としての存立と成長の基盤に海洋を活かし続けることができるかどうかの分岐点。

○国際競争力を強化するため、海洋分野における時代に即した持続的で実効性の高い施策や技術力の向上とその社会実装が急務。

（4）海洋人材の育成・確保

○少子高齢化による人口減少という量的な課題に加え、産業構造の転換やイノベーションに対応する人材の必要性の高まりという質的な課題が顕著であり、他分野との競合・争奪が発生。

○海洋に関わる諸活動が我が国の興亡に関わるとの社会認識の醸成が必要。

○人材育成体制の強化、産学官の関係者が連携して魅力的な環境を提供することが必要。

第1部　海洋政策のあり方-2

I　総合的な海洋の安全保障

> 海洋の安全保障に関する施策と、海洋の安全保障に資する側面を有し海洋の安全保障の強化に貢献する施策との両者を含んで、「総合的な海洋の安全保障」として、政府全体として一体となった取組を引き続き進める。

(1) 海洋の安全保障

ア　我が国の領海等における国益の確保

○ 我が国自身の努力による防衛力及び海上法執行能力の強化

○ 海上保安庁と自衛隊の連携・協力を不断に強化

○ 管轄海域の戦略的・網羅的な海洋調査の実施、宇宙を活用した海洋情報収集体制の強化　等

イ　国際的な海洋秩序の維持・発展

ウ　海上の安全・安心の確保

○ 旅客船の安全対策の徹底　等

エ　海域で発生する自然災害の防災・減災

大型巡視船（イメージ）

(2) 海洋の安全保障の強化に貢献する施策

ア　経済安全保障に資する取組の推進

自律性及び不可欠性双方の重要性にも留意しつつ、フロントローディング※の考え方に基づく、海洋資源の開発や、海洋科学技術の研究開発等を推進する。

［※フロントローディング：開発プロセスの初期段階においで負荷を掛ける＝十分な検討を行う ことで、できる限り早い段階で多くの問題点やリスクを洗い出し、対策を講じる手法。］

① 海洋資源開発の推進
・メタンハイドレート、海底熱水鉱床、コバルトリッチクラスト、マンガン団塊等の海洋資源の産業化・商業化の促進
・第3期SIPにおけるレアアース泥等の技術開発の推進

② 海上輸送力の確保
・日本船舶・日本人船員を中核とした海上輸送体制の確保　等

③ 造船業の国際競争力の強化
・造船業など海洋産業のDXの推進とそれを通じた国際競争力の強化　等

④ 海洋科学技術の振興
・民生利用・公的利用の両面で活用可能なAUV等の先端技術の育成・活用と社会実装に向けた戦略の策定・実行　等

イ　海洋状況把握（MDA）能力の強化

ウ　国境離島の保全・管理

自律型無人探査機（AUV）

第1部 海洋政策のあり方−3

Ⅱ 持続可能な海洋の構築

脱炭素社会の実現に向けた取組を進め、その取組を通じて海洋産業の成長につなげるとともに、国際的な取組を通じて我が国の海洋環境の保全・再生・維持と海洋の持続的な利用・開発を図る。

(1)カーボンニュートラルへの貢献

ア 脱炭素社会の実現に向けた海洋由来のエネルギーの利用
・洋上風力発電については、安全保障や環境への影響の観点を十分に考慮しつつ、EEZへの拡大に向け法整備や、国産化に向けた技術開発を推進 等

イ サプライチェーン全体での脱炭素化
・カーボンニュートラルポート(CNP)の形成の推進、ゼロエミッション船の開発・導入 等

ウ CO₂の回収・貯留の推進
・CCSの事業開始に向け、法整備を含めた事業環境整備の加速化等

(2)海洋環境の保全・再生・維持

ア SDGs等の国際的イニシアチブを基にした海洋環境の保全

イ 豊かな海づくりの推進

ウ 沿岸域の総合的管理の推進

浮体式洋上風力発電
(長崎県五島市沖)

(3)水産資源の適切な管理
○ 科学的知見に基づいた新たな資源管理の推進 等

(4)取組の根拠となる知見の充実・活用

ア 北極・南極を含めた全球観測の実施
・全球規模、重点海域での持続的な観測等により気候変動予測を精緻化・高度化

イ 海洋生態系の理解等に関する研究の推進・強化

ウ 世界規模の枠組みへの貢献
・国際共同観測による包括的な海洋観測網構築への貢献
・海洋データの共有・活用
・SDG14の実現に向けた日本モデルの推進(海洋プラスチックごみ対策等)
・革新的技術の研究開発の推進 等

「大阪ブルー・オーシャン・ビジョン」が共有された。
(20大阪サミット(2019)の様子)

第1部　海洋政策のあり方−4

14 海の豊かさを守ろう

Ⅲ 着実に推進すべき7つの主要施策

（1）海洋の産業利用の促進
・海洋資源開発の推進
・海上輸送の確保
・海洋産業の国際競争力の強化
・海洋由来のエネルギーの利用
・水産業の成長産業化、漁村の活性化
・海洋を使う様々な産業分野の開拓（クルーズ船の寄港拡大等）
・離島における経済振興
・AUV搭載船等の技術開発から社会実装に至るまでの戦略的なビジョンの策定　等

（2）科学的知見の充実
ア 海洋調査・観測体制の強化
イ 基盤技術、共通技術等による海洋科学技術の振興
・研究船、観測システムなどの開発・展開
・試験設備等の共通基盤の構築　等
ウ 市民参加型科学の推進

（3）海洋におけるDXの推進
ア 情報インフラ及びデータ解析技術の整備
イ データの共有・利活用による海洋データ一元化
・「海しる」機能強化による海洋データの利活用の推進　等

（4）北極政策の推進
・北極域研究船の着実な建造
・北極域研究加速プロジェクト（ArCSⅡ）による観測・研究・人材育成の推進　等

（5）国際連携・国際協力
ア 海における法の支配及び国際ルール形成の主導
・国際機関における人的プレゼンスの向上　等
イ 総合的な海洋の安全保障に向けたインド太平洋地域等の諸外国との連携強化
・ODA戦略的の活用
・海上保安政策プログラム（MSP）の拡大　等
ウ 持続可能な海洋の構築に向けた協力強化
・SDG14への貢献

（6）海洋人材の育成・確保と国民の理解の増進
ア 海洋人材の育成・確保
①海洋産業の振興と産業構造の転換への対応
・海洋におけるイノベーションを担う人材の育成　等
②海技教育・専門家の育成
・産学官の連携による専門人材の育成・確保　等
③海洋におけるDXへの対応
・シミュレーション技術を持つ人材の育成
・データサイエンティストなど他分野から海洋分野への人材参入の推進
・DXと結びつけた海洋産業の魅力向上・発信　等
④多様な人材の育成と確保
イ 子どもや若者に対する海洋に関する教育の推進

（7）新型コロナウイルス等の感染症対策
・船員へのワクチン接種の弾力的な実施等感染対策の徹底
・船内感染症対策に係る国際的なルールの策定の推進への貢献

海洋状況表示システム（海しる）

北極域研究船の完成イメージ図

第2部 海洋に関する施策に関し、政府が総合的かつ計画的に講ずべき措置

総合的かつ計画的に講ずべき措置379項目の施策を9つの分野に列挙。担当府省庁を明記。

1. 海洋の安全保障
(1) 我が国の領海等における国益の確保
(2) 国際的な海洋秩序の維持・発展
(3) 海上交通における安全・安心の確保
(4) 海域で発生する自然災害の防災・減災

2. 海洋状況把握 (MDA) の能力強化
(1) 情報収集体制
(2) 情報の集約・共有体制
(3) 国際連携・国際協力

3. 離島の保全等及び排他的経済水域等の開発等の推進
(1) 離島の保全等
(2) 排他的経済水域等の開発等の推進

4. 海洋環境の保全・再生・維持
(1) 海洋環境の保全等
(2) 沿岸域の総合的管理

5. 海洋の産業利用の促進
(1) 海洋資源の開発及び利用の促進
(2) カーボンニュートラルへの貢献を通じた国際競争力の強化等
(3) 海上輸送の確保
(4) 水産資源の適切な管理と水産業の成長産業化

6. 海洋調査及び海洋科学技術に関する研究開発の推進等
(1) 海洋調査の推進
(2) 海洋科学技術に関する研究開発の推進等

7. 北極政策の推進
(1) 研究開発
(2) 国際協力
(3) 持続的な利用

8. 国際的な連携の確保及び国際協力の推進
(1) 海洋の秩序形成・発展
(2) 海洋に関する国際的な連携
(3) 海洋に関する国際協力

9. 海洋人材の育成と国民の理解の増進
(1) 海洋立国を支える専門人材の育成と確保
(2) 子どもや若者に対する海洋に関する教育の推進
(3) 海洋に関する国民の理解の増進

第３部　海洋に関する施策を総合的かつ計画的に推進するために必要な事項

1 海洋政策を推進するためのガバナンス

〇 海洋基本計画は、海洋政策のあるべき姿を打ち立てる国家戦略。各府省庁の関連施策に横ぐしを刺す機能。

〇 海洋基本計画を確実に実行するためには、総合海洋政策本部・総合海洋政策推進事務局が一体となって、政府の司令塔としての機能を十分に果たすことが必要。

〇 (1)〜(4)により、ガバナンスの更なる強化に取り組む。

(1) 総合海洋政策本部の機能強化
・参与会議の議見を十分に得て議論。高い実効性とスピード感をもって諸施策を確実に実現
・重要施策の推進には、民間事業者や大学・研究機関等との連携をさらに深化

(2) 総合海洋政策推進事務局の機能・体制の強化
・総合海洋政策本部の実務を担う事務局の総合調整機能、その基盤となる調査機能を一層向上
・事務局の体制に係る人員・予算を強化

(3) 参与会議の機能の充実
・必要に応じてプロジェクトチーム等を設置して専門的なテーマについて審議
・施策の実施状況等の継続的なフォローや主要な海洋政策の進捗状況の評価
・政府が時代に即して柔軟に対応できるよう、重点的に取り組む施策について審議

(4) 各年度に重点的に取り組む施策の明確化
・効果的・効率的な施策の工程管理
・主要な海洋政策の進捗状況を代表的な指標（KPI）等を用いて多角的に評価

2 関係者の責務及び相互の連携

　政府機関のみならず、地方公共団体、大学・研究機関、民間事業者、公益団体、国民等の様々な関係者の英知と総力を結集することが極めて重要。

　官民、産学官公の様々な連携を図りつつ、それぞれの役割に応じて積極的に取り組むことが重要。

3 施策に関する情報の積極的な公表

(1) 海洋基本計画について、広く国民に周知されるよう情報提供

(2) 主要な海洋政策の進捗状況を適切な方法により公表

(3) 「海洋レポート」※を毎年度公表

※ 海洋の状況及び政府が海洋に関して講じた施策を取りまとめた資料

参考

第3期海洋基本計画に基づく我が国の主な取組状況

1　総合的な海洋の安全保障
（1）安全保障上の取組
○防衛体制・海上保安体制・漁業取締体制の強化
○「自由で開かれたインド太平洋（FOIP）」の実現に向けた、シーレーン沿岸国等に対する能力構築支援等
○知床遊覧船事故（R4）
（2）海洋状況把握（MDA）
○「能力強化に向けた今後の取組方針」決定（H30）
○「海洋状況表示システム（愛称：海しる）」運用開始（H31）
（3）国境離島の保全・管理
○「有人国境離島法」に基づく交付金制度の運用
○「重要土地等調査法」施行（R4）
（4）経済安全保障
○「経済安全保障推進法」施行（R4）
○「経済安全保障重要技術育成プログラム」創設（R3）

2　海洋の産業利用の促進
（1）洋上風力発電
○「再エネ海域利用法」施行（H31）　促進区域を指定
（2）海事産業
○「海事産業強化法」施行（R3）
（3）海洋資源
○第2期SIP（革新的深海資源調査技術）（H30〜R4）
○「改正鉱業法」成立（R4）
（4）水産業
○「改正漁業法等」施行（R2）

3　海洋環境の維持・保全
○海洋保護区の設置（我が国管轄権内水域の13.3%）
○「プラスチック資源循環戦略」の策定（R1）

4　科学的知見の充実
○「第6期科学技術・イノベーション基本計画決定（R3）
○海洋調査・観測の実施と、データの共有・利活用の推進

5　北極政策
○北極域研究船の建造に着手（R3）
○北極科学大臣会合（第3回）の日本開催（R3）

6　国際協力・国際連携
○G20大阪サミット「大阪ブルー・オーシャン・ビジョン」（R1）
○アワーオーシャン会議参加
○太平洋・島サミットの開催

7　人材の育成・国民の理解増進
○新学習指導要領。小中高で海洋教育の充実（R2〜4）
○「海の日」「海の月間」等を通じた国民の理解増進

11　国連海洋法条約の締結状況（時系列）

（国連事務局資料による）　　　　　2022年12月31日現在

条約締約国数：168（批准：138, 加入：19, 承継：6, 正式確認1）
1．第三次国連海洋法会議最終鑑定書署名会議（1982.12.6〜10.於ジャマイカ・モンテゴベイ）での批准数：1
　　　フィジー
2．その後の締結状況（特記なきものは批准）
　1983年：8
　　　ザンビア（3／7），メキシコ（3／18），ジャマイカ（3／21），ナミビア（国連ナミビア理事会による）（4／18），ガーナ（6／7），バハマ（7／29），ベリーズ（8／13），エジプト（8／26）
　1984年：5
　　　コートジボワール（3／26），フィリピン（5／8），ガンビア（5／22），キューバ（8／15），セネガル（10／25）
　1985年：11
　　　スーダン（1／23），セントルシア（3／27），トーゴ（4／16），チュニジア（4／24），バーレーン（5／30），アイスランド（6／21），マリ（7／16），イラク（7／30），ギニア（9／6），タンザニア（9／30），カメルーン（11／19）
　1986年：7
　　　インドネシア（2／3），トリニダード・トバゴ（4／25），クウェート（5／2），ナイジェリア（8／14），ギニアビサウ（8／25），パラグアイ（9／26）
　1987年：3
　　　イエメン（7／21），カーボベルデ（8／10），サントメ・プリンシペ（11／3）
　1988年：2
　　　キプロス（12／12），ブラジル（12／2）
　1989年：5
　　　アンティグア・バーブーダ（2／2），コンゴ民主共和国（2／17），ケニア（3／2），ソマリア（7／24），オマーン（8／17）
　1990年：3
　　　ボツワナ（5／2），ウガンダ（11／9），アンゴラ（12／5）
　1991年：5
　　　グレナダ（4／25），ミクロネシア（4／29，加入），マーシャル諸島（8／9，加入），セーシェル（9／16），ジブチ（10／8），ドミニカ（10／24）
　1992年：2
　　　コスタリカ（9／21），ウルグアイ（12／10）
　1993年：7
　　　セントクリストファー・ネービス（1／7），ジンバブエ（2／24），マルタ（5／20），セントビンセント及びグレナディーン諸島（10／1），ホンジュラス（10／5），バルバドス（10／12），ガイアナ（11／16）

1994年：10

ボスニア・ヘルツェゴヴィナ（1／12，承継），コモロ（6／21），スリランカ（7／19），ベトナム（7／25），北マケドニア共和国（8／19，承継），オーストラリア（10／5），ドイツ（10／14，加入），モーリシャス（11／4），シンガポール（11／17），シエラレオネ（12／12）

1995年：13

レバノン（1／5），イタリア（1／13），クック諸島（2／15），クロアチア（4／5，承継），ボリビア（4／28），スロベニア（6／16，承継），インド（6／29），オーストリア（7／14），ギリシャ（7／21），トンガ（8／2，加入），西サモア（8／14），ヨルダン（11／27，加入）アルゼンチン（12／1）

1996年：27

ナウル（1／23），韓国（1／29），モナコ（3／20），ジョージア（3／21，加入），フランス（4／11），サウジアラビア（4／24），スロバキア（5／8），ブルガリア（5／15），ミャンマー（5／21），中国（6／7），アルジェリア（6／11），**日本（6／20）（95番目）**，チェコ（6／21），フィンランド（6／21），アイルランド（6／21），ノルウェー（6／24），スウェーデン（6／25），オランダ（6／28），パナマ（7／1），モーリタニア（7／17），ニュージーランド（7／19），ハイチ（7／31），モンゴル（8／13），パラオ（9／30，加入），マレーシア（10／14），ブルネイ（11／5），ルーマニア（12／17）

1997年：13

パプア・ニューギニア（1／14），スペイン（1／15），グアテマラ（2／11），パキスタン（2／26），ロシア（3／12），モザンビーク（3／13），ソロモン諸島（6／23），赤道ギニア（7／21），連合王国（英国）（7／25，加入），チリ（8／25），ベナン（10／16），ポルトガル（11／3），南アフリカ共和国（12／23）

1998年：7

ガボン（3／11），EU（4／1，正式確認），ラオス（6／5），スリナム（7／9），ネパール（11／2），ベルギー（11／13），ポーランド（11／13）

1999年：2

ウクライナ（7／26），バヌアツ（8／10）

2000年：3

ニカラグア（3／3），モルディブ（9／7），ルクセンブルク（10／5）

2001年：3

セルビア（3／12，承継），バングラデシュ（7／27），マダガスカル（8／22）

2002年：4

ハンガリー（2／5），アルメニア（12／9，加入），カタール（12／9），ツバル（12／9）

2003年：4

キリバス（2／24，加入），アルバニア（6／23，加入），カナダ（11／7），リトアニア（11／12，加入）

2004年：2

デンマーク（11／16），ラトビア（12／23，加入）

2005年：2

ブルキナファソ（1／25），エストニア（8／26，加入）

2006年：3

ベラルーシ（8／30），ニウエ（10／11），モンテネグロ（10／23，承継）

2007年：3
　モルドバ（2／6，加入），モロッコ（5／31），レソト（5／31）
2008年：2
　コンゴ共和国（7／9），リベリア（9／25）
2009年：3
　スイス（5／1），ドミニカ（7／10），チャド（8／14）
2010年：1
　マラウイ（9／28）
2011年：1
　タイ（5／15）
2012年：2
　エクアドル（9／24，加入），エスワティニ（9／24）
2013年：2
　東ティモール（1／8，加入），ナイジェリア（8／7）
2015年：1
　パレスチナ（1／2，加入）
2016年：1
　アゼルバイジャン（6／16，加入）

注1．1994年11月16日条約発効（60番目の批准書又は加入書が寄託された日の後12箇月）
　2．日付は批准書又は加入書が寄託された日（又は，承継の通告を国連事務総長が受領した日）
　3．モーリシャス（1994／11／4）以降に批准又は加入した国については，効力発生は批准書又は
　　加入が寄託された日の後30日

12　世界各国(地域)の海域幅員及び国連海洋法条約の締結状況一覧

(凡　　例)

(単位はカイリ)

＊：日本は国家として承認していない

―：内陸国であるために存在しない

CM：大陸辺縁部の外縁

DLM：向かい合っているか又は隣接している国との海洋境界線を参照し，国内法が
　　　当該水域の境界を規定

EXPL：開発可能深度

200／CM：幅200カイリ＋大陸辺縁部の外縁

200m／EXPL：水深200m＋開発可能深度

200／iso：200カイリ又は2,500メートル等深線から100カイリ

〈条約名〉

UNCLOS：海洋法に関する国際連合条約（国連海洋法条約）

海域幅員：2008年1月現在，及び国連海洋法条約の締結状況：2009年11月現在
（U.N. Division for Ocean Affairs and Law of the Sea ホームページによる）

国名	領海	接続水域	排他的経済水域	漁業水域	大陸棚	UNCLOS
（アジア）						
アフガニスタン	―	―	―	―	―	
バーレーン	12	24				○
バングラデシュ	12	18	200		CM	○
ブータン	―	―	―	―	―	
ブルネイ	12		200			○
中国	12	24	200		200／CM	○
クック諸島	12		200		200／CM	○
キプロス	12	24	200		EXPL	○
カンボジア	12	24	200		200	
フィジー	12		200		200m／EXPL	○
北朝鮮＊	12		200			
インド	12	24	200		200／CM	○
インドネシア	12		200			○
イラン	12	24	DLM		DLM	
イラク	12					○
イスラエル	12				EXPL	
日本	3／12(注1)	24	200		200／CM	○
ヨルダン	3					○
カザフスタン	―	―	―	―	―	
キリバス	12		200			○
クウェイト	12				合意線	○
キルギス	―	―	―	―	―	○
ラオス	―	―	―	―	―	○
レバノン	12					○
マレーシア	12		200		200m／EXPL	○
モルディブ	12	24	200			○
マーシャル諸島	12	24	200			○
ミクロネシア	12		200			○
モンゴル	―	―	―	―	―	○
ミャンマー	12	24	200		200／CM	○
ナウル	12	24	200			○
ネパール	―	―	―	―	―	○
ニウエ	12		200			○
オマーン	12	24	200			○
パキスタン	12	24	200		200／CM	○
パラオ	3			200		○
パプア・ニューギニア	3／12			200	200m／EXPL	○
フィリピン			200		EXPL	○

注1：特定海域において3カイリ

国名	領海	接続水域	排他的経済水域	漁業水域	大陸棚	UNCLOS
カタール	12	24	DLM			○
韓国	12	24	200			○
サモア	12	24	200			○
サウジアラビア	12	18				○
シンガポール	12（注2）		（注2）			○
ソロモン諸島	12		200		200	○
スリランカ	12	24	200		200／CM	○
シリア	12	24	200		CM	
タジキスタン	—	—	—	—	—	
タイ	12	24	200			
トンガ	12		200		200m／EXPL	○
トルコ	6／12（注3）		200（注4）			
トルクメニスタン	—	—	—	—	—	
ツバル	12	24	200			○
アラブ首長国連邦	12	24	200		200／CM	
ウズベキスタン	—	—	—	—	—	
バヌアツ	12	24	200		200／CM	○
ベトナム	12	24	200		200／CM	○
イエメン	12	24	200		200／CM	○
（アフリカ）						
アルジェリア	12	24		32／52	DLM	○
アンゴラ	12	24	200			○
ベナン	200					○
ボツワナ	—					○
ブルキナファソ	—					○
ブルンデイ	—					
カメルーン	12		（注5）		200／CM	○
カーボベルデ	12	24	200		200	○
中央アフリカ	—		—	—	—	
チャド	—		—	—	—	○
コモロ	12		200			○
コンゴ共和国	200					○
コートジボワール	12		200			○
コンゴ民主共和国	12		DLM			○
ジブチ	12	24	200			○
エジプト	12	24	（注6）			○
赤道ギニア	12		200			○
エリトリア	12		（注7）			

注2：主張の重複している周辺国と交渉中
注3：エーゲ海においては6カイリ，黒海においては12カイリ
注4：黒海のみにおいて200カイリ
注5：国内法令入手できず，カメルーン・ナイジェリア領土・海洋境界事件（ICJ）参照
注6：エジプト・キプロス間で境界画定合意が締結済
注7：エリトリア・イエメン仲裁判決にて画定済

国名	領海	接続水域	排他的経済水域	漁業水域	大陸棚	UNCLOS
エチオピア	―	―	―	―	―	
ガボン	12	24	200			○
ガンビア	12	18		200		○
ガーナ	12	24	200		200	○
ギニア	12		200			○
ギニアビサウ	12		200			○
ケニア	12		200		200	○
レソト	―		―		―	○
リベリア	200					○
リビア	12			62		
マダガスカル	12	24	200		200／iso／合意線	○
マラウイ	―		―	―	―	
マリ	―	―	―	―	―	○
モーリタニア	12	24	200		200／CM	○
モーリシャス	12	24	200		200／CM	○
モロッコ	12	24	200		200m／EXPL	○
モザンビーク	12	24	200		200／CM	○
ナミビア	12	24	200		200／CM	○
ニジェール	―	―	―	―	―	
ナイジェリア	12		200		200m／EXPL	○
ルワンダ	―	―	―	―	―	
サントメ・プリンシペ	12		200			○
セネガル	12	24	200		200／CM	○
セーシェル	12	24	200		200／CM	○
シエラレオネ	12	24	200		200	○
ソマリア	200					○
南アフリカ共和国	12	24	200		200／CM	○
スーダン	12	18			200m／EXPL	○
エスワティニ	―		―	―		
トーゴ	30		200			○
チュニジア	12	24	DLM	50m iso		○
ウガンダ	―	―	―	―		○
タンザニア	12		200			○
ザンビア	―	―	―	―	―	○
ジンバブエ	―	―	―	―	―	○
（南米）						
アンティグア・バーブーダ	12	24	200		200／CM	○
アルゼンチン	12	24	200		200／CM	○
バハマ	12		200			○
バルバドス	12		200			○
ベリーズ	3／12（注8）		200			○
ボリビア	―	―	―	―	―	○
ブラジル	12	24	200		200／CM	○

注8：一部海域において3カイリ

国名	領海	接続水域	排他的経済水域	漁業水域	大陸棚	UNCLOS
チリ	12	24	200			○
コロンビア	12		200			
コスタリカ	12		200			○
キューバ	12	24	200			○
ドミニカ	12	24	200			○
ドミニカ共和国	12	24	200		200／CM	○
エクアドル	200				200	
エルサルバドル	200					
グレナダ	12		200			○
グアテマラ	12		200			○
ガイアナ	12		200		200／CM	○
ハイチ	12	24	200		EXPL	○
ホンジュラス	12	24	200			○
ジャマイカ	12	24	200		200／CM	○
メキシコ	12	24	200		200／CM	○
ニカラグア	12	24	200		CM	○
パナマ	12	24	200		200／CM	○
パラグアイ	—	—	—	—	—	○
ペルー	200				200	
セントクリストファー・ネービス	12	24	200		200／CM	○
セントルシア	12	24	200		200／CM	○
セントビンセント及びグレナディーン諸島	12	24	200		200	○
スリナム	12		200			○
トリニダード・トバゴ	12	24	200		200／CM	○
ウルグアイ	12	24	200		CM	○
ベネズエラ	12	15	200		200m／EXP (58)	○
（西欧・北米他）						
アンドラ	—	—	—	—	—	
オーストラリア	12	24	200		200／CM (58)	○
オーストリア	—	—	—	—	—	○
ベルギー	12	24	合意点	(注9)	DLM	○
カナダ	12	24	200		200／CM	○
デンマーク	12	24	200／DLM	200	200m／EXPL	○
フィンランド	合意線／12	14	DLM	合意線	200m／EXPL	○
フランス	12	24	200	200	200／EXPL	○
ドイツ	12		合意線		200m／EXPL	○
ギリシャ	6／10 (注10)				200m／EXPL	○
バチカン	—	—	—	—	—	
アイスランド	12		200		200／CM	○
アイルランド	12	24	200	200	合意線	○
イタリア	12				200m／EXPL	○
リヒテンシュタイン	—	—	—	—	—	

注9：排他的経済水域と同一限界
注10：民間航空路規制のため10カイリ領海を設定

国名	領海	接続水域	排他的経済水域	漁業水域	大陸棚	UNCLOS
ルクセンブルク	—	—	—	—	—	○
マルタ	12	24		25	200m／EXPL	○
モナコ	12					○
オランダ	12	24	合意点	200	200m／EXPL	○
ニュージーランド	12	24	200		200／CM	○
ノルウェー	12	24	200	200	200／CM	○
ポルトガル	12	24	200		EXP	○
サンマリノ	—	—	—	—	—	
スペイン	12	24	200	合意点		○
スウェーデン	12		DLM		200m／EXPL	○
スイス	—	—	—	—	—	○
英国	3／12		200	12／200	合意線	○
米国	12	24	200		200／CM	
（東欧）						
アルバニア	12					○
アルメニア	—	—	—	—	—	○
アゼルバイジャン	—	—	—	—	—	
ベラルーシ	—	—	—	—	—	○
ボスニア・ヘルツェゴヴィナ						○
ブルガリア	12	24	200		DLM	○
クロアチア	12				DLM	○
チェコ	—	—	—	—	—	○
エストニア	12		合意線		合意点	○
ジョージア	12		DLM		DLM	○
ハンガリー	—	—	—	—	—	○
ラトヴィア	12		DLM		200／CM	○
リトアニア	12		DLM		DLM	○
ポーランド	12		DLM			○
モルドヴァ	—	—	—	—	—	○
ルーマニア	12	24	200			○
ロシア	12	24	200		200／CM	○
スロヴァキア	—	—	—	—	—	○
スロヴェニア	12／DLM				DLM	○
北マケドニア	—	—	—	—	—	○
ウクライナ	12		200			○
モンテネグロ						○

索　　引

海洋法と船舶の通航（増補２訂版）

定価はカバーに
表示してあります

2002 年 4 月 18 日　初版発行
2023 年 11 月 8 日　増補 2 訂版発行

編　者　公益財団法人　日本海事センター
発行者　小川　啓人
印　刷　亜細亜印刷株式会社
製　本　東京美術紙工協業組合

発行所　株式会社　成山堂書店

〒160-0012　東京都新宿区南元町 4 番 51　成山堂ビル
TEL：03（3357）5861　FAX：03（3357）5867
URL https://www.seizando.co.jp
落丁・乱丁本はお取り替えいたしますので、小社営業チーム宛にお送りください。

©2023　Japan Maritime Center
Printed in Japan

ISBN 978-4-425-26161-1

成山堂書店の海上保安・海洋関係図書

海上保安六法 ＊毎年3月発行
　　海上保安庁 監修　　　　　　　　　　　　A5判・1560頁・定価22550円

海上保安ダイアリー ＊毎年10月発行
　　海上保安ダイアリー編集委員会 編　　　ポケット判・260頁・定価1210円

東京大学の先生が教える海洋のはなし
　　茅根 創・丹羽淑博 編著　　　　　　　　A5判・210頁・定価2750円

交通ブックス221 海を守る海上自衛隊 艦艇の活動
　　山村洋行 著　　　　　　　　　　　　　四六判・196頁・定価1980円

交通ブックス215 海を守る海上保安庁 巡視船
　　邊見正和 著　　　　　　　　　　　　　四六判・232頁・定価1980円

竹島をめぐる韓国の海洋政策
　　野中健一 著　　　　　　　　　　　　　A5判・192頁・定価2970円

海洋法と船舶の通航【増補2訂版】
　　（公財）日本海事センター 編　　　　　A5判・312頁・定価3520円

IWC脱退と国際交渉
　　森下丈二 著　　　　　　　　　　　　　A5判・260頁・定価4180円

南極観測船「宗谷」航海記 —航海・機関・輸送の実録—
　　南極OB会編集委員会 編　　　　　　　　A5判・292頁・定価2750円

概説 改正漁業法
　　小松正之 監修／有薗眞琴 著　　　　　　A5判・266頁・定価3740円

海上保安大学校・海上保安学校への道 ＊毎年3月発行
　　海上保安受験研究会 編　　　　　　　　B6判・140頁・定価2200円

海上保安大学校・海上保安学校採用試験問題集
　　海上保安入試研究会 編　　　　　　　　B5判・288頁・定価3630円

どうして海の仕事は大事なの
　　「海のしごと」編集委員会 編　　　　　B5判・120頁・定価2200円